四川盆地侏罗系
沉积储层与致密油勘探

倪　超　张建勇　吕学菊　谷明峰
郝　毅　陈　薇　朱心健　厚刚福　等著

石油工业出版社

内容提要

本书对四川盆地侏罗系的区域构造特征、地层分布、沉积体系、储层特征等基础地质进行了系统的总结，结合国内外尤其是四川盆地的致密油研究和勘探成果，对四川盆地川中地区致密油的形成条件及分布特征进行了分析梳理，在此基础上提出了致密油的勘探方向及有利勘探区带。

本书可供从事非常规油气研究的地质人员、工程技术人员及相关院校师生参考阅读。

图书在版编目（CIP）数据

四川盆地侏罗系沉积储层与致密油勘探 / 倪超等著 .—北京：石油工业出版社，2024.8

ISBN 978-7-5183-6219-6

Ⅰ . ①四… Ⅱ . ①倪… Ⅲ . ①四川盆地 – 侏罗纪 – 储集层 – 致密砂岩 – 砂岩油气藏 – 油气勘探 – 研究 Ⅳ . ① P618.130.8

中国国家版本馆 CIP 数据核字（2023）第 162538 号

出版发行：石油工业出版社
（北京安定门外安华里 2 区 1 号　100011）
网　址：www.petropub.com
编辑部：（010）64523544
图书营销中心：（010）64523633
经　　销：全国新华书店
印　　刷：北京九州迅驰传媒文化有限公司

2024 年 8 月第 1 版　2024 年 8 月第 1 次印刷
787 × 1092 毫米　开本：1/16　印张：10
字数：240 千字

定价：100.00 元
（如出现印装质量问题，我社图书营销中心负责调换）

前言

PREFACE

随着油气田勘探开发的不断深入，中国大部分油田已进入“高含水、高采收程度”阶段，产量递减严重。而非常规油气资源的页岩气、致密油在美国、加拿大等国家的成功开采为世界油气勘探开发带来了重大启示。据 EIA 估计，美国 2022 年约采出 28.4 亿桶（约 3.8 亿吨）致密油（页岩油），约占美国全部原油产量的一半。按照我国 2018 年颁布的国家标准《致密油地质评价方法》（GB/T 34906—2017）所定义，致密油为储集在覆压基质渗透率小于或等于 0.1mD（空气渗透率小于 1mD）的致密砂岩、致密碳酸盐岩等储集层中的石油，或非稠油类流度小于或等于 0.1mD/（mPa·s）的石油。中国致密油勘探开发潜力巨大，截至 2018 年底我国致密油地质资源量为 178 亿吨，技术可采资源量为 12.34 亿吨，广泛分布于鄂尔多斯、松辽、准噶尔、四川等盆地。

四川盆地以产气为主，但侏罗系湖相烃源岩处在生油阶段，目前产油区主要分布在四川盆地中部。据杨智等预测，四川盆地侏罗系资源规模在中国陆上仅次于松辽盆地白垩系及吉木萨尔凹陷芦草沟组，勘探潜力巨大。与国内其他盆地相比较，四川盆地中部构造平缓，石油分布不受构造圈闭控制，无明显的圈闭界限；侏罗系发育自生自储或下生上储的源内或近源的成藏组合；储层特低孔特低渗，裂缝和孔隙双重介质特征明显；油藏无底水边水，具有“大面积、连续性”含油的分布特征，由此认为四川盆地川中地区侏罗系油气勘探应属于致密油气勘探领域。因此，如何突破固有的裂缝和构造找油的勘探思路，开展侏罗系致密油形成的基础地质条件研究，满足四川盆地石油勘探开发的需要，实现侏罗系石油规模效益增储上产，是一项十分艰巨的任务，具有重要的现实意义。

本书在充分消化前人成果资料的基础之上，对四川盆地侏罗系的区域构造特征、地层分布、沉积体系、储层特征等基础地质研究方面进行了系统的总结，结合近几年国内外尤其是四川盆地致密油的研究和勘探成果，对四川盆地川中地区致密油的形成条件及分布特征进行了分析梳理，在此基础上提出了致密油的勘探方向以及有利的目标选区。全书共五章，第一章介绍了四川盆地区域构造背景和构造演化特征及地层充填样式，包括盆地侏罗系具体的地质和演化特征；第二章介绍了四川盆地侏罗系地层划分与地层格架特征，以及该沉积期沉积体系、沉积相划分标志和展布特征以及沉积体系演化特征；第三章描述了四川盆地侏罗系储层类型特征以及对应的岩石学特征和相关的沉积成岩演化及储层控制因素分析；第四章分析了四川盆地侏罗系致密油形成因素，包括致密油形成条件和盆地内的分布特征；第五章分析了致密油富集特征及有利勘探区带，包括致密油资源富集特点和大安寨段、凉上段及沙一段致密油有利勘探区的分析。

在本书编写过程中，中国石油西南油气田公司多位专家、学者对本书提出了许多宝贵意见和建议，同时也得到中国石油杭州地质研究院各级领导大力协助与支持，谨在此致以衷心感谢！

鉴于资料收集程度和作者水平有限，书中难免有遗漏和不当之处，恳请读者批评指正。

目录
CONTENTS

第一章　四川盆地侏罗系构造地质特征…………………………………………………… 1

第一节　盆地区域构造背景……………………………………………………………… 1

第二节　盆地构造演化与地层充填……………………………………………………… 4

参考文献……………………………………………………………………………………10

第二章　地层层序与沉积特征………………………………………………………………11

第一节　侏罗系地层划分与地层格架……………………………………………………11

第二节　沉积体系与沉积相分析…………………………………………………………20

参考文献……………………………………………………………………………………49

第三章　储层特征及分布……………………………………………………………………51

第一节　碎屑岩储层………………………………………………………………………51

第二节　湖相碳酸盐岩储层………………………………………………………………70

第三节　关于侏罗系致密油储层下限的讨论……………………………………………96

参考文献…………………………………………………………………………………… 100

第四章　侏罗系致密油形成与分布………………………………………………………… 101

第一节　致密油形成条件………………………………………………………………… 101

第二节　致密油分布特征………………………………………………………………… 135

参考文献…………………………………………………………………………………… 143

第五章　致密油富集特点与区带优选……………………………………………………… 145

第一节　致密油资源富集特点…………………………………………………………… 145

第二节　致密油区带优选………………………………………………………………… 147

参考文献…………………………………………………………………………………… 154

第一章　四川盆地侏罗系构造地质特征

四川盆地是在上扬子克拉通基础上发展起来的大型叠合盆地，经历了新元古代—中三叠世的海相和晚三叠世—新生代陆相盆地阶段。四川盆地是以气为主的盆地，但近年来侏罗系致密油、页岩油资源逐步被揭示，成为我国八大致密油重点探区之一，侏罗系油气资源总量超过 20×10^8t（杨智等，2020）。本章主要阐述四川盆地区域构造背景和单元划分，以及新生代区域性沉积充填序列和古地理环境，重点揭示侏罗系沉积特征。

第一节　盆地区域构造背景

四川盆地位于我国西南部四川省东部和重庆市，由古生代海相地层与中—新生代陆相地层构成的大型叠合盆地。盆地四周被山系环抱，盆地西部为平原，中部为丘陵，东部为条形山系与丘陵相间，整体具明显的菱形边框，面积约 18×10^4km^2。盆地历经多次构造活动，并在印支期形成雏形，喜马拉雅运动褶皱定形。盆地演化经历了震旦纪—中三叠世的海相克拉通盆地和晚三叠世—新生代前陆盆地两大阶段。盆地沉积盖层巨厚，海相和陆相两大套地层总厚达 6000~12000m，其中新元古代震旦纪—中三叠世是以碳酸盐岩为主的海相台地沉积层序，厚 4000~7000m；中三叠统以上为碎屑岩地层，厚 2000~5000m。盆地烃源层系多、发育了 6 套主要的生烃层系，包括四套广覆式海相烃源层系（下寒武统、下志留统、下二叠统、上二叠统）和二套陆相烃源层系（上三叠统、下侏罗统）；整体上烃源岩演化程度高，盆地以天然气勘探为主，而下侏罗统优质的湖相泥质烃源岩与侏罗系致密砂岩和石灰岩储层构成良好的生储组合，在川中地区形成四川盆地唯一一个以石油勘探为主的含油气系统。

侏罗系原油具有大面积分布的致密油特征，纵向上发现了 5 套油层，其中尤以大安寨段介壳灰岩致密油最为突出，截至 2023 年已探明 5 个油田，累计提交探明地质储量达 7565.4×10^4t、生产原油超过 400×10^4t（占四川盆地侏罗系原油产量的 82%），勘探开发效果最好，是典型的致密油分布层系。

四川盆地位于扬子准地台西部，北邻秦岭褶皱带，西邻松潘—甘孜褶皱带，位于扬子、华北与青藏三大联合陆块“品”字形结构的核心部位，是一个多旋回沉积盆地（图 1-1）。在已有的众多勘探开发资料和研究成果中，大多数人认为中生代四川盆地的坳陷主体主要位于西部，即所谓的“川西类前陆盆地”或“川西前陆盆地”，其分布范围包括于川西断褶带、川中地块北部和川东南断褶带中北部地区。前人的众多研究成果（罗志立等，2000a，2000b；刘和甫等，1999；许效松等，1997；郭正吾等，1996；陈发景等，1996；何登发等，1996），从多方面证明了“川西类前陆盆地”的成因是在与大陆板块运动过程中，由于受到来自龙门山造山带推覆体的侧向挤压和冲断的构造加载及巨厚沉积物重力负荷的双重作用，导致位于俯冲陆块边缘的川西坳陷岩石圈发生强烈挠曲变形和大幅度沉降，使得成因上具有前陆盆地性质。

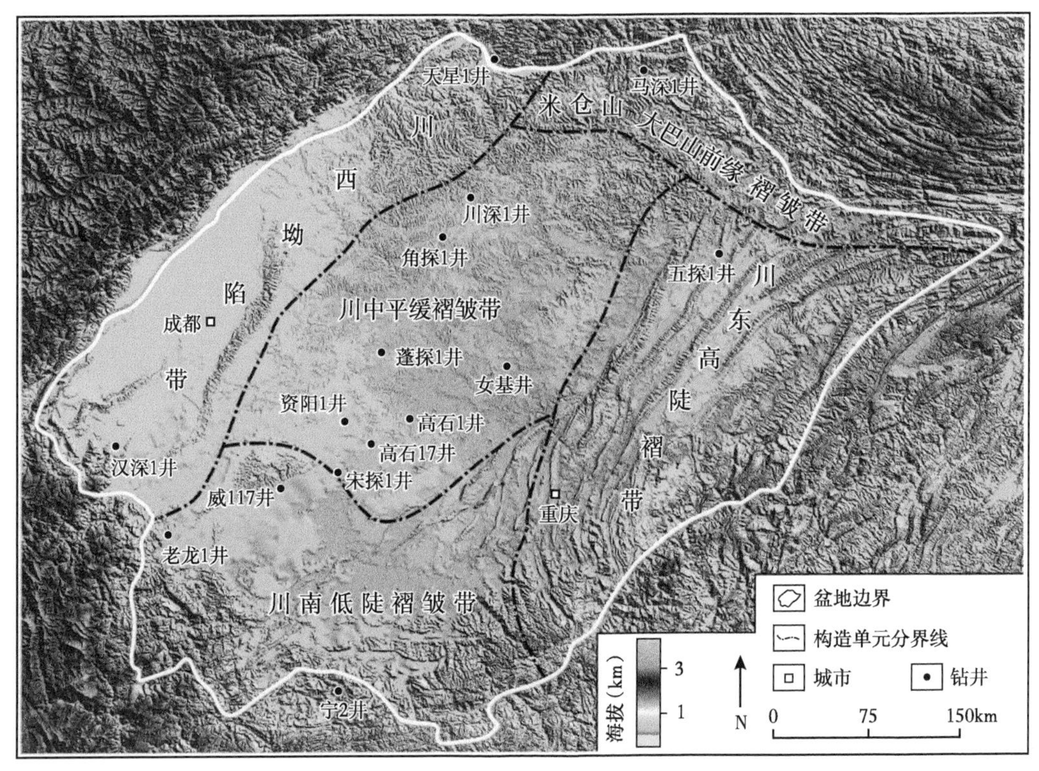

图 1-1　四川盆地区域构造图（据鲁国等，2023，有修改）

一、盆地基底结构

四川盆地基底素有“明三块与暗三块”之说，依据前人重力、磁力场及露头、钻探资料与研究成果，从岩石组成及盆内发育的深大断裂，将盆地基底自西向东划分为川西、川中与川东三大区（图 1-2）。其中川中基底变质程度相对较高，为刚性深变质的结晶基底岩系；川西、川东基底变质程度相对较低、较软，为塑性的浅变质基底岩系；同时，川东渝东区及川西南区基底岩系带有明显的过渡性质。以上特征显示四川盆地基底结构复杂，盆地盖层褶皱变形具备多元化发育的先天基础与条件。受基底结构复杂与盆地中生代以来周缘造山带多期造山活动影响，华蓥山断裂以东的川东、渝东区主要发育构造变形变位相对强烈、有基底岩系卷入的前陆冲褶弧型构造，即在江南造山带北缘湘鄂西渝东区发育有NEE—NE—NNE 向八面山弧（南部），在秦岭造山带南缘发育有 NW—NWW—近 EW 向南大巴山弧（北部），形成总体向东收敛、带有明显地方特色的著名川东渝东型高陡构造；盆地西缘龙泉山断裂以西的川西前陆坳陷区因临近龙门山，并受中生代以来龙门山多期造山作用的强烈活动影响，西缘主要发育有基底岩系卷入的 L 形（陆内俯冲型）NE 向龙门山前陆冲褶型构造（李勇等，1999；刘树根等，2004）。盆中夹持于以上两深大断裂间的川中区，因基底相对坚硬、盆地盖层区域主体浅层（上古生界以上地层）主要发育相对宽缓的箱状褶皱构造；其南、北临近造山带部分，因受造山带前缘多期前陆造山楔冲褶作用影响，主要发育向盆内变形强度逐渐递变减弱的前展式过渡型山前冲褶构造样式；其中北部南大巴—米苍山地区主要发育有平行两造山带方向的 NNW—NWW 向与 NEE—NNE 向两组构造，南部乐山—泸州地区主要发育有 NE 与 NW—近 EW 向两组构造。据盆内盖层各期构造变形形迹与叠加变形的次序特点，中生代以来盆内构造变形形迹总体可以划分为 NW—SE、SN、NE—SW、EW 四组，变形期依次划分为印支（Ⅰ）、早燕山（Ⅱ）、晚燕山—早喜马拉雅（Ⅲ）、晚喜马拉雅（Ⅳ）四期，与盆地周缘造山带中生代以来的主造山活动时间基本同期。其中Ⅰ—Ⅲ期以褶皱变形为主，奠定盆地盖层变形基础；Ⅳ期以冲断变形为主，使盆地盖层褶皱冲断最终定型。

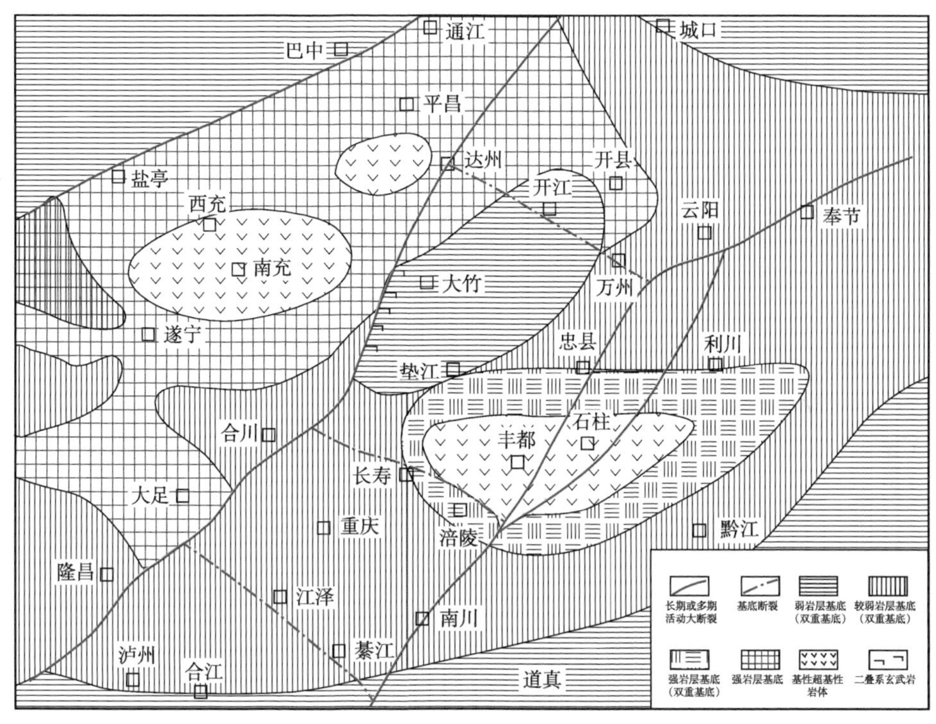

图 1-2 四川盆地东部基底图（据张健等，1997，有修改）

二、构造单元划分和构造变形样式

以上盆地基本构造变形特征、特点与区域构造动力学背景暗示：川中地处上扬子克拉通盆地的核心区，盖层除南、北边缘受造山带冲断—褶皱作用影响变形相对较强以外，中部隆起区盖层变形相对微弱、基底与盖层中深部岩系基本未卷入褶皱变形，研究区自北而南大体划分为川北坳陷带、川中平缓褶皱带和川南低陡断褶带三个次级构造单元。其中，川北坳陷带以 NW-SE 向褶皱为主、仅中部巴中—平昌—达州凹陷区记录有 NE—SW 向构造线，川中凹陷区北缘通江北部的涪阳坝构造及东缘开江北部七里峡构造明显记录有 NW—SE 向构造形成晚于 NE—SW 向褶皱的形迹；川南低陡断褶带由于受华蓥山晚期断裂走滑作用影响明显、现今以体现 NE—NEE 向低陡背向斜褶皱为主；川中平缓褶皱带是唯一保留有四期构造活动叠加记录的地区，其东南广安—大足一侧以发育 NE—SW 向构造线为主，北部西充—大竹一带以发育 NWW—SEE 向构造线为主，西部苍山—内江一带以发育 NE—SW 至近 SN 向构造线为主，中部遂宁—安岳地区除发育有 NE—SW 向构造线外，同时南部明显叠加有燕山期 NW—SE 向构造线。对此，结合川中构造变形特点，按断层相关褶皱理论将川中浅层（下三叠统及其以上地层）盐拱（嘉陵江组膏、盐岩塑性层）构造划分为断弯与断展两种基本样式；按滑动褶皱变形形态划分为前缘突破、三角带构造等组合样式；其中，三角带构造进一步细分为Ⅰ、Ⅱ型两种类型。此外，依据地震资料解析成果，将川中浅层构造进一步细分为两个断褶系统，即由三叠系与下侏罗统组成的下伏断褶系统，以发育多种变形构造式样为特点，组成相对复杂；由中侏罗统及其以上地层组成的上覆断褶系统，其构造现象相对单一，组成相对简单。

第二节　盆地构造演化与地层充填

一、盆地构造演化

自前震旦纪结晶基底至今，四川盆地一共经历了 6 次构造旋回，分别是扬子旋回、加里东旋回、海西旋回、印支旋回、燕山旋回和喜马拉雅旋回（图 1-3）。扬子旋回为四川盆地结晶基底前的构造运动，该构造运动后盆地开始了保留至今的沉积活动。加里东旋回和海西旋回为盆地海相沉积期的构造活动，这两期构造旋回对盆地影响巨大，导致了盆地内志留系—石炭系的大范围缺失（何登发等，2011），并且形成了多个岩溶型的储集层。前面三期的构造旋回对盆地海相地层影响巨大，但是对晚三叠世后的沉积盆地特征影响较小。

印支旋回、燕山旋回和喜马拉雅旋回基本上发生于盆地陆相地层沉积期内。其中印支旋回包括两幕，分别是中三叠世末期的印支运动早幕和晚三叠世末的印支运动晚幕；其时间跨度自三叠纪到侏罗纪。该期地壳从张裂活动转变为压扭活动，结束了海相的地台沉积，变成菱形断陷的陆相沉积盆地。印支旋回最早的构造运动对四川盆地的影响可能早在中三叠世初就已开始，表现特别明显的主要有两期，一是发生在中三叠世末（早印支运动），另一是发生在晚三叠世末（晚印支运动）。

印支运动早幕对四川盆地的影响表现在水平挤压和纵向抬升并重，并由此导致了龙门山造山带缓慢构造隆升的开始，同时由于该构造运动的影响，川西坳陷开始进入了前陆盆地演化阶段，盆地的沉积环境也开始了由海相环境向海陆过渡相至陆相沉积环境的最终转变。印支运动晚幕发生于晚三叠世末，由于本次构造运动的影响，导致了甘孜—阿坝地区大规模的中酸性岩浆侵入以及区域变质作用的发生。同时也导致了四川盆地北部地区剧烈抬升，上三叠统须家河组五段（简称须五段）遭受强烈剥蚀，并导致局部地区须五段不发育，冲积扇于该时期为重要的沉积形式。

燕山旋回时间跨度为侏罗纪至白垩纪末这段时期，时长约 130Ma，该构造运动同样可分为三个幕次，其中对四川盆地影响最大的是发生于侏罗纪末与白垩纪初之间的燕山运动中幕，此次构造运动导致了盆地周缘地带的再一次构造隆升，盆地周缘山系被挤压隆升。

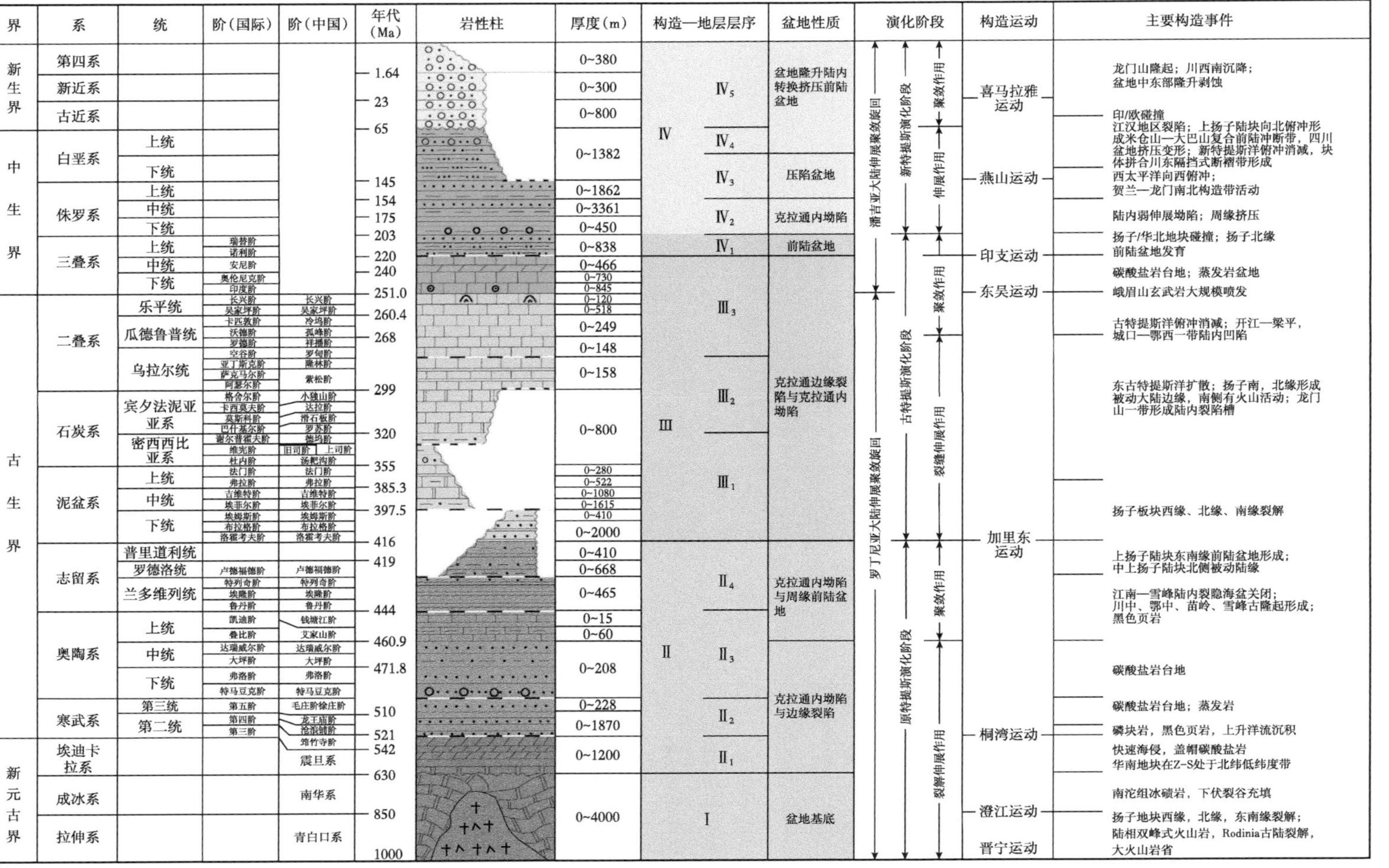

界
系
统
阶（国际）
阶（中国）
年代（Ma）
岩性柱
厚度（m）
构造—地层层序
盆地性质
演化阶段
构造运动
主要构造事件
新生界
中生界
古生界
新元古界
第四系
新近系
古近系
白垩系
侏罗系
三叠系
二叠系
石炭系
泥盆系
志留系
奥陶系
寒武系
埃迪卡拉系
成冰系
拉伸系
乐平统
瓜德鲁普统
乌拉尔统
宾夕法泥亚亚系
密西西比亚系
普里道利统
罗德洛统
兰多维列统
第三统
第二统
震旦系
南华系
青白口系
1.64
23
65
145
154
175
203
220
240
251.0
260.4
268
299
320
355
385.3
397.5
416
419
444
460.9
471.8
510
521
542
630
850
1000
盆地隆升陆内转换挤压前陆盆地
压陷盆地
克拉通内坳陷
前陆盆地
克拉通边缘裂陷与克拉通内坳陷
克拉通内坳陷与周缘前陆盆地
克拉通内坳陷与边缘裂陷
盆地基底
潘吉亚大陆伸展聚敛旋回
罗丁尼亚大陆伸展聚敛旋回
新特提斯演化阶段
古特提斯演化阶段
原特提斯演化阶段
聚敛作用
伸展作用
裂解伸展作用
喜马拉雅运动
燕山运动
印支运动
东吴运动
加里东运动
桐湾运动
澄江运动
晋宁运动
龙门山隆起；川西南沉降；盆地中东部隆升剥蚀
印/欧碰撞
江汉地区裂陷；上扬子陆块向北俯冲形成米仓山—大巴山复合前陆冲断带，四川盆地挤压变形；新特提斯洋俯冲消减，块体拼合川东隔挡式断褶带形成
西太平洋向西俯冲；
贺兰—龙门南北构造带活动
陆内弱伸展坳陷；周缘挤压
扬子/华北地块碰撞；扬子北缘前陆盆地发育
碳酸盐岩台地；蒸发岩盆地
峨眉山玄武岩大规模喷发
古特提斯洋俯冲消减；开江—梁平，城口—鄂西一带陆内凹陷
东古特提斯洋扩散；扬子南，北缘形成被动大陆边缘，南侧有火山活动；龙门山一带形成陆内裂陷槽
扬子板块西缘、北缘、南缘裂解
上扬子陆块东南缘前陆盆地形成；中上扬子陆块北侧被动陆缘
江南—雪峰陆内裂隐海盆关闭；川中、鄂中、苗岭、雪峰古隆起形成；黑色页岩
碳酸盐岩台地
碳酸盐岩台地；蒸发岩
磷块岩，黑色页岩，上升洋流沉积
快速海侵，盖帽碳酸盐岩
华南地块在Z-S处于北纬低纬度带
南沱组冰碛岩，下伏裂谷充填
扬子地块西缘，北缘，东南缘裂解；陆相双峰式火山岩，Rodinia古陆裂解，大火山岩省

图1-3　四川盆地构造—地层层序与盆地演化柱状图（何登发等，2011）

盆地内部水体进一步缩小，沉降中心频繁变动，湖盆转移至仪陇—资阳一带。龙门山造山带整体大规模的隆升剥蚀，在盆地西缘广元—梓潼—大邑以西区域发育有大规模的冲积扇群，在盆地的东部，冲积平原则进一步推进到巴中—岳池一线以西区域，以东地区则以接受剥蚀为特征，如在华蓥山地区蓬莱镇组几无沉积。盆地边缘表现为与上覆白垩系不整合接触。

喜马拉雅旋回开始于晚白垩世晚期，兴盛于古近—新近纪，前人研究表明该构造旋回共发生了三幕：古近纪、新近纪之间为Ⅰ幕，早、中更新世之间为Ⅱ幕，中、晚更新世之间为Ⅲ幕，其中Ⅱ幕和Ⅲ幕又归于新构造运动（四川省区域地质志）。发生于古近纪、新近纪之间的喜马拉雅运动Ⅰ幕，对盆地影响巨大，首先它使得震旦纪至古近纪地层再次接受褶皱，并且将前期各次构造运动所形成的断裂和褶皱再次整合并连成一体；其次，该构造运动最终导致了四川盆地如今菱形特征，并且在盆地西缘大邑地区发育著名的大邑砾岩，为喜马拉雅运动活动的有力证据。

喜马拉雅旋回之后，新构造运动仍在继续，盆地周缘的龙门山造山带和米仓山—大巴山造山带继续隆升，由于水体的逐渐退却，整体表现为四川盆地以接受剥蚀作用为主。

二、新生代充填层序与古地理

据大量的盆内钻探与盆缘露头区地质调查资料分析，四川叠合盆地自晚三叠世以来至少在盆缘及盆内隆起区高部位相应记录有 4 个平行不整合面，盆地至少发育有 5 个二级地层层序，其中每个二级层序底部相应记录有一个低水位期的砂砾岩相与偏砂相沉积岩系，具体充填层序及古地理演化特征如下。

1. 晚三叠世

由于受印支期后强造山活动影响，上扬子区自中三叠世开始逐渐海退、海水西撤，至晚三叠世早期，川东渝东及鄂西已逐渐隆升出水面、地形“西低东高”、地层累计“西厚东薄”（图 1-4）；盆东主体接受一套海陆交互—陆相滨浅湖—三角洲相砂泥岩碎屑地层沉积；

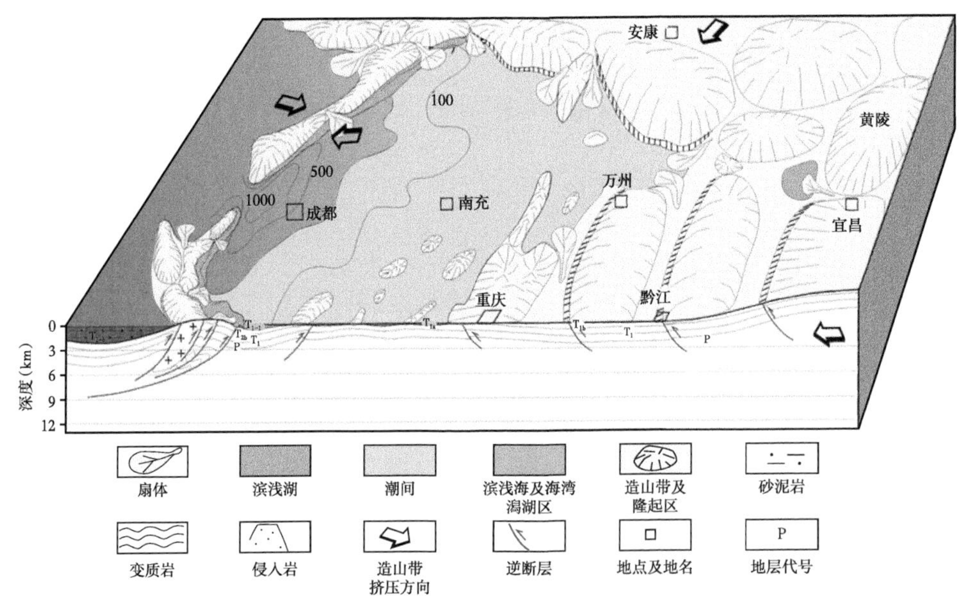

图 1-4　四川盆地晚三叠世早期岩相古地理图

盆西山前以岛链为界、依旧保持被动大陆边缘海沉积环境，主要接受马鞍塘期一套浅海生物滩和生物丘相灰岩沉积。晚三叠世中、晚期，随着龙门山造山活动的增强，川西岛链演化为山链，沉积环境因此由小塘子组沉积期的淡化潟湖—滨海海湾演化为须家河组沉积期的大型前陆坳陷湖沼环境，川西及川西北山前也因此发育相对较粗的冲积扇—辫状河三角洲相沉积岩系，川西中东部因此坳陷沉降为沉积中心，发育相对较细的半深湖—深湖相沉积岩系，川中、川东逐渐过渡为前陆前隆斜坡带，发育相对较粗的滨—浅湖至三角洲平原—河流相沉积岩系；盆地充填沉积的地层厚度与当时的古地形、古地貌特征基本保持早期特点（图 1-5）。

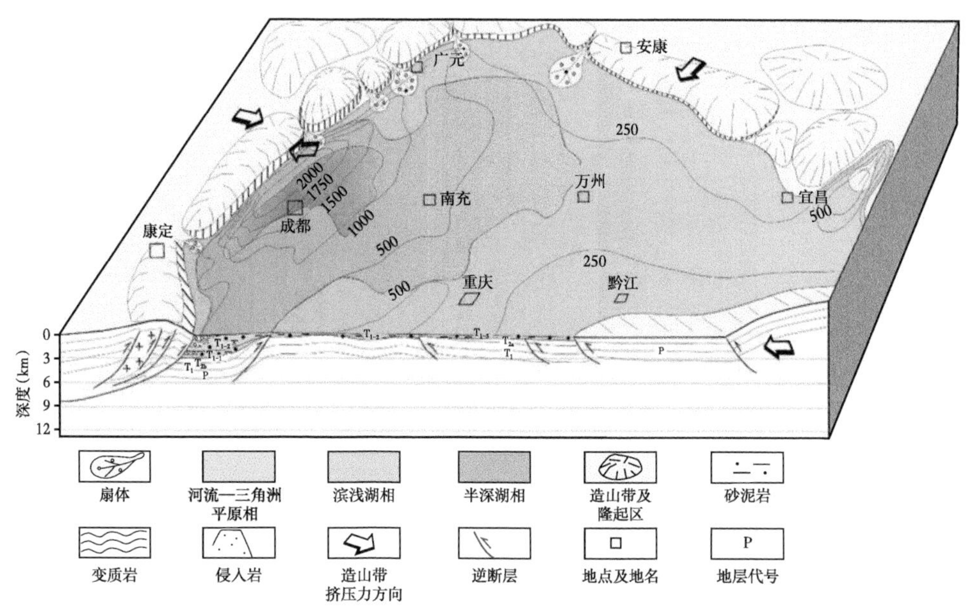

图 1-5　四川盆地晚三叠世中—晚期岩相古地理图

2. 早侏罗世

早侏罗世受龙门山与秦岭造山活动的应力场调整作用影响，川西前陆湖盆因此扩展，并逐渐进入一相对较长时期的平静期。具体表现为自流井群（珍珠冲组—大安寨组至凉高山组沉积期）湖水总体波动逐渐加深，盆地沉降与沉积中心逐渐由川西龙门山山前转移至川北大巴山山前，盆地地形地貌逐渐由“西低东高”转化为“北低南高”态势。同时，盆地沉积与充填结构表征：盆地边缘沉积物相对较粗、较薄，以发育杂色砂砾岩及砂岩相为主，沉积体系多表现为冲积扇、滨湖—三角洲平原相，尤以盆地西北角北龙门山山前及北缘米苍山—大巴山山前最为显著（图 1-6）；盆地以中北部前陆坳陷区（即万州—南充北沉降中心区）地层相对最厚、最细，多发育半深湖—深湖相黑色页岩、砂质页岩，偶夹浊积砂；盆地中南及坳陷周缘斜坡带则以相对发育滨浅湖相三角洲前缘席状砂与滩坝相滩屑灰岩沉积岩系为主。

3. 中侏罗世

中侏罗世盆地基本继承早侏罗世地形格局，但此时湖盆范围萎缩，盆内河道砂体逐渐发育，盆地沉积与沉降中心逐渐北移，晚期可能以万州—广元一带为中心；就沉积物岩系而言，大体以杂色—红色色调为主，其中盆地西南缘沉积物粒级相对较粗，以发育洪积—

冲积扇相的砂砾岩沉积岩系为主；西北角及西南部其次，以充填扇三角洲—河流相的红色砂泥岩沉积岩系为主；东南部以充填三角洲平原—滨湖相红色砂泥岩沉积岩系为主，盆地东缘相对发育河流与滨湖相沉积岩系；北缘除充填有河流与滨湖相沉积岩系外，还发育有辫状河三角洲与水下扇沉积岩系；中部以发育滨浅湖—半深湖相沉积岩系为主，盆地总体体现“西粗东细、南粗北细”的不对称“箕状”周缘前陆盆地充填格局（图 1-7）。

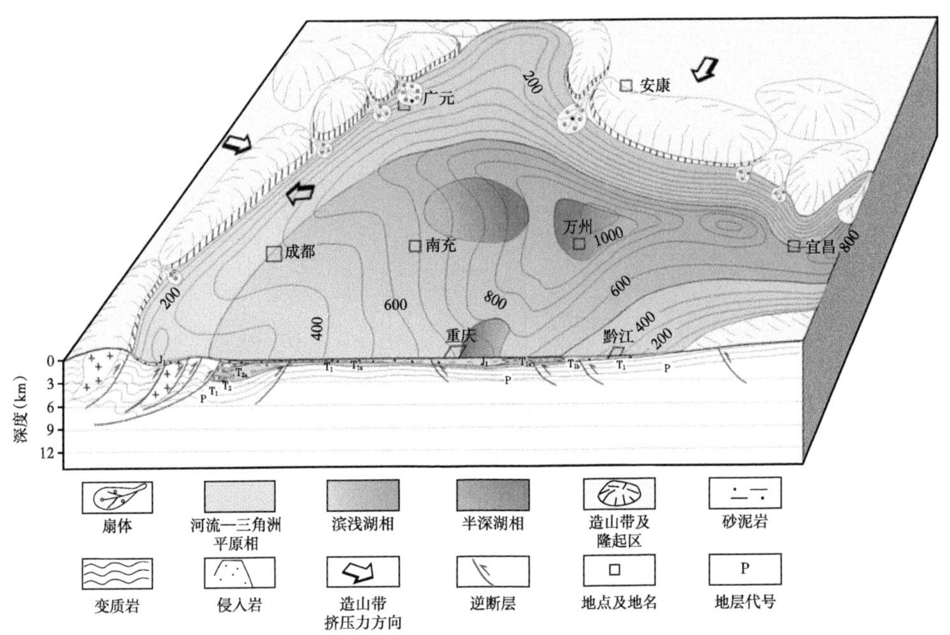

图 1-6　四川盆地早侏罗世岩相古地理图

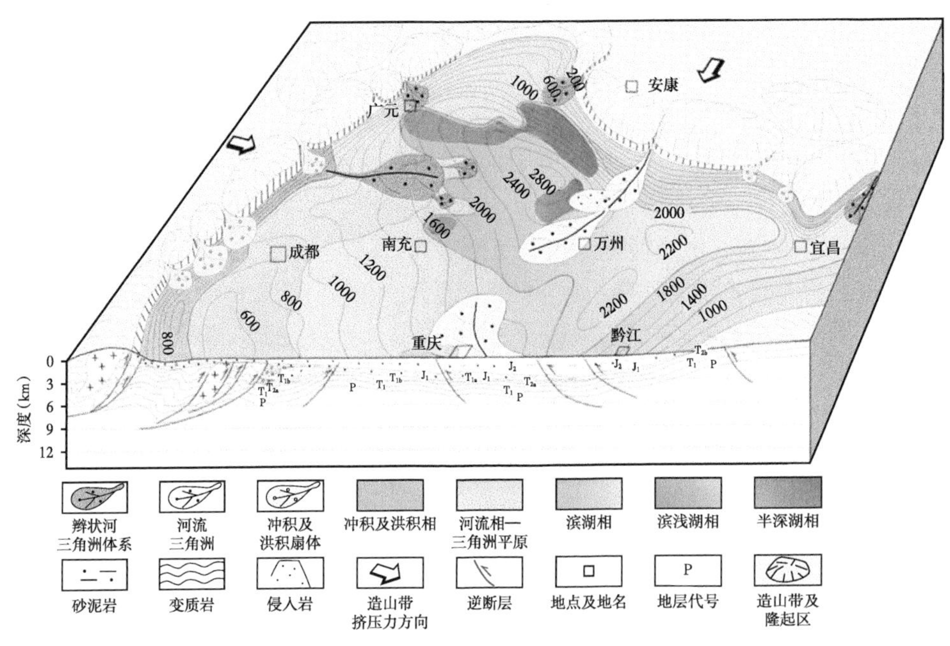

图 1-7　四川盆地中侏罗世岩相古地理图

4. 晚侏罗世

晚侏罗世随着湖盆进一步萎缩，地形转化为“西低东高”格局，盆地沉降中心也因此转移至川西龙门山山前绵阳—广元一带，沉积物充填由此“西粗东细”，盆地总体转换为相对单一的“西坳东抬”型前陆格架。盆区西缘总体以广元两河口、江油、安县、都江堰为物源补给中心，发育4个大型洪积—冲积扇扇体，各个扇体彼此在空间上扇缘和扇端间存在相互连接与重叠现象，因此从上侏罗统下部遂宁组至晚期蓬莱镇组沉积期便在龙门山山前充填了一道较宽的冲积扇裙带；盆地东部及北部由于地势相对低缓、物源远源，发育三角洲平原—河流沉积体系，盆地中部发育滨浅湖相沉积体系（图1-8）。

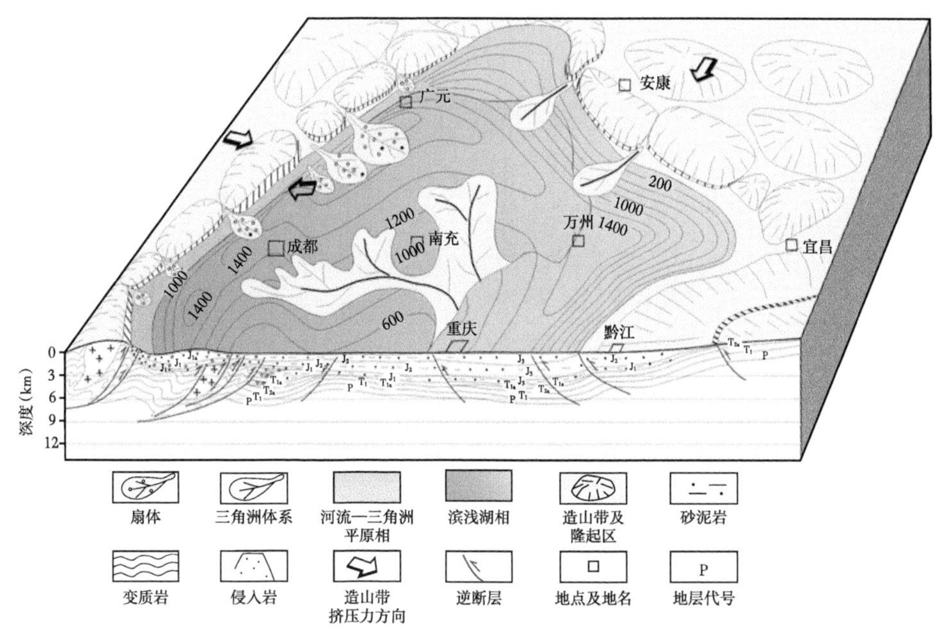

图1-8　四川盆地晚侏罗世岩相古地理图

5. 白垩纪—古近纪

白垩纪—古近纪盆地基本继承晚侏罗世前陆“西坳东抬”的地形地势特点，但沉降与沉积中心“西移”“南移”，沉积物充填大体表征“北粗南细”特点，湖盆范围已萎缩至川西及川北地区（图1-9）。据李书兵等（1999）分析：早白垩世局限于川西北地区，由4~5套砾岩、砂岩、泥岩组成正韵律层序，以发育山麓冲积扇及辫状河相沉积体系为主，通常上部发育河流相沉积，沉降中心位于万源—广元一带；中—晚白垩世沉降中心已迁移至龙门山中、南段前缘，沉积范围也随之迁移至川西南地区，其中灌口期沉积充填河流相砂泥岩，向上逐渐过渡为干旱湖相含石膏、钙芒硝岩系，而川南宜宾、黔北古蔺地区还见有风成沙漠相砂岩岩系。古近纪—始新世盆地退化为一套干旱环境下的冲积扇、河湖相及风成沙漠相砂、泥岩沉积，同时夹有石膏和钙芒硝层。

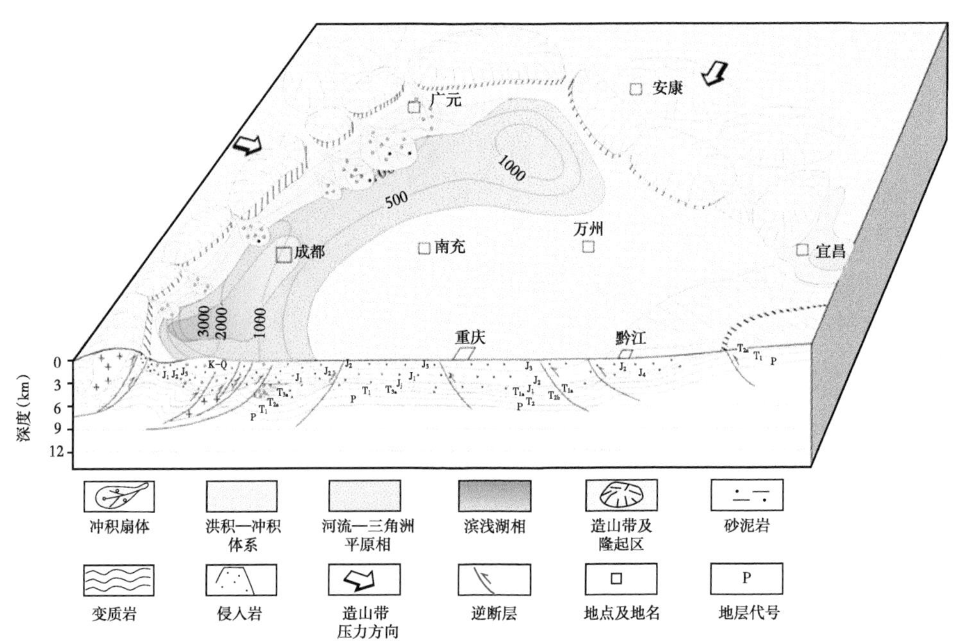

图 1-9　四川盆地白垩纪—古近纪岩相古地理图

参考文献

陈发景，汪新文，1996. 含油气盆地地球动力学模式 . 地质论评，42（4）：304-310.

郭正吾，邓康龄，韩永辉，等，1996. 四川盆地形成与演化［M］. 北京：地质出版社 .

何登发，李德生，吕修祥，等，1996. 中国西北地区含油气盆地构造类型［J］. 石油学报，17（4）：10.

何登发，李德生，张国伟，等，2011. 四川多旋回叠合盆地的形成与演化［J］. 地质科学，46（3）：589-606.

黄东，杨光，杨智，等，2019. 四川盆地致密油勘探开发新认识与发展潜力［J］. 天然气地球科学，30（8）：1212-1221.

李书兵，何鲤，1999. 四川盆地晚三叠世以来陆相盆地演化史［J］. 天然气工业，19（B11）：18-23.

李勇，苏春乾，刘继庆，等，1999. 东秦岭造山带钠长岩的特征、成因及时代［J］. 岩石矿物学杂志，18（2）：121-127.

刘和甫，夏义平，殷进垠，等，1999. 走滑造山带与盆地耦合机制［J］. 地学前缘，6（3）：121-132.

刘树根，徐国盛，徐国强，等，2004. 四川盆地天然气成藏动力学初探［J］. 天然气地球科学，15（4）：323-330.

罗志立，刘树根，刘顺，2000a. 四川盆地勘探天然气有利地区和新领域探讨（上）［J］. 天然气工业，20（4）：10-13+9.

罗志立，刘树根，刘顺，2000b. 四川盆地勘探天然气有利地区和新领域探讨（下）［J］. 天然气工业，20（5）：4-8.

四川省地质矿产局编，1991. 中华人民共和国地质矿产部地质专报 1 区域地质 第 23 号 四川省区域地质志［M］. 北京：地质出版社 .

四川油气区石油地质志编写组编，1989. 中国石油地质志卷 10 四川油气区［M］. 北京：石油工业出版社 .

许效松，刘宝珺，徐强，等，1997. 中国西部大型盆地分析及地球动力学［M］. 北京：地质出版社 .

杨智，唐振兴，陈旋，等，2020. “进源找油”：致密油主要类型及地质工程一体化进展［J］. 中国石油勘探，25（2）：73-83.

第二章 地层层序与沉积特征

四川盆地侏罗系以印支运动晚幕构造不整合面为界，沉积充填了巨厚的陆相地层，沉积序列和地层保存完整，主要为红色碎屑岩，西部地区缺失部分下侏罗统，南部地区缺失部分上侏罗统。致密油主要分布在盆地中部，沉积层位纵向上自下而上主要分布在侏罗系大安寨段、凉上段、沙一段三个层段（黄东等，2019）。本章主要介绍四川盆地侏罗系的地层划分与层序地层格架、侏罗系沉积体系分布特征和沉积相展布特征，以加深对侏罗系致密油形成背景的认识。

第一节 侏罗系地层划分与地层格架

一、侏罗系地层划分

在野外地质调查的基础上，充分吸收、消化前人的研究成果，对侏罗系区域地层主要依据《四川省岩石地层》《四川盆地陆相中生代地层古生物》《中国的侏罗系》和《中南区区域地层》（四川省地矿局，1995；四川盆地陆相中生代地层古生物，1984；王思恩等，1985；赵自强等，1996）等划分方案进行了归纳总结，确定了侏罗系地层划分方案。侏罗系自下而上分为自流井组（包括珍珠冲段、东岳庙段、马鞍山段和大安寨段）、凉高山组（新田沟组）、沙溪庙组、遂宁组和蓬莱镇组，或分为白田坝组、千佛崖组、沙溪庙组、遂宁组和蓬莱镇组，名称大体统一（表 2-1，表 2-2）。

1. 珍珠冲段

珍珠冲段主要为紫红色泥岩夹薄层灰色石英砂岩，往盆地边缘砂质沉积增加，有时见煤层，厚度一般为 150~260m，川中地层厚 80~180m。近盆地边缘以大套砂砾岩为主，泥岩及粉砂岩以不稳定透镜体夹于砂砾岩体内，宏观上呈现“砂包泥”，沉积序列向上由辫状河—曲流河—三角洲—湖泊—三角洲—河流，构成较为完整的湖进—湖退的相序旋回。珍珠冲段以较富特色的珍珠冲植物群与须家河组区别，其与下伏须家河组（或香溪群）以整合接触为主，局部地区可能为假整合或不整合，一般界限在底部石英砂岩、紫红色砂质泥岩或含煤泥页岩附近，川中地区二者的界线一般划于石英砂岩底部或紫红色砂质泥岩底部或紫红色砂质泥岩出现的第一套砂岩底。

湖盆西北缘的白田坝组主要为山麓洪冲积、河流、滨湖相沉积，以及山间沼泽或滨岸沼泽含煤岩系。白田坝组底部冲积扇砾石为石英质岩，磨圆好，大部分为须家河组上延部分，同时又出现新的 *Coniopteris.* 和 *Ptilo.* 植物群面貌，层位大致与珍珠冲段相当或可能略早。

表 2-1　四川盆地上三叠统—侏罗系地层层序划分对比表

<table>
<tr><th colspan="2">地层</th><th colspan="2">中国的侏罗系
全国地层委员会
（1985年）</th><th colspan="2">中国石油地质志
四川石油管理局
（1989年）</th><th colspan="3">四川省区域地质志
四川地质矿产局
（1991年）</th><th colspan="2">郭正吾、邓康龄等
西南石油地质局
（1996年）</th><th>中南区区域地层
赵自强，丁起秀
（1996年）</th><th colspan="2">中国地层研究二十年
（1979—1999年）
中国科学院南京古生物
研究所（2000年）</th><th colspan="2">本书</th></tr>
<tr><td colspan="2">白垩系</td><td colspan="2">剑门关组</td><td colspan="2">天马山组</td><td colspan="2">剑门关组</td><td>苍溪组</td><td>天马山组 / 剑门关组</td><td>苍溪组</td><td>苍溪组</td><td colspan="2">剑门关阶</td><td colspan="2">天马山组</td></tr>
<tr><td rowspan="10">侏罗系</td><td rowspan="2">上统</td><td colspan="2">蓬莱镇组</td><td colspan="2" rowspan="2">蓬莱镇组</td><td colspan="2">莲花口组</td><td>蓬莱镇组</td><td colspan="2">蓬莱镇组</td><td>蓬莱镇组</td><td rowspan="4">重庆阶</td><td>蓬莱镇阶</td><td colspan="2">蓬莱镇组</td></tr>
<tr><td colspan="2">遂宁组</td><td colspan="3">遂宁组</td><td colspan="2">遂宁组</td><td>遂宁组</td><td>遂宁阶</td><td colspan="2">遂宁组</td></tr>
<tr><td rowspan="3">中统</td><td colspan="2">上沙溪庙组</td><td colspan="2">遂宁组</td><td colspan="3">上沙溪庙组</td><td colspan="2">上沙溪庙组</td><td>上沙溪庙组</td><td rowspan="2">沙溪庙阶</td><td colspan="2">上沙溪庙组</td></tr>
<tr><td colspan="2">下沙溪庙组</td><td colspan="2">上沙溪庙组</td><td colspan="3">下沙溪庙组</td><td colspan="2">下沙溪庙组</td><td>下沙溪庙组</td><td colspan="2">下沙溪庙组</td></tr>
<tr><td colspan="2">新田沟组（凉高山组）</td><td colspan="2">下沙溪庙组</td><td colspan="3">新田沟组</td><td colspan="2">千佛崖组</td><td>千佛崖组</td><td colspan="2">新田沟阶</td><td colspan="2">凉高山组</td></tr>
<tr><td rowspan="5">下统</td><td rowspan="5">自流井组</td><td>大安寨段</td><td rowspan="5">自流井组</td><td>凉高山段</td><td rowspan="5">白田坝组</td><td rowspan="4">自流井组</td><td rowspan="2">大安寨段</td><td rowspan="5">白田坝组</td><td rowspan="5">自流井组</td><td rowspan="5">自流井组</td><td colspan="2" rowspan="3">自流井阶</td><td rowspan="5">自流井组</td><td>大安寨段</td></tr>
<tr><td>马鞍山段</td><td>大安寨段</td><td>马鞍山段</td></tr>
<tr><td>东岳庙段</td><td>马鞍山段</td><td>马鞍山段</td><td>东岳庙段</td></tr>
<tr><td>珍珠冲段</td><td>东岳庙段</td><td>东岳庙段</td><td colspan="2">香溪阶</td><td rowspan="2">珍珠冲段</td></tr>
<tr><td>綦江段（川南）</td><td>珍珠冲段</td><td colspan="2">珍珠冲组</td><td colspan="2"></td></tr>
<tr><td colspan="2" rowspan="3">上三叠统</td><td colspan="2">须家河组</td><td colspan="2">须家河组</td><td colspan="3">须家河组</td><td colspan="2">须家河组</td><td rowspan="2">须家河组</td><td colspan="2" rowspan="3">须家河组（沙镇溪组）</td><td colspan="2">须家河组</td></tr>
<tr><td colspan="2">小塘子组</td><td colspan="2">小塘子组</td><td colspan="3">小塘子组</td><td colspan="2">小塘子组</td><td colspan="2">小塘子组</td></tr>
<tr><td colspan="2">垮洪洞组</td><td colspan="2">垮洪洞组</td><td colspan="2">垮洪洞组</td><td>马鞍塘组</td><td>马鞍塘组</td><td></td><td></td><td colspan="2">垮洪洞组</td></tr>
</table>

表 2-2　四川盆地中生界地层划分和标志层简表

地层		盆地西南部		盆地东部和北部		盆地西北广元		标志层
上覆地层		新近系—第四系						
古近系		芦山群						
古近系		名山群						金鸡关砂岩
白垩系	上统	灌口组						
白垩系	上统	夹关组						
白垩系	下统			七曲寺组		剑阁组		梓潼砂岩
白垩系	下统			白龙组		汉阳铺组		柏梓场砂岩
白垩系	下统	天马山组		苍溪组		剑门关组		
侏罗系	上统	蓬莱镇组	上段	蓬莱镇组		莲花口组		太和镇砂岩
侏罗系	上统	蓬莱镇组	下段	蓬莱镇组		莲花口组		蓬莱镇砂岩
侏罗系	中—上统	遂宁组	上段	遂宁组		遂宁组		砖红色砂岩
侏罗系	中—上统	遂宁组	下段	遂宁组		遂宁组		砖红色砂岩
侏罗系	中—上统	上沙溪庙组	上段	上沙溪庙组		上沙溪庙组		
侏罗系	中—上统	上沙溪庙组	下段	上沙溪庙组		上沙溪庙组		嘉祥寨砂岩
侏罗系	中—下统	下沙溪庙组		下沙溪庙组		下沙溪庙组		叶肢介层 / 小垭口、（关口）砂岩
侏罗系	中—下统	新田沟组		新田沟组		千佛崖组		
侏罗系	中—下统	自流井组	大安寨段	自流井组	大安寨段	千佛崖组		介壳灰岩
侏罗系	中—下统	自流井组	马鞍山段	自流井组	马鞍山段	千佛崖组		
侏罗系	中—下统	自流井组	东岳庙段	自流井组	东岳庙段	千佛崖组		介壳灰岩
侏罗系	中—下统	珍珠冲组	上段	珍珠冲组		白田坝组		白田坝石英砂岩、砾岩
侏罗系	中—下统	珍珠冲组	下段（綦江段）	珍珠冲组		白田坝组		白田坝石英砂岩、砾岩
三叠系	上统	须家河组	上亚段	须家河组	上亚段	须家河组	上亚段	砾岩或含砾砂岩
三叠系	上统	须家河组	下亚段	须家河组	下亚段	须家河组	下亚段	
下伏地层		T_1—T_3k		T_2		T_1—T_3k		

2. 东岳庙段

东岳庙段以黑色、灰绿色泥页岩夹灰色泥灰岩、生物灰岩为主，富含淡水双壳类化石，一般厚 5~50m。川中地区东岳庙段一般由底部岩屑石英细砂岩、中部介壳灰岩、上部黑色页岩构成，厚 30m 左右。从渠县三汇剖面可观察到东岳庙段主体为黄灰色、黄绿色泥质粉砂岩，下部和上部夹中—细粒岩屑石英砂岩、细粒岩屑砂岩，粉砂质泥岩、泥质粉砂岩中富含双壳类化石，保存完整，部分沿层面富集。介壳灰岩中生物碎屑以双壳类和瓣鳃类为主，大多呈不规则杂乱分布或定向叠置分布。

3. 马鞍山段

马鞍山段岩性主要为紫红色、灰绿色、灰黑色泥岩互层，厚100~150m。川中地区普遍夹3~4套薄—中厚层状岩屑石英砂岩，往北黑色页岩厚度增加。野外露头马鞍山段一般被植被覆盖，出露处易于识别，以渠县三汇剖面为例，马鞍山段岩性较为单一，主要由紫红色、灰紫色间少量灰色、灰绿色泥岩组成，夹少量粉、细砂岩。向盆地北部方向，泥岩颜色变深，为深灰色薄层钙质泥岩，砂岩夹层减少。

4. 大安寨段

大安寨段厚度为10~100m，往盆地边缘厚度减薄，在川中地区主要发育黑色页岩、褐灰色介壳灰岩、含泥质灰岩与黑色泥页岩不等厚互层，介壳滩灰岩厚度较厚，围绕仪陇—平昌凹陷呈环带状分布，南充—遂宁一线可称为“南环带”，中台山—廊中一线可称为“北环带”。而在盆地周缘地区主要发育灰色泥晶灰岩、紫红色、灰绿色、杂色泥岩。大安寨段所含的淡水双壳类和介形类化石于自流井组中最为丰富，分布范围最广，以渠县三汇、达州铁山剖面为例，均发育有灰色生物碎屑灰岩夹薄层钙质泥岩，泥岩沿层面介壳富集，化石保存完整，介壳灰岩中生物介壳多为碎片状产出，为高能介壳滩沉积产物。薄层泥岩偶见介壳化石，且由泥岩逐渐过渡到粉砂岩。

5. 凉高山组 / 千佛崖组

凉高山组岩性较为复杂，垂向上颜色两分明显，下段主要由红色、灰绿色的灰质泥岩、粉砂岩组成，局部夹杂色砾岩；上段为含（砾）砂岩、灰色页岩为主，往西南或西部方向为大套砂岩和杂色泥岩，厚度一般为150~500m，在盆地西南部地区地层有缺失。盆地周缘川西、川北地区称为千佛崖组，以命名地广元千佛崖剖面具代表性，为河流—滨浅湖相沉积，可划分为三段：上杂色段、中黑色段、下杂色段，表明凉高山组经历了早期湖侵、后期湖退的完整旋回变化。在万源固军坝基干剖面岩屑砂岩和长石砂岩较为发育，砂岩岩屑以石英质岩、千枚岩、泥屑、云母等为主，见泥质杂基填隙、方解石胶结物和少量硅质胶结，该组以波痕构造发育为特征，黑色段产双壳类、介形类、脊椎、植物及孢粉化石。

6. 下沙溪庙组

下沙溪庙组由褐灰色、绿灰色厚层状砂岩、灰绿色、棕红色粉砂岩、泥岩构成的几个较大韵律岩性组合为特征，盆地西侧边缘有冲积相砂砾岩发育，厚200~400m。川中地区下沙溪庙组中下部以灰绿色或红绿色互层为特点，局部夹薄层深灰色泥岩，如公101井、公30井，显示有湖泊沉积特征；巨厚层状砂岩与粉砂岩、泥岩构成2~3个不对称的沉积旋回，显示三角洲—滨浅湖沉积体系的特征。

7. 上沙溪庙组

上沙溪庙组岩性与下沙溪庙组相似，主要区别为灰绿色泥岩夹层减少、砂岩层增厚、地层厚度增大，一般厚450~2100m，有北厚南薄、东厚西薄特点。其底界以底部或近底部的厚层块状“嘉祥寨砂岩”底或“叶肢介页岩”为界，川中地区钻井多采用“叶肢介页岩”为界（顶或底）。“嘉祥寨砂岩”为粗粒长石石英砂岩夹薄层紫红色泥岩，厚度一般为10~40m，向川东、川东北增厚至50~80m，局部达150m。其与“叶肢介页岩”之间的距离为0~150m，野外踏勘和前人资料表明：大致在川中地区中北部以南地区直接覆盖于“叶肢

介页岩”之上，苍溪—平昌一带与“叶肢介页岩”之间厚30~50m。上沙溪庙组沉积相以河流相为主，在川西江油一带可能相变为滨浅湖沉积，而龙门山南段的相似层位则相变为富灰岩角砾的大套棕红色砾岩系（四川盆地陆相中生代地层古生物编写组，1984）。很明显，该期系川北前陆盆地充填期和龙门山南段活跃期，具多物源特征，沉积体系较为复杂。

8. 遂宁组

遂宁组以大面积紫红色泥岩为主，夹少量粉细砂岩，厚度一般为200~300m，沉积相主要为滨浅湖相为主。盆地中北部向上砂岩层增加，龙门山前缘岩性变粗，以富含石灰岩、石英岩的砾石为特征。

9. 蓬莱镇组

蓬莱镇组在川中地区发育不全，主要为灰白色砂岩、紫红色泥岩互层，残存厚度为400~1200m。成都—自贡一线地层发育较全，且代表湖泊相的标志层（苍山页岩、李都寺石灰岩、景福院页岩）易于识别；川西新场地区研究较为充分，主要为三角洲—湖泊相沉积；而川西龙门山前为一套巨厚砾岩层为主，明显显示龙门山构造活动特征。

二、侏罗系等时地层格架

针对四川盆地侏罗系陆相盆地的层序发育特征，借鉴Vail经典层序地层的基本概念，在基于四川盆地侏罗系各层段典型地层特征及标志层识别的基础上，将四川盆地中部侏罗系陆相地层划分为10个三级层序（表2-3）（为更好地服务四川盆地油气田勘探开发，本书成图采用与层序相对应的地层名称），并对盆地内关键井进行地震标定，着重对川中地区地震剖面进行详细解释，井—震结合，建立6条侏罗系全盆地层序地层格架，明确侏罗系各层段地层划分标准，为下一步开展侏罗系地质研究奠定基础。

表2-3　四川盆地中部侏罗系经典层序地层划分方案

<table>
<tr><th colspan="2">年代地层</th><th colspan="2">岩石地层</th><th>界面（底界）</th><th>年龄（Ma）</th><th colspan="2">层序划分</th><th>气候</th><th>沉积相</th></tr>
<tr><td colspan="2">白垩系</td><td colspan="2">天马山组</td><td></td><td>145</td><td colspan="2"></td><td></td><td>冲积扇—河流</td></tr>
<tr><td rowspan="13">侏罗系</td><td rowspan="3">上统</td><td colspan="2" rowspan="2">蓬莱镇组</td><td>SB11</td><td>152</td><td>SQ10</td><td rowspan="6">Ⅱ3</td><td>干旱</td><td>河流—三角洲</td></tr>
<tr><td>SB10</td><td>154.7</td><td>SQ9</td><td>炎热</td><td>河流—三角洲</td></tr>
<tr><td colspan="2">遂宁组</td><td>SB9</td><td>157</td><td>SQ8</td><td rowspan="4">温暖偏干</td><td>湖泊</td></tr>
<tr><td rowspan="5">中统</td><td colspan="2" rowspan="2">上沙溪庙组</td><td>SB7</td><td>165</td><td>SQ7</td><td>河流—三角洲</td></tr>
<tr><td>SB6</td><td></td><td>SQ6</td><td></td></tr>
<tr><td colspan="2" rowspan="2">下沙溪庙组</td><td rowspan="2">SB5</td><td rowspan="2">173</td><td>SQ5</td><td>河流—三角洲</td></tr>
<tr><td rowspan="2">SQ4</td><td rowspan="7">Ⅱ2</td><td rowspan="7">温暖潮湿</td><td></td></tr>
<tr><td colspan="2">凉高山组</td><td>SB4</td><td>178</td><td>三角洲—湖泊</td></tr>
<tr><td rowspan="5">下统</td><td rowspan="5">自流井组</td><td>大安寨段</td><td>SB3</td><td></td><td rowspan="2">SQ3</td><td>湖泊</td></tr>
<tr><td rowspan="2">马鞍山段</td><td>SB2</td><td></td><td>三角洲—湖泊</td></tr>
<tr><td rowspan="2"></td><td>194</td><td rowspan="2">SQ2</td><td rowspan="2">湖泊</td></tr>
<tr><td>东岳庙段</td><td></td></tr>
<tr><td>珍珠冲段</td><td>SB1</td><td>208</td><td>SQ1</td><td>河流—三角洲</td></tr>
<tr><td colspan="2">三叠系</td><td colspan="2">须家河组</td><td colspan="5"></td><td>三角洲—湖泊</td></tr>
</table>

1. 层序界面特征

层序界面识别是层序划分的关键，不仅将界面所穿越地区的新、老地层分开，使层序具有年代地层学意义，同时也是划分层序、确定层序成因类型、对层序进行区域等时对比和建立层序地层格架的重要标志。本书在露头层序地层学基础上，充分理解层序界面特征及其意义，在野外剖面、岩心、单井及测井详细研究的基础上，揭示四川盆地中—下侏罗统层序界面表现形式有如下三种。

1）不整合面（古风化壳）

不整合面是层序划分的重要界面，是划分构造层序的典型标志，分布稳定、标志清楚，对比性及等时性好。本区中—下侏罗统露头显示的区域性不整合面广泛发育。如通江铁溪剖面，白田坝组灰色厚块状中—细粒石英质砾岩不整合于须家河组黄灰色厚层中—细粒岩屑石英砂岩之上。

2）大型底冲刷面

底冲刷构造反映了水动力条件由弱变强的突发性过程，以冲刷面为基准，从下往上水动力条件显著增强，冲刷面之前的沉积物留有侵蚀改造的痕迹。底冲刷面既是一个凹凸不平的界面，又是一个岩性突变面，反映了遭受到不同程度的侵蚀间断；正常情况下，岩石粒度由冲刷面往上变粗，局部地方在冲刷面上部地层中可见来自下伏层的泥砾，砂体呈透镜状产出。此类界面在野外较易识别，如通江铁溪剖面，下沙溪庙组绿灰色中—粗粒岩屑石英砂岩直接与下伏千佛崖组紫红色粉砂质泥岩接触（图 2-1a）。该界面的形成机理与基准面大幅度快速下降造成的侵蚀冲刷作用有关，一般以冲刷面具有一定的起伏变化幅度为重要识别标志。

3）岩性岩相转换面

此类界面在本区广泛发育，它是在湖平面下降速率小于盆地沉降速率条件下形成的。这种转化可以是两个由粗到细的正向结构的转化，也可以是由细到粗的逆向结构到正向结构的转化，在界面上可以见到岩性的突变，主要发育于下侏罗统自流井组与新田沟组，中侏罗统千佛崖组与上覆下沙溪庙组，以及下沙溪庙组与上覆上沙溪庙组之间（图 2-1b）。

4）最大湖泛面

最大湖泛面是划分一个层序内湖进体系域与湖退体系域之间的界面，为最大湖泛期沉积产物，相当于海相层序中的凝缩层或凝缩段。代表长期基准面持续上升的进积 → 退积序列折向下降的加积到进积序列的相转换面。如按沉积环境，可划分为海相地层中的海泛面、湖相地层中的湖泛面、河流相地层中的洪泛面等成因类型，本书最大湖泛面的指示标志主要为凉高山组 / 千佛崖组中部的黑色页岩，生物介壳层等（图 2-1c、d）。

2. 层序划分标志

在进行层序地层学研究时，层序界面识别是层序划分关键。层序划分的标志概括起来主要包括沉积学标志、古生物学标志、地球物理测井标志、地震反射标志和地球化学标志。

1）沉积学标志

用于层序划分的沉积学标志包括沉积岩的所有特征，例如岩石的颜色、成分、结构和沉积构造、剖面结构和相序等。它们都是反映沉积环境的重要标志，而环境的变化是反映全球海平面变化的重要体现，所以通过对沉积地层中沉积岩的特征研究，建立沉积相、微相在垂向上的演化序列，可重塑湖平面相对升降变化。在上述基础上可进行层序划分。

(a)底冲刷面，千佛崖组与下沙溪庙组界面，通江铁溪

(b)岩性岩相转换面，上沙溪庙组与下沙溪庙组界面，渠县三汇

(c)黑色页岩，最大湖泛面，凉上段，渠县三汇

(d)泥岩中的介壳，湖泛面，凉上段，达州铁山

图 2-1　四川盆地侏罗系野外典型层序界面

2)古生物学标志

以生物进化不可逆性为基础，其地层单元具有不可重复的性质。这一特点决定了生物地层学在建立地层时空格架方面的可靠性和独立性，在确定地质事件、沉积层序划分、对比方面具有不可替代的作用。在古生物演化历史中生物面是一个十分重要的事件面，是确定层序和层序内体系域的重要界面。用于层序划分的主要有三种生物界面:(1)生物的衰亡面或绝灭面，在此面之上许多生物衰退或不再出现，这个界面往往与层序界面是一致的;(2)海进生物面(Trangressive bio-surface，TBS)，它往往与一个层序的物理海进面(TS)一致，主要表现在生物分布区的迅速扩展，新生生物群迅速占领新产生的生态空间;(3)大量游泳或漂浮生物形成的生物岩或生物密集层，它们往往是最大海泛面(MFS)的标志。

3)地球物理测井标志

在进行层序划分时，对于有地震反射和钻井测井资料的地区来说，可充分利用测井和地震反射等地球物理资料进行层序划分。其中测井资料由于具有信息量大、连续性好、求取方便的特点，所以通过对测井资料的研究不仅可确定所研究层段的沉积微相类型以及在垂向上的演化规律，而且在此基础上进行层序划分。目前可用于沉积学及层序地层学研究的测井资料主要包括自然电位、自然伽马及电阻率测井曲线，测井曲线的幅度、形态、顶底接触关系、曲线光滑程度以及曲线形态的组合特征均有特殊的沉积学意义。

4)地震反射标志

层序地层学是在地震地层学基础上发展起来的，因此，地震勘探中获得的反射波资料是地层的地震响应，同一反射界面的反射波有相同或相似的特征。如反射波振幅、波形、频率、反射波波组的相位个数等。根据这些特征，沿横向对比追踪同一反射界面的反射，也就实现了同一地质界面的对比，进而实现了层序划分。地震反射的地层之间的接触关系有上超、下超、顶超等，它们均反映了层序界面的特征及体系域的演化特点。但由于受地震反射分辨率的限制，它常常是划分二级、一级层序的重要标志，而三级、四级层序划分必须结合钻井资料。

5）地球化学标志

开展层序地层学研究的基础是层序界面的识别和层序的划分，而层序划分的关键是对有关重要界面（层序底界面、初始海泛面、最大海泛面和凝缩层等）的研究，它不仅可通过宏观的野外地质特征来识别，还可用有关沉积地球化学标志来研究。海平面变化是控制层序发育的一个主要因素，完整升降旋回中的产物，在其变化过程中随海水的化学组成变化而变化。因此，通过沉积物（岩）中常量元素、微量元素、稀土元素及稳定同位素的分析同样可进行层序划分。如可用沉积地球化学来对层序界面进行识别，主要表现为层序界面上下的常量、微量元素、稳定同位素发生突变。不同体系中各类元素变化具有规律性，如在海侵体系域（TST）沉积期，随着海侵体系域的发生，发展到最大海泛期，$\delta^{13}C$ 也随着增大，并到达最大值，之后随着高位体系域沉积，$\delta^{13}C$ 又不断下降。所以可利用地球化学标志来进行层序识别和层序划分。

3. 层序地层对比

根据层序地层学原理及其工作方法，在对四川盆地中—下侏罗统白田坝组／自流井组—下沙溪庙组露头基干剖面的层序界面表现形式识别的基础上，结合岩心、测井的划分标志，对以研究典型地震剖面的地层，重点考虑上述关键性界面特征以及层序划分的各种标志，结合各级次层序成因及特征对本区重点目标层系（中—下侏罗统）进行了层序划分（图 2-2）。总之，充分利用上述各种标志，它们相互补充验证，对正确识别和划分层序具有重要的意义。

地层					岩性剖面	岩性综合描述	层序地层		构造运动
系	统	组	段	符号			三级层序	层序编号	
侏罗系	上统	遂宁组		J_3sn		砖红色、棕红色泥岩夹石英粉砂岩及长石石英砂岩			燕山运动Ⅱ
	中统	上沙溪庙组		J_2s^2		灰紫色、灰色厚层块状中至细粒长石石英砂岩，与灰紫色、暗紫色砂质泥岩、泥岩，上部偶见膨润土		SQ5	
		下沙溪庙组		J_2s^1		紫红色泥岩、砂质泥岩夹灰黄色，紫色，灰色厚层中—细粒长石石英砂岩，顶部为黄绿色，灰黑色“叶肢介页岩”		SQ4	
		新田沟组／千佛崖组		J_2x/J_2q		顶部泥崖夹粉砂岩，上部页岩夹灰岩，下部泥岩夹厚层块状细粒石英砂岩，由东至西剥蚀加剧		SQ3	燕山运动Ⅰ
	下统	白田坝组／自流井组	大安寨段	J_1z^4		紫红色、灰紫色钙质泥岩夹透镜状泥灰岩、石灰岩，含大量介壳化石		SQ2	
			马鞍山段	J_1z^3		紫红色泥岩，砂质泥岩，中部夹黄绿色中厚层粉—细粒石英砂岩			
			东岳庙段	J_1z^2		上部泥页岩，中部生屑灰岩，下部粉—细粒石英砂岩		SQ1	
			珍珠冲段	J_1z^1		紫红色、黄绿色泥岩夹灰白色粉—细粒石英砂岩，底部为石英砂岩及黏土岩			印支运动Ⅱ
三叠系	上统	须家河组		T_3x		灰黑色页岩、粉砂质页岩与灰色粉砂岩、细砂岩不等厚互层，夹黑色煤层（煤线）			

图 2-2　四川盆地中—下侏罗统自流井组—上沙溪庙组层序划分方案

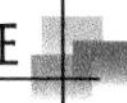

1）下侏罗统地层对比

下侏罗统包括自流井组和白田坝组，两者同时而异相。白田坝组是一套盆地边缘相的产物，以其底部的冲积扇相或湖滨相的石英质砾岩为特征，与下伏须家河组呈角度不整合或微角度不整合接触关系。北起广元白田坝，南至芦山两河口断续都有出露。本书实测剖面中通江铁溪剖面和万源固军—宣汉石铁剖面均发育白田坝组，通江铁溪剖面底部石英质砾岩较为发育。白田坝组自下而上由三部分组成，即底部的砾岩、中部的含煤砂泥岩和上部的杂色砂泥岩，砾岩层的横向变化非常剧烈，向盆地方向迅速变细、变薄、分叉、尖灭而为石英砂岩所取代，逐渐过渡到盆地内的自流井组。

自流井组是盆地内以湖相沉积为主的早侏罗世沉积地层，由下往上分为珍珠冲段、东岳庙段、马鞍山段和大安寨段。这四个岩性段的厚度及岩性组合特征等在横向上比较稳定，除了在靠近盆地边缘与白田坝组的过渡带上以外，盆地内广大区域都可以进行对比。

关于自流井组与白田坝组的对比，根据其垂向层位与生物组合面貌，两者同属下侏罗统无异议，但在具体的层位对比上却存在分歧，近来有一种观点认为，白田坝组与自流井组的马鞍山段上部和大安寨段层位相当，笔者认为这种对比不妥，缺乏依据，白田坝组应与自流井组整体对比，从物质成分来看，白田坝组三套岩性之一的下部砾岩应与珍珠冲段对比，两者的底界可能不完全等时，而是一个穿时面，但其层位是大致相当的。上面的两套岩性与自流井组的其他三个岩性段相当。从纵向层序上看，白田坝组向上明显变细，反映出基准面上升、沉积物供应贫乏，这正是同期盆地内广泛发育清水碳酸盐岩的必要条件。由此可见，白田坝组与自流井组同时异相，其底界大致等时。

2）中侏罗统地层对比

中侏罗统包括凉高山组（新田沟组）、千佛崖组、下沙溪庙组和上沙溪庙组，其中凉高山组（新田沟组）与千佛崖组为同时同相地层，两者岩性相似，层位相当，本应废弃其一，但由于传统的使用习惯，二者共同使用至今。千佛崖组使用于盆缘白田坝组分布区，整合或假整合于白田坝组之上；凉高山组使用于自流井组分布区，整合或假整合覆于自流井组大安寨段之上。

凉高山组（新田沟组）岩性较为复杂，下段主要由红色、灰绿色的灰质泥岩、粉砂岩组成，局部夹杂色砾岩，江油至广元一带砾岩厚达10m以上，与下伏地层整广泛存在间断面，至少有一个较大的冲刷面，在什邡双拱桥，该组直接超覆于须家河组之上；上段为含（砾）砂岩、页岩为主，往西南或西部方向为大套砂岩和杂色泥岩，厚度一般为150~500m，四川盆地西南部地区地层有缺失。前人一般以川中、中西部的盐亭、遂宁、泸州、毕节一线为界分东西两区，西区以河流、泛滥平原相为主，东区以滨浅湖、半深湖为主。

下沙溪庙组以其底部的厚层砂岩（关口砂岩）及顶部的叶肢介页岩分别为与下伏、上覆地层的分界标志，在盆地大部分地区都能较好地进行对比，底部砂岩层位一般较稳定，普遍含砾石，假整合或超覆于新田沟组不同层位之上。

该组顶部为一套黄绿色、灰色页岩夹粉砂岩。荣昌至自贡一带，夹厚0.3~2m的黑色页岩、油页岩，其中富含叶肢介，故习称“叶肢介页岩”，是区内上沙溪庙组、下沙溪庙组分界的良好标志层。在盆地边缘的龙门山前缘，由于下沙溪庙组总体变粗，以砂岩、砾岩为主，叶肢介页岩不复存在，但是，与其相当的层位仍可辨认，即以砂岩为主的下沙溪庙组，顶部往往为一套灰色、深灰色粉砂岩夹泥岩，当相变为以砾岩为主时，顶部则有一套砂岩、粉砂岩与之相对应，这种对应关系的存在与大的沉积构造背景有关。

第二节　沉积体系与沉积相分析

沉积体系是指与特定沉积环境和沉积作用方面具有成因联系的三维岩相组合体（Fisher，1976），两个以上反映相关沉积过程的沉积体系构成沉积体系组（Richard et al.，1983）。简单地说，沉积体系就是一定的自然地理条件下所形成的不同沉积相类型的组合，其影响因素主要为物源、构造、气候、地形、水体性质和能量等，不同沉积相类型的组合和沉积体系组构成不同沉积体系发育和分布，也反映盆地的构造背景、性质及演化过程。

据前人研究表明：由于晚印支构造运动影响，龙门山和四川盆地西部隆升遭受剥蚀，形成侏罗系与下伏地层的明显不整合，在盆地西北部不整合面上沉积了以冲积扇为特征的白田坝组底部砾岩（郭正吾等，1996），而在川东和川中东部地区晚印支构造影响较弱，须家河组与上覆侏罗系在岩相和岩性特征上很难区分，二者表现为连续过渡沉积，四川盆地开始进入缓慢的陆内坳陷盆地沉积期（郭正吾等，1996），表现在早侏罗世—中侏罗世早期以大面积分布的黑色泥页岩和环带状的介壳滩为代表的大型陆相湖泊沉积；晚印支构造运动后，龙门山逆冲推覆活动处于相对平静期，秦岭造山带及其南缘的大巴山—米苍山逆冲推覆带强烈构造隆升，四川盆地进入大巴山前陆盆地（类前陆盆地）或山前坳馅盆地阶段（李书兵等，1999；郭正吾等，1996），表现在沙溪庙组沉积晚期大幅度迁移至大巴山前的万源—南江一带和开县—忠县一带，沉积了一套河流相砂岩和紫红色泥岩互层，沉积厚度达 1500~2300m（李书兵等，1999；郭正吾等，1996；汪泽成等，2002），未见盆地边缘相沉积，可能的原因是后期构造抬升剥蚀有关，预示着四川古湖盆规模远远超过目前范围。

很明显，对于中侏罗统凉高山组沉积期—下沙溪庙组沉积期，四川盆地处于坳馅盆地到前陆盆地过渡（或构造转换、调节时期）时期，盆地沉积、沉降中心在不断迁移，物源方向也具有多变性特点。中侏罗世早期（凉高山组沉积期或大致相当于千佛崖组沉积期）是四川盆地中侏罗世（或早侏罗世末）的一次较大规模湖侵期，沉积和沉降中心于四川盆地中北部的广元—巴中—平昌—万县一线（邹绍春等，1985，内部报告；汪泽成，李军等，2004，内部报告），盆地南部受燕山早幕抬升，在灌县—大邑—宜宾一线缺失千佛崖组，该侵蚀间断面造成的地层缺失已影响至遂宁—乐至—安乐和大足一带（刘应楷等，1999）。中侏罗世中期（下沙溪庙组沉积期），受秦岭造山带以及前缘的抬升，沉积、沉降中心向四川盆地东北部迁移，沉积中心大致在万源—达县—万县一带，而上沙溪庙组沉积期受盆地东部全面抬升和米苍山前缘逆冲活动加强，沉积中心向北、东迁移，分别在盆地北部南江—万源一线和东北部开县—忠县一带。因此，中侏罗统凉高山组沉积期—下沙溪庙组沉积期，其物源体系较为复杂，盆地西南部、西部龙门山、北部秦岭造山带及南缘是其主要物源区，且在造山带转换和调节过程中，伴随沉积和沉降中心（或可容空间）迁移，物源丰度、沉积体系组将产生巨大变化，从现有的资料来初步分析，受不同造山带物源控制的各沉积体系的沉积物物质组分也有较大差异。

川中地区为川东前陆盆地、川西前陆盆地和川北前陆盆地的一个共有的前陆隆起区

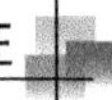

（刘和甫等，2000）。根据前述分析，由于盆地西缘龙门山与北缘秦岭造山带差异造山活动控制，川西地区出现“早期快速凹陷和沉降、晚期缓慢沉降”特征，形成早期陡岸、晚期缓坡的沉积环境；在沉积沉降中心迁移过程中，川北地区则呈现早期缓慢沉降、晚期快速凹陷和沉降特点，形成早期缓坡、晚期陡岸的沉积环境，而盆地南部和东部地区由于受造山活动影响相对弱，呈现缓慢沉降、缓慢隆升的特点，基本延续晚三叠世时期的缓坡沉积环境（仅指中侏罗世），盆地具有多物源沉积体系发育环境，出现冲积扇、河流、湖泊和河控三角洲等多种沉积体系并存的局面，也显示了坳陷—前陆盆地过渡型或叠合型盆地的沉积体系迁移性、多样性和复杂性。

关于侏罗纪成盆期沉积充填样式和沉积体系研究，前人仅仅在不同地区或区块、不同层系进行了零星的研究工作，区域研究较为薄弱。丘东洲（2000）、苟宗海（2000）对川西龙门山中段和南段侏罗系充填层序和层序地层进行了分析研究，将侏罗系划分为 3 个构造层序和 8 个三级层序；郑荣才（1998）、胡宗全等（2000）、李耀华（2001）、邓涛（1995）对大安寨段开展了高分辨率层序地层、沉积相研究，分别提出介壳滩相、重力流沉积模式；徐炳高等（1998）、李剑波等（1998）研究川西中江地区沙溪庙组层序和微相特征，提出了曲流河、湖泊和三角洲等沉积体系类型；叶茂才等（2000）、尹世明（1999）、柳梅青等（2000）、何鲤等（1999）研究川西新场气田和邻区上侏罗统蓬莱镇组构造—充填层序、高分辨率层序地层和沉积相，识别出冲积扇、河流、湖泊、三角洲、扇三角洲和湖底扇等 6 种沉积体系。谢继容等（2002，内部报告）对川西地区沙溪庙组、蓬莱镇组沉积相进行了研究，通过岩心微相分析，识别出 4 个相 11 个亚相和 29 个微相。谢继容等（2000，内部报告）、王朝安等（2001，内部报告）、罗玉宏等（2002，内部报告）对川中地区侏罗系沉积相进行分析研究，提出凉高山组的河流—湖泊沉积相模式。

关于区域沉积相分析研究，最早见于《四川盆地北部侏罗系自流井群、千佛崖组岩相特征及含油远景初步预测》（地质部第一石油普查勘探指挥部地质综合研究大队，1980，内部研究报告），首次提出“最大水进线和叶肢介页岩底界为控层线”，认为侏罗系沉积相主要为泛滥平原、分流平原和湖泊环境，可惜这一思路受到争议，后续研究未能深入开展；《四川盆地侏罗系自流井群大安寨组凉高山组岩性岩相特征及沉积环境研究》（川中矿区油气勘探开发研究所，1985，内部研究报告）基本上延续采用岩性对比思路，从资源评价的角度，对各类泥、页岩分布特征做了有益补充；《四川盆地形成与演化》（郭正吾等，1996）在前期研究成果基础上，以盆地与周缘山带研究相结合的分析方法，从新的视野高度概括了盆地充填层序的形成和演化，特别是在深部岩石圈结构、周缘山系的控盆作用上取得令人瞩目的成果，但对盆内沉积相研究上仅仅停留在侏罗系沉积和岩相分区特征描述；《四川盆地构造层序与天然气勘探》（汪泽成等，2002）从盆山耦合角度，阐述了四川盆地各构造充填层序的构造动力学和运动学环境及其表现形式；《川中地区侏罗系石油成藏规律、储层精细预测和目标优选评价》（张宝民等，2002，内部研究报告）开始注意到四川盆地侏罗系沉积相的复杂性，提出了四川盆地“冲积—洪积平原和滨浅湖夹三角洲前缘三大相区”并存的认识（“非简单的洪泛盆地相”）。可以说，前人研究仅限于地层分区、沉积相区或岩相古地理分析初期阶段，关于较大尺度上开展沉积体系分析和沉积体系组在空间上配置，几乎还是一片空白，但上述研究成果为笔者从整体上认知侏罗系沉积层序、沉积体系奠定了良好基础。

一、沉积相划分标志

1. 生物化石标志

四川盆地凉高山组—沙溪庙组中古生物化石丰富，但化石门类相对较为单一，主要有双壳类、介形类、叶肢介、鱼类（鳞片）、腹足类、植物、孢粉和恐龙类脊椎动物化石骨骼，显示为陆相沉积环境的生物组合。一般植物枝茎、炭屑、煤层、恐龙类脊椎动物化石骨骼及碎片多出现于河流和三角洲平原亚相环境，双壳类、介形类、叶肢介、鱼类（鳞片）、腹足类多出现于湖泊相环境，而陆生植物枝叶碎片、炭屑、煤屑、孢粉的大量出现，并与双壳类、介形类、叶肢介、鱼类（鳞片）、腹足类等共生则是湖泊相—三角洲相或滨岸地带的典型特征（“生物化石混生”）。叶肢介页岩、介壳滩灰岩、（含）双壳类的红色泥岩分布于剖面上特定层位中，对判断沉积相有重要意义。

孢粉资料分析表明，裸子植物花粉占 81.82%~100%、孢子孢粉占 0~18.8%，孢粉化石以 *Classopollis* 属在组合中占据绝对优势（72.73%~100%），样品中孢粉含量十分丰富，大多数样品在一个玻片里见到几百上千个孢粉，并且样品浸解处理后所得的有机物残渣中木质碎屑数量极丰，表明凉高山组—沙溪庙组底均属陆相沉积环境。

然而，近年来在藏北、滇西、黔北、四川、湘东、粤中、桂南等地区，发现三叠系—侏罗系海相、陆源近海湖泊环境的标志（关士聪等，1999；黎文本等，1980；王思恩等，1985；魏景明，1982；王康明等，2002；邓占球，1981；董得源等，1983）。四川盆地须家河组古生物发育咸水—半咸水双壳类为主的种群（不包括须下段海相层）（赵自强等，1996），在川西地区的半咸水双壳类有 9 属 36 种，川东万县地区 2 属 4 种（未见偏顶蛤），证明三叠纪中晚期四川盆地有西出水道与海相通是不争的事实；而侏罗系发育大量淡水双壳类化石和半咸水双壳类共生，相继在合川沙溪庙、重庆中梁山、四川江津五岔、川北通江地区新田沟组二段（中黑色段，相当于凉上Ⅰ亚段—凉上Ⅰ-Ⅱ亚段）发现的半咸水—正常海水的标志化石偏顶蛤（*Modiolus .yunnanensis*，*Modiolus sichuanensis*）（地质部第一石油普查勘探指挥部地质综合研究大队，1980；王思恩等，1985；吴玉东，1995），以及大安寨段介屑滩中有海百合、棘屑的存在和东岳庙段中的近海环境的脊椎动物—杨氏壁山上龙的发现（地质部第一石油普查勘探指挥部地质综合研究大队，1980），并且在石柱、利川、黔江等地区的新田沟组中还可以见海绿石、胶磷矿，表明侏罗纪湖盆有向东经湖北秭归、荆当地区与赣湘粤海湾水道相连（郭正吾等，1996）。王康明等（2002）在四川省木里县瓦厂地区的甘孜—理塘结合带以东发现广泛分布的含层孔虫、珊瑚、水螅等生物群的海相侏罗纪地层，其岩性、生物组合均可与西藏昌都地块侏罗纪地层对比，表明扬子地台西缘或四川盆地外围西缘中—新特提斯洋在侏罗纪存在大规模再度开合，是否存在有西出水道尚不得而知。无论是具出水道的湖泊或陆源近海湖泊，抑或是残留的淡化潟湖之争，中—新生代的近海盆地、滨海盆地或与海相通的盆地或受海洋气候影响的盆地中的海有关的沉积，都应当被认为是陆盆沉积（关士聪等，1999）。

2. 沉积学标志

沉积学标志包含内容较多，如岩石色率、岩石类型及组合、砂岩类型、砂体形态和剖面结构、砂岩组构及成分、粒度分析、沉积构造等，下面主要介绍本区常用的标志。

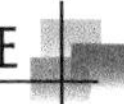

1）泥质岩类颜色

泥岩颜色可以直接反映该岩层沉积时水介质的氧化还原条件。一般以红色、紫红色为主的地层，反映为持续暴露氧化的沉积环境，主要出现在冲积平原沉积环境中；紫红色和灰绿色泥岩互层或杂色，反映氧化和弱还原环境交替变化的滨浅湖沉积环境特征；以灰绿色泥岩为主的原生色，大多为常年覆水的弱还原浅湖沉积环境标志；而代表较强还原沉积条件的灰黑色、黑色泥页岩主要出现在相对滞留的半深湖—深湖环境和部分闭塞的分流间湾、沼泽和浅水湖湾环境。

本区泥质岩类主要以大套红色、紫红色为主色调，夹灰绿色、灰绿色与红色互层、黑色或深灰色，剖面上从凉高山组到下沙溪庙组呈现有规律变化，即红色—红色夹灰绿色—灰绿色—黑色—灰绿色—灰绿色与红色互层—红色—红色夹灰绿色—深灰色，其中红色或红色夹灰绿色段常见河道砂砾岩、正旋回或不对称旋回沉积序列、浪成波痕层理、富植物碎屑和灰质或泥质灰岩，局部大量发育介壳化石，反映了间歇性湖泊影响的河流—泛滥平原环境或河流进积作用较强的极浅水湖泊环境，而黑色、深灰色段常见介壳灰岩、泥晶白云岩和浊流沉积，发育各类流动成因构造，尤其以水平层理、小型沙纹层理、脉状层理最为发育，反映了浅湖、半深湖—深湖沉积环境。

侏罗系红层由于气候原因，王永标等（2001）认为沙溪庙组沉积物中灰紫色、紫红色并不一定反映中侏罗世的气候比早侏罗世炎热，而是受沉积相控制。垂向加积洪泛平原相沉积中可见厚度不大的席状砂体与泥岩构成的韵律层，特别是沙溪庙组，在一定程度上表现出湖泊相或洪泛湖沉积特点（赵自强等，1996），王红梅等（2001）。在四川剑门关侏罗系—白垩系红层的分子地层学分析中，利用分子化石和分子化石参数（包括正构烷烃、类异戊二烯烃、萜类及甾类等化合物以及比值）进行了研究，证实剑门关一带的中侏罗世—早白垩世的大套红层沉积环境应为低盐度淡水、弱氧化的陆相沉积环境，同时认为中侏罗统沙溪庙组、上侏罗统遂宁组分子化石参数较为接近，而对于中—晚侏罗世古植被和古气候相对变化最大的分界线，沉积环境在晚侏罗世的早、晚期之间变化较大，沉积环境变化滞后于古气候的变化。

2）岩石类型和结构

岩石类型和成分与母源有关，不同物源区具不同碎屑组分，不同沉积相环境形成不同岩石类型。本区黑色页岩、介壳层和含介壳粉细砂岩均为湖相的典型岩石类型，含页岩撕裂片、泥岩角砾、砂岩角砾等内碎屑砂岩是三角洲前缘的代表，而含石灰岩、燧石、石英、菱铁矿角砾往往为河流相、三角洲平原相或近岸水下扇环境的产物。另外，沸石类胶结物、沉积期石膏、黄铁矿、泥晶白云岩条带等均具有较强的指相意义。

岩石的粒度可反映沉积环境水动力条件及碎屑颗粒搬运距离，不同介质条件下形成的沉积物多具不同的结构粒度分布特征，在同种介质条件下形成的，随着水动力条件的由强变弱，沉积物颗粒出现由粗到细的变化。该区凉高山组—下沙溪庙组岩石粒度普遍较细，主要以页岩、泥岩、粉砂质泥岩、泥质粉砂岩到粉砂岩、细砂岩、中细砂岩为主，局部地区和层位有中粗砂岩、含砾中粗砂岩、泥砾岩、灰质砾岩、砂质细砾岩和石英砾岩，反映了不同环境条件和物源特征。

3）沉积构造

沉积构造是沉积介质、沉积作用、能量条件的体现，因而是划分相、亚相的极好标志。本区主要沉积构造包括流动成因构造、同生变形构造和生物成因构造，岩心上常见水平层理、透镜状层理、脉状层理、波状层理、交错层理、递变层理、气候韵律层理、块状层理、正粒序和反粒序、冲刷构造、叠覆递变构造、包卷层理、波痕层理、滑塌构造、生物扰动构造、网状虫迹、生物钻孔和泄水构造等，其中水平层理、透镜状层理、脉状层理、小型沙（波）纹层理等常是浅湖相标志，冲刷构造、河床滞留砾石、大型交错层理、斜波状层理多在河道型砂体中发育，而斜波状层理、叠覆递变构造、滑塌变形构造则是较深水沉积鉴别标志。

3. 测井相和地震相

1）电测曲线特征

在取心段的岩—电组合及转换关系基础上，利用电测曲线的幅度、形态特征来判别非取心段地层岩性、岩性组合和砂体构型，可非常准确地反映岩层粒度的变化、接触关系和垂向层序等，是沉积相、沉积微相研究的重要手段和方法。本区各测井曲线中自然伽马、声波时差和深浅侧向对岩性的解释和判断效果较好，而底 1m、底 2.5m、底 2.25m、顶 2.25m、自然电位等相对较差，特别是一批 20 世纪 60—70 年代苏联标准的测井资料几乎无法使用（俗称“苏式测井”）。“苏式测井”资料主要分布于营山、税家槽、南充、龙女寺和磨溪地区，只能根据岩屑录井资料匹配使用。

不同的岩性和组合其测井响应差异较大，一般滨浅湖亚相表现为大段齿化低平的自然伽马、声波时差和电阻率；而浅湖—半深湖亚相的自然伽马、电阻率近乎一条直线、声波呈高值细齿状；河流相以细齿化低平段与底平吊钟形为特点。

2）地震相识别标志

地震相类型是根据各种地震反射参数的纵横向变化和组合进行划分的，通常用于划相的地震反射参数包括地震反射的外部几何形态、内部反射结构和物理参数，即振幅、频率、连续性等。通常地震相单元几何外形、反射结构、连续性与振幅受构造—沉积背景和沉积作用控制，可以利用品质较高的剖面确定岩相组合、沉积相、沉积体系及边界。

（1）地震反射结构类型特征。

通过地震剖面的分析，以反射能量及地震波阻连续性、内部反射结构等划分出四种地震反射结构类型，包括较强振幅连续平行反射（Ⅰ）、中强振幅连续性较差平行—亚平行反射（Ⅱ）、中低振幅连续性较差平行—波状反射（Ⅲ）以及低弱振幅连续性较好亚平行—波状反射（Ⅳ）四种类型，其中主体部分以Ⅲ类区为主、其次为Ⅳ类区、Ⅱ类区，平面上构成三角洲—滨浅湖沉积体系（即Ⅱ—Ⅲ类相区）相对发育、浅湖相区（Ⅳ类相区）相对局限的特点。

川中地区侏罗系在地震剖面上表现为底部振幅较弱、连续性较好；中上部振幅逐渐增强、连续性变差；顶部振幅变弱、连续性趋好的三段式结构样式。其内部波阻反射结构样式呈现底部平行—亚平行反射，向上渐变为亚平行—波状、波状、透镜状、丘状等杂乱反射，顶部转换为弱振幅较连续的平行—亚平行席状反射；表明下沙溪庙组底部以较均一的泥质沉积为主，向上砂岩明显增多，最后进入湖相泥岩相对发育的沉积系列，在研究区范围内形成退积—加积—进积—退积的层序地层叠加样式。地震剖面上以 96YP-017 线为例，下沙溪庙组一般为弱—中振幅、连续性好的平行—亚平行反射，但在“叶肢介页岩层”强反射界面下，在 1.7~1.8ms 处一般为弱—中振幅、连续的平行—亚平行反射，1.6~1.7ms 一般为中振幅、连续性略差反射，顶部可见豆荚状、波状、丘形反射，表明下沙溪庙组从下

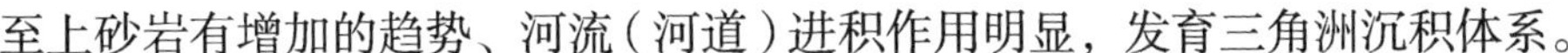

至上砂岩有增加的趋势、河流（河道）进积作用明显，发育三角洲沉积体系。

另外，川中地区侏罗系大安寨段—凉高山组为连续性极好的平行反射相，形似“铁轨”，是均匀稳定的沉积过程产物，与低能环境相对应，是相对稳定和具一定水深的湖相沉积标志。

（2）特殊地震相类型。

谷状反射结构：在平行—亚平行背景中，可见谷状反射结构，呈上平下凹形态，内部反射杂乱或平行或低平前积，反映沉积水道特征。谷状反射结构主要发育在下沙溪庙组中上部，平面上见于仪陇以北地区。

弱S形前积结构：S形前积结构不发育，零星地见于下沙溪庙组下部或底部，平面上分布于公山庙地区及其以北地区，前积方向为北东向。前积层的倾角很缓，厚度较薄，且上、下平行层较发育，部分具有透镜状、条带状外形，内部有低角度叠瓦状特征，表明沉积物粒度相对较细，距离物源较远，近物源的粗粒沉积在工区内不发育有关。

4. 地球化学元素分析

一般认为锶（Sr）含量达100~300mg/L属陆相淡水沉积地球化学环境，吐鲁番盆地及鄂尔多斯盆地陆相中生代地层为250~260mg/L（陈布科等，1994）；川中地区凉高山组与大安寨段泥、页岩经测试为142~165mg/L，具有典型的淡水湖泊沉积特征。

通常，陆相淡水沉积环境镓（Ga）含量大于17mg/L，（刘宝珺等，1980），川中凉高山组与大安寨段泥、页岩中镓含量为20.8~27.1mg/L，均大于17mg/L，显示有典型的淡水沉积特点。镍（Ni）陆相淡水环境含量为20~25mg/L（刘宝珺等，1980），川中凉高山组与大安寨段泥页岩由于镍含量为51.6~64.8mg/L，明显高于陆相淡水环境，显示其部分层段有咸化迹象。

钒（V）陆相淡水含量界限为低于100mg/L，川中凉高山组与大安寨段的钒含量为101~140mg/L，亦明显高于陆相淡水环境，同样显示局部历史时期有咸化迹象。

川中凉高山组与大安寨段泥、页岩中硼（B）含量为66.4~94.1mg/L，均小于100mg/L（现代淡水为82mg/L，古代淡水为76mg/L）（刘宝珺等，1980）；Sr/Ba比值为0.22~0.46 < 0.6（吐鲁番盆地及鄂尔多斯盆地中生代陆相Sr/Ba比值为0.16~0.54），显示具有陆相淡水环境特征；B/Ga比值为2.76~4.44，显示凉上段 < 3，具有陆相淡水环境特点；但凉下段与大安寨段一般介于3~7之间，显示有陆相半咸水环境特点，表明川中凉高山组与大安寨段泥、页岩沉积除总体V、Ni有异常外，其他当属较典型的陆相淡水环境下沉积的地球化学特征。

$\delta^{13}C$值2.2‰~3.2‰处于现代淡水贝壳的$\delta^{13}C$（−11‰~5‰，PDB）范围，$\delta^{18}O$值（−14.66‰~−9.96‰，PDB）低于瑞士现代苏黎世湖$\delta^{18}O$（−12‰~−8‰，PDB），因此属于淡水沉积地球化学环境应是无疑的。但碳氧同位素的Z值，表征了$\delta^{13}C$及$\delta^{18}O$二者与盐度之间的关系，Keith等建立了$Z=2.048(\delta^{13}C+50)+0.498(\delta^{18}O+50)$，用以指示古盐度的关系式，经计算川中大安寨段石灰岩Z值为124.63~128.89，均大于120，显示出其带有明显咸化淡水的沉积环境特征。

川中凉高山组与大安寨段泥页岩化学成分显示出K_2O含量为2.93%~3.85%，平均为3.06%（7块），高于现代大陆型壳层2.04%，低于花岗岩壳层3.29%；Na_2O含量为0.50~1.21%，平均为0.74%（7块），高于淡水环境，低于海水环境，具有典型咸水环境特征（墨西哥东部海湾沉积物中钾含量为2.43%，钠含量为1.51%，钾钠比值为1.60）；MgO含量为1.53%~2.58%，平均为1.99%（7块），属淡偏咸水沉积（普通土壤、现代海洋沉积物及页岩中为 1.5%~2.5%）；Fe_2O_3 含量为 6.43%~8.51%（平均为 6.66%），高于页岩、碳质页岩及黑色页岩、硅质页岩；CaO 含量为 0.53%~4.99%（平均为 9.51%），高于碳质页岩、硅质页岩及黑色页岩，以上两相显示有弱氧化特点；Al_2O_3 含量为 10.3%~17%（平均为 11.84%），低于页岩、黑色页岩、碳质页岩及硅质页岩，显示强还原特点。上述表明川中地区凉高山组与大安寨段泥、页岩，特别是凉下段与大安寨段的泥、页岩受陆源影响较大，基本保持淡水沉积的基本格局，但同时也显现有还原环境特征。

二、沉积相类型和特征

在大量调研前人研究成果的基础上，根据侏罗系岩石组合、沉积组构、剖面序列、生物组合、沉积机理等，以及钻井、野外露头岩石学、沉积构造、测井响应和地震相综合分析，结合盆山耦合、物源体系研究表明：四川盆地侏罗系珍珠冲组沉积期—下沙溪庙组沉积期可识别出扇三角洲、三角洲和湖泊等三种沉积相类型，进一步划分出 8 种亚相、21 种微相类型（表 2-4）。

表 2-4 四川盆地侏罗系沉积相划分表

相类型			岩石类型	颜色	沉积构造	结构特征
相	亚相	微相				
扇三角洲	平原	辫状分流河道	砾岩、砂砾岩和砂岩	灰绿色、灰白色	块状层理、大型交错层理	分选差，棱角—次棱角
		泛滥平原	泥岩、粉砂岩	紫红色、杂色	水平层理	
	前缘	水下分流河道	砂岩、砂砾岩为主	灰色	交错层理 平行层理	分选差—中等，次棱角状
		河口坝	粉砂岩为主，可见细砂岩	灰色	平行层理 交错层理	分选中等，棱角—次圆状
		分流间湾	泥岩、粉砂质泥岩	灰色、灰绿色	块状层理 水平层理	
三角洲相	三角洲平原	分流河道间	泥岩、粉砂质泥岩为主，泥质粉砂岩	紫红色、灰绿色、杂色	块状层理	少量植物碎片
		决口扇	粉细砂岩、粉砂岩、泥质粉砂岩	灰绿色	正递变层理、波纹交错层理、块状层理	分选较差、次棱角—次圆
		天然堤	泥质粉砂岩、粉砂质泥岩、泥岩	紫红色、灰绿色	小型交错层理块状层理、搅混构造	
		分流河道	中粗砂岩、细砂岩，可含泥砾、灰岩砾	灰色、绿灰色	大型斜层理、交错层理、块状层理	分选差，中等磨圆次棱角—次圆
	三角洲前缘	分流间湾	页岩、泥岩、粉砂质泥岩、泥质粉砂岩	灰绿色、深灰色、黑色	块状层理、水平层理	介形虫、叶肢介双壳类
		河口坝	细砂岩、粉砂岩、泥质粉砂岩	灰绿色	逆粒序、正递变层理、波纹交错层理	分选好，磨圆次棱角—次圆
		席状砂	细砂岩、粉砂岩、泥质粉砂岩	灰色、灰绿色	波纹交错层理、波纹层理、水平层理	介壳碎片
		水下分流河道	中砂岩、细砂岩，含泥砾	灰色、绿灰色	大型斜层理、交错层理、块状层理	分选中等—好，磨圆次棱角—次圆
	前三角洲		泥岩、泥页岩	深灰色	平行层理	与湖泊相一致

续表

相类型			岩石类型	颜色	沉积构造	结构特征
相	亚相	微相				
湖泊相	滨湖	灰坪	泥晶灰岩	灰色	块状层理	
		滨湖泥	泥岩、粉砂质泥岩	紫红色、杂灰绿色	块状层理、水平层理	
	浅湖	滩坝	细砂岩、粉砂岩为主，泥质粉砂岩	灰色，灰白色	交错层理、波纹层理、块状层理	分选较好、次圆状
		席状砂	粉砂岩	灰色	交错层理、波纹层理、块状层理	分选较好、为次圆状
		介壳滩	介壳灰岩	褐红色	块状层理	
		浅湖泥	泥岩为主，次为粉砂质泥岩	灰色、深灰色	块状层理、条带状构造	
	半深湖—深湖		页岩、泥页岩、粉砂质泥岩	黑色、深灰色	水平层理	

1. 扇三角洲沉积

扇三角洲最初是 Holmes 于 1965 年研究英格兰西海岸现代扇三角洲时提出的，定义为“从邻近高地推进到稳定水体中去的冲积扇”；Nemec 等（1988）认为：扇三角洲是由冲积扇作为物源，在活动的扇体与稳定水体交界地带沉积的沿岸沉积体系；于兴河（2002）将扇三角洲定义为“以冲积扇为物源而形成的近源砾石质三角洲”。扇三角洲通常形成于构造活动较强烈的近山前陡坡带，其成因与冲积扇直接入湖有关，表现为冲积扇与湖相沉积物交替组合成进积 → 加积 → 退积复合体。岩性主要为砾岩、砂砾岩、砂岩及泥岩、泥页岩，发育块状层理、递变层理、波状层理和水平层理。

扇三角洲平原以发育辫状分流河道为主，冲刷作用频繁，河道底部发育含砾砂岩或砂质砾岩，向上为具块状层理、递变层理的中—粗砂岩及细粉砂岩，整体上具正韵律沉积旋回特征（图 2-3）。河道底部砾石主要以外源碎屑的石英质、花岗岩质细砾岩为主，可见不明显的叠置递变构造，但整体上具正韵律沉积旋回。

扇三角洲前缘以发育水下分流河道为主，砂岩粒度变细，除主分流河道以含砾中粗粒砂岩为主，一般由细粒砂岩组成多级次分流的水下分流河道。河道底部所含砾石主要为内碎屑的泥岩、粉砂质泥岩，河间洼地主要为颜色呈深灰色、灰黑色的泥岩、泥页岩，发育平行层理、波状层理、小型交错层理以及波纹层理。

扇三角洲在平面上主要发育于川西龙门山前，纵向上珍珠冲段、马鞍山段和沙一段均比较发育，而东岳庙段、大安寨段和凉上段扇三角洲仅在盆地周缘零星分布。而对川中北部地区界牌 1 井区下沙溪庙组沉积相类型目前仍存在很多争议，西南油气田川中矿区笼统被称为河流相—分流平原沉积，主要是依据颜色和传统观点考虑；汪泽成等（2002）进一步肯定为泛滥平原相中曲流河点沙坝（或辫状河），依据来自颜色、测井曲线特征和岩性组合；侯方浩等（2003）认为界牌 1 井下沙溪庙组取心段属风暴流沉积，主要依据来自岩石学和受风暴浪改造的沉积构造依据。笔者依据主要为：取心段下部为内碎屑砾石较多、波浪改造作用明显，有泥、页岩夹层；上部含丰富外源砾石、冲刷面发育，具块状层理和向上变细的韵律结构，确定为近滨岸冲积扇或扇三角洲沉积。

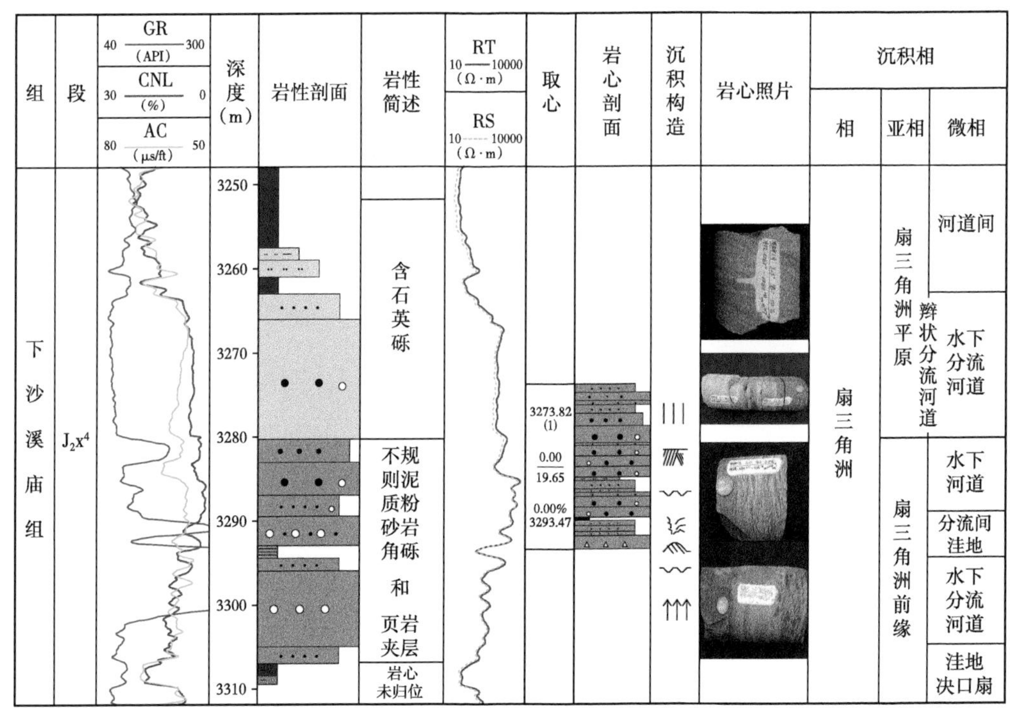

图 2-3　界牌 1 井下沙溪庙组扇三角洲沉积剖面结构

2. 三角洲

三角洲分类主要依据 W. E. Galloway（1976）提出的三端元成因分类法，将三角洲划分为河控、浪控、潮控三类，对分析河—海过渡环境或海相三角洲有重大意义。近年来，很多学者注意到物源区类型、物源性质、河流类型和地貌特征等对三角洲发育控制作用，将三角洲划分为扇三角洲、辫状河三角洲和正常三角洲，进一步将正常三角洲中细分为河控三角洲、浪控三角洲、潮控三角洲（薛良清等，1991；赵澄林等，2001）。陆相三角洲主要受河流作用和湖泊控制，具有河流作用强、波浪作用弱和很少潮汐作用的特点，三角洲发育于河流与湖泊的过渡环境，是在相对平缓的地质背景条件下发育的扇形沉积体。与冲积扇和扇三角洲相比，主要的区别为岩性较细、分布范围较大，且有较宽阔的河道沉积区和席状砂沉积区。

四川盆地侏罗系三角洲包括水进型三角洲、水退型三角洲两类。水进型三角洲主要发育于湖侵期，分布于下沙溪庙组须二段—须四段和凉高山组凉上Ⅱ亚段，构成下粗上细正旋回，沉积组合为三角洲平原—三角洲前缘—滨浅湖（或洪泛湖），或由滨浅湖—三角洲前缘—浅湖—半深湖组合，与准噶尔盆地东北缘三工河组湖进期水进型三角洲沉积序列极为相似；水退型三角洲发育于湖退的中晚期，主要分布于凉高山组凉上Ⅰ亚段—沙一段底部，沉积组合表现为浅湖—三角洲前缘—滨浅湖（或洪泛湖），未见典型的三角洲垂向三层结构，主要原因是研究区位于湖泊的浅—半深湖相区和资料不够系统有关，但台 12 井反映了下细上粗的特点。

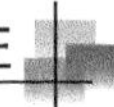

三角洲相可划分出三角洲平原亚相、三角洲前缘亚相和前三角洲亚相，其中三角洲平原亚相可细分为分流河道、天然堤、决口扇和泛滥平原等微相；三角洲前缘亚相可细分为水下分流河道、河口坝、前缘席状砂等微相。

1）三角洲平原亚相

三角洲平原亚相主要分布于下沙溪庙组中下部，区域上主要分布于中台山西北和广安以南局部地区。岩性主要由灰色、褐灰色厚层状含砾中砂岩、细砂岩、粉砂岩和泥质粉砂岩组成，含较多炭屑或植物碎片。河床砾石或砾岩以石灰岩、泥岩角砾为主（应该有大量发育的菱铁矿砾石和杂色泥砾，不含深灰色泥页岩砾和灰绿色泥岩砾，未见岩心资料），推测往阆中西北地区展布，限于资料有限，尚待深入研究。据野外剖面调查，三角洲平原亚相在苏家桥剖面上主要发育于须二段，以块状砂岩和块状泥岩为特征，分流河道砂体由 3~4 层侧积砂体构成，单砂层厚度为 6~15m，砂层间常见厚度不等的杂色泥岩，平面上构成宽度为 6~8km 的宏大砂体发育带，走向呈北西向并向西北延伸，具有三角洲体系水上部分特征。三角洲平原亚相主要发育分流河道、分流间湾微相，以大套紫红色厚层粗砂岩、向上以变为杂色或灰色泥岩类、深灰色三角洲前缘和滨浅湖泥页岩互层为特点。测井曲线上水上分流河道呈箱形，或受外源砾石影响呈顶底规则的波状、斜线状。

2）三角洲前缘亚相

三角洲前缘亚相广泛分布于珍珠冲段、下沙溪庙组和凉高山组，区域上主要分布于盆地中部、中西部和西北部。岩性主要为灰色、绿灰色含泥砾中细砂岩、细砂岩、粉砂岩和泥质粉砂岩组成，或呈粉细砂岩与泥页岩、泥岩频繁互层状，含炭屑、介壳碎片、鱼鳞，河道砾石或砾岩以深灰色泥页岩砾、灰绿色泥岩砾石为主。三角洲前缘亚相主要发育水下分流河道、河口坝、席状砂或远沙坝、分流间湾微相沉积，以大套灰色中厚层中砂岩、向上变为滨浅湖泥页岩为特点。三角洲前缘亚相是研究区最主要的沉积相类型，在野外露头区广安、开县、万县等地区凉高山组、下沙溪庙组均可见此类沉积（图 2-4，图 2-5）。

图 2-4 威远地区曹家坳公路边凉下段三角洲前缘沉积序列

图 2-5 叠置的水下分流河道沉积，均一型，下沙溪庙组，达州铁山

水下分流河道是陆上辫状分流河道在水下的延伸，有时河道沉积可直接推入滨浅湖环境，富泥砾（图 2-6a）。沉积构造较平原河道丰富，发育大型交错层理（图 2-6d）、低角度斜层理、波状层理、小型交错层理、平行层理（图 2-6c）和冲刷面构造（图 2-6b），可

见滑动变形构造或包卷层理。测井曲线上分流河道呈箱形、漏斗形或齿化树形。粒度概率曲线上为三段式，具典型河道特征。所以河道在地震剖面上常表现为短轴、强反射的特征（图 2-7）。

（a）界牌1井，3292.35~3292.57m，沙一段细砂岩，底部泥砾略定向排列

（b）界牌1井，3288.36~3288.51m，沙一段冲刷面

（c）公36井，2195.07~2195.21m，沙一段，中砂岩，平行层理

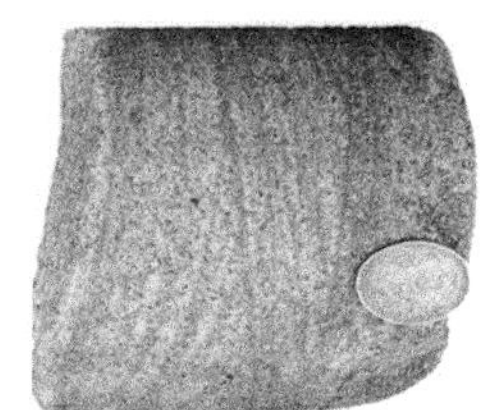

（d）界牌1井，3291.05~3291.14m，沙一段，中砂岩，交错层理

图 2-6　三角洲前缘水下分流河道微相典型沉积构造

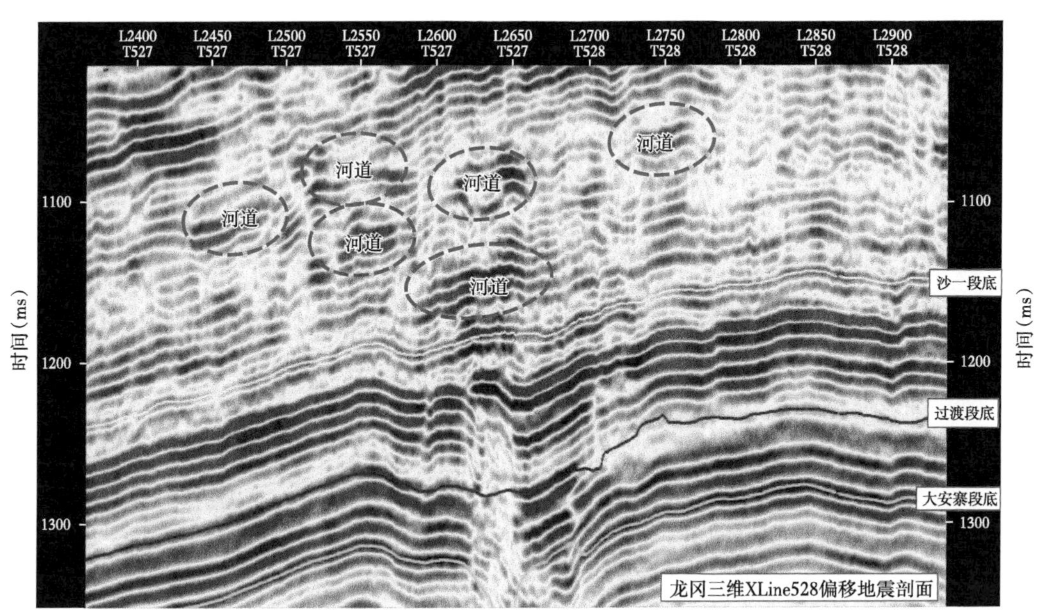

图 2-7　沙一段水下分流河道地震反射特征

河口坝是分流河道沉积物卸载于河口的水下浅滩，又称为分流河口沙坝。岩性为灰色、绿灰色细砂岩和粉砂岩，中厚层状，可见交错层理，逆粒序结构。

席状砂微相常由薄层状粉砂岩、泥质粉砂岩组成，或粉砂岩与泥页岩、页岩互层产

出，局部可见细砂岩和含砾细砂岩，厚度较薄。

分流间湾微相发育于水下分流河道间的低洼地带，沉积物为灰绿色、深灰色泥岩、泥页岩夹粉砂岩及细砂岩，可见水平层理、小型沙纹层理。剖面上分流间湾微相常与席状砂或河口坝构成反旋回序列。

3. 湖泊

湖泊沉积主要是指远离三角洲的、常年覆水的盆地沉积环境，根据沉积物颜色、成分等标志和水深变化以及浪基面变化，可划分为扩张湖、滨浅湖、半深湖和深湖亚相（吴崇筠等，1993），以及特殊地理和气候条件下形成的湖湾、泥炭沼泽亚相环境。根据四川盆地侏罗系湖泊沉积特点，将其划分为滨湖、浅湖及半深湖三种亚相类型，各自特征分述如下。

1）滨湖亚相

滨湖亚相在珍珠冲段、马鞍山段、大安寨段、凉下段及沙一段均有分布，沉积物通常为紫红色、杂色及灰绿色泥岩，代表了水上水下过渡带的弱氧化环境。另外在大安寨段局部地区发育泥晶灰岩。

2）浅湖亚相

浅湖亚相通常发育介壳灰岩、泥页岩和泥岩。常见脉状层理、波状层理、小型交错层理，可见低角度斜纹层、斜波状纹层和波痕（图 2-8a）。另外可见虫迹、生物扰动构造和较完整的动植物化石（图 2-8b、c）。浅湖亚相可进一步识别出滩坝、席状砂和介壳滩等几种微相类型，其各自特征分述如下。

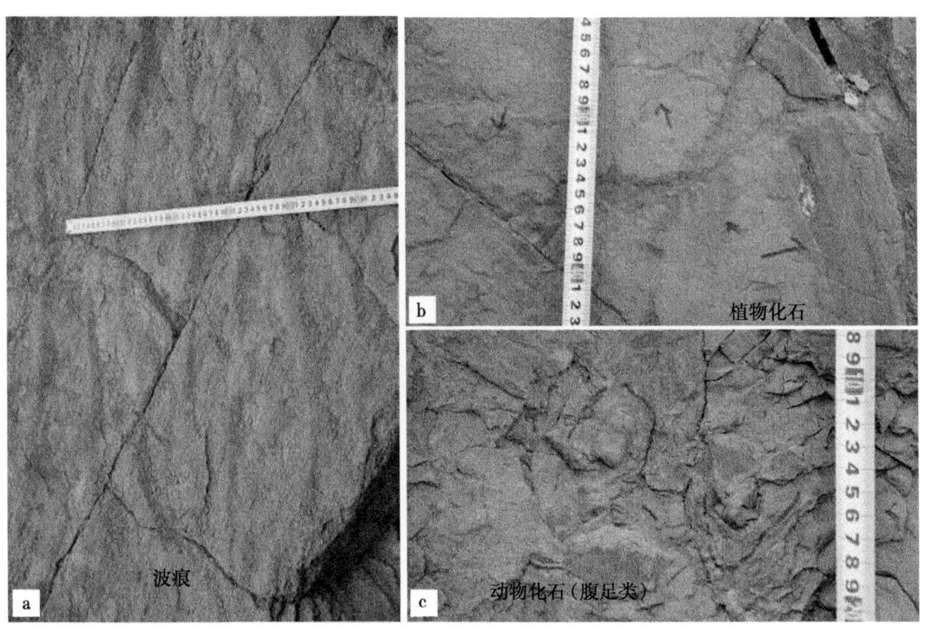

图 2-8　浅湖亚相典型沉积构造及化石

（1）滩坝：发育于浅湖环境水下高地处。该处水动力稍强，沉积物以由湖浪作用带来的细砂为主，结构成熟稍高，含生物介壳化石，湖滩中心部位泥质含量少，滩缘粉砂质、泥质含量高。砂岩中的胶结物多为化学胶结物，如钙质、硅质，少量黏土质。滩坝砂体通常发育爬升砂纹层理（图 2-9a）、平行层理（图 2-9b）、粒序层理和浪成沙纹层理等，常呈上凸下平的透镜状产出（图 2-9c），并与上、下泥岩或页岩接触界限明显，但底部并无明显冲刷面。滩坝砂体多为细粒长石石英砂岩、岩屑长石石英砂岩，局部夹薄层介壳层（图 2-9d）。其粒度分布累积概率图上多呈两段式段式分布，跳跃次总体、悬浮总体含量高（图 2-10a），表明其虽有湖浪分选作用，但仍不彻底。剖面结构常具不明显的向上变细或向上变粗的粒序变化，测井曲线表现为钟形或者箱形（图 2-11）。

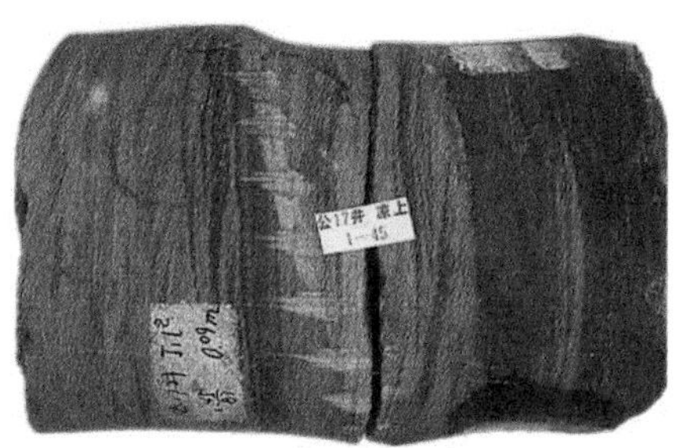

（a）公17井，2465.37~2465.46m，凉上Ⅰ亚段，爬升沙纹层理

（b）龙浅103井，3234.43~3234.61m，凉上Ⅰ-Ⅱ亚段，粉砂岩，平行层理

（c）龙浅103井，3267.31~3267.44m，凉上Ⅰ-Ⅱ亚段，泥岩，透镜层理

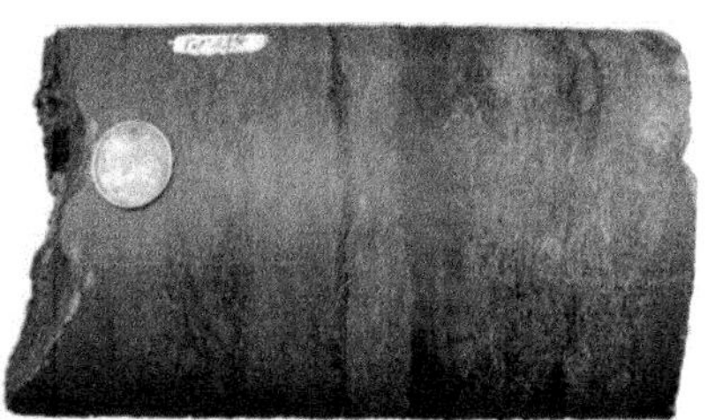

（d）公21井，2274.28~2274.47m，凉上Ⅱ亚段，泥质粉砂岩，介壳层

图 2-9　滩坝微相典型沉积构造

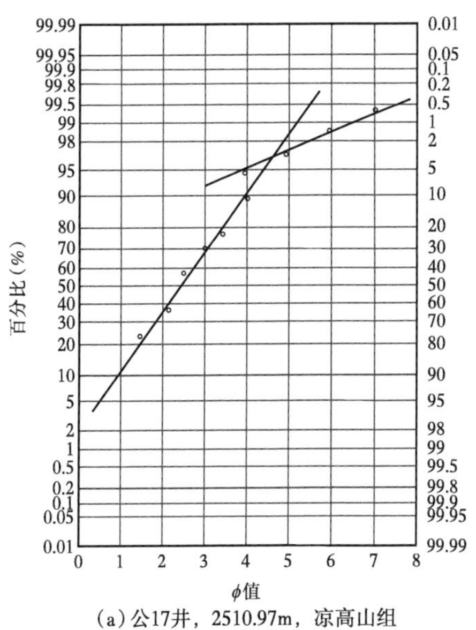

（a）公17井，2510.97m，凉高山组

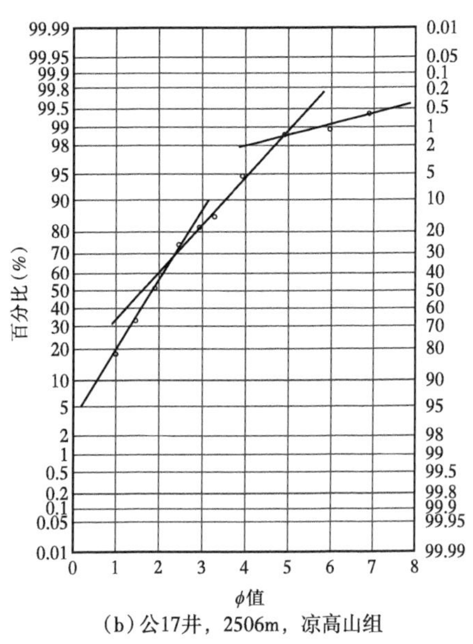

（b）公17井，2506m，凉高山组

图 2-10　公 17 井凉高山组滩坝和席状砂微相粒度概率曲线

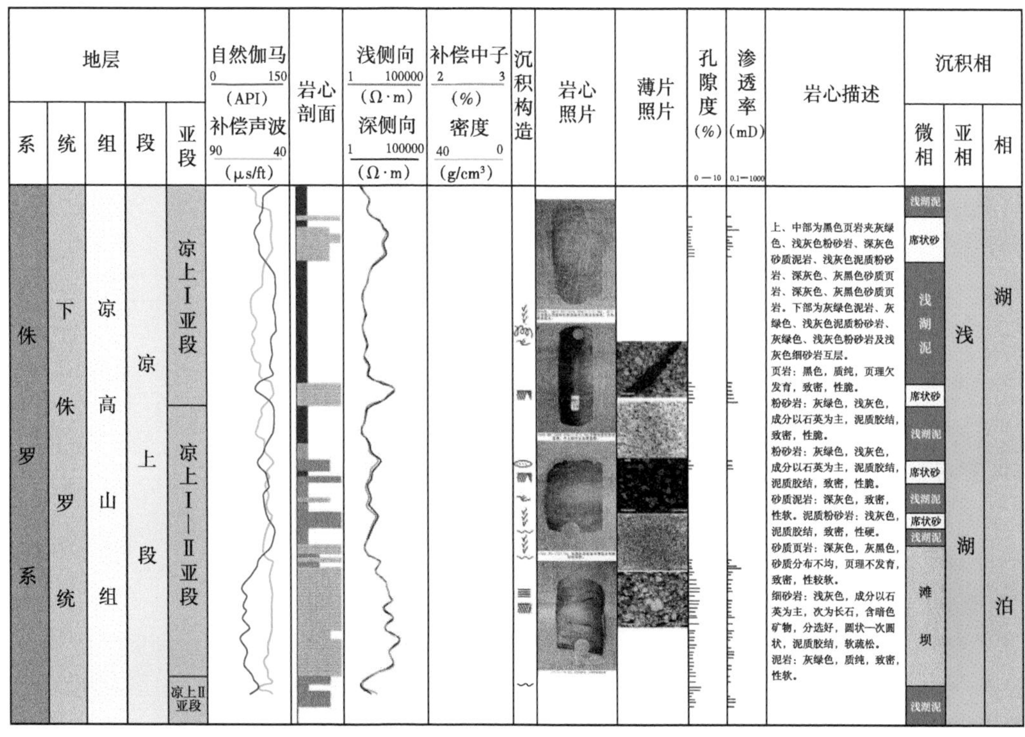

图 2-11　西 56 井凉上段岩心综合柱状图

（2）席状砂：或称漫流席状砂微相，指洪水期大量挟带泥沙的河水进入湖盆后，沿地形平坦的浅湖底弥漫性流动时发生广泛沉积所形成的席状砂体。一般与泥岩呈薄互层，厚度较薄。由于沉积物主要来自远距离搬运的泥沙，粒度较细，以泥质粉砂岩和粉砂岩为主，无纯的细砂岩或粉砂岩，纵向上无明显粒序变化，含植物碎屑或炭屑，多顺层面分布。砂层与上、下泥岩呈渐变关系，常具水平层理、沙纹层理、碳质纹层、条带，在粒度概率累计曲线上两段式明显，悬浮总体发育，跳跃次总体含量少（图 2-10b）。自然伽马曲线表现为指状（图 2-11）。

（3）介壳滩：通常为浅湖环境的沉积产物，根据其岩石学特征、地震和测井响应特征，可将单个介壳滩详细解剖为滩主体、滩翼、滩前斜坡等三种微相类型（表 2-5），每种微相均有不同的岩性岩相、测井和地震响应。

表 2-5　川中地区侏罗系大安寨段介壳滩沉积微相划分表

微相	岩相特征	岩心照片	测井	典型剖面	地震响应	代表井
滩主体	介壳炭岩，厚度多大于 5m		补偿声波 150—50；自然伽马 0—150；深度（m）；岩心数据；浅侧向 1—10000；深侧向 1—10000；1420；1430		波峰强振幅、高连续	磨 030-H31

续表

微相	岩相特征	岩心照片	测井	典型剖面	地震响应	代表井
滩翼	含泥质介壳灰岩，单层厚度2~5m	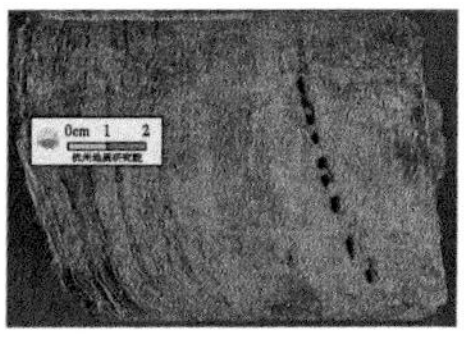	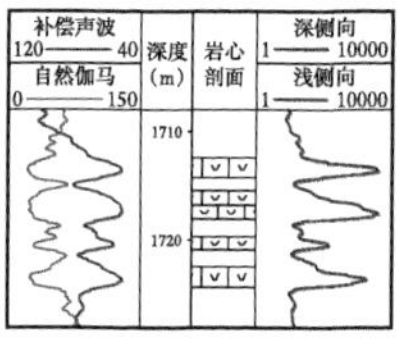	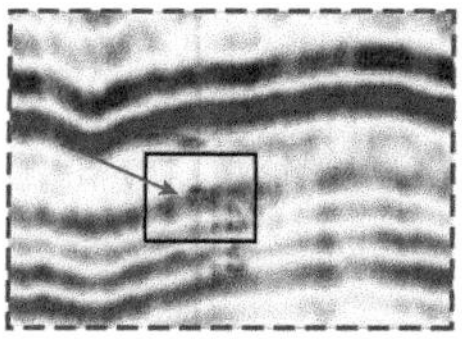	波峰中—强振幅、中—强连续	合川125-17-H1
滩前斜坡	泥质介壳灰岩，单层厚度＜2m	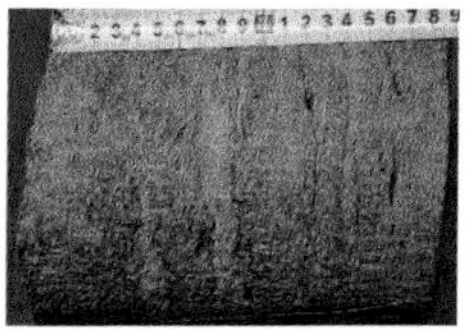	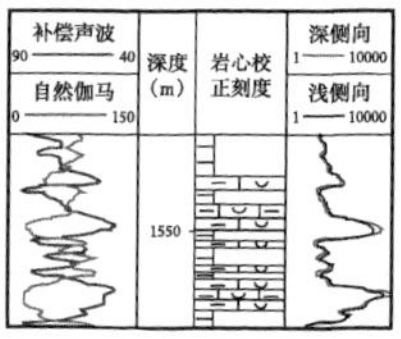	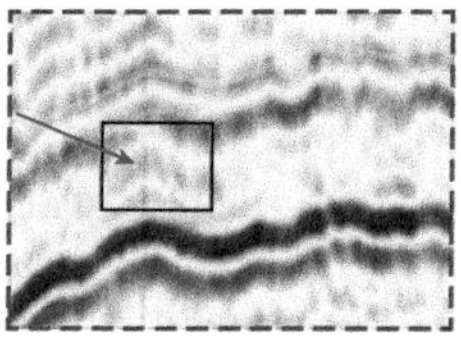	波峰弱振幅、低连续	蓬莱10

①滩主体：位于浅湖亚相中的平缓台地，主要发育介壳灰岩，单层厚度多大于5m，介壳破碎程度高且密集迭积，块状，质较纯。显微镜下生屑壳体原生结构已不存在，基本被晶粒化。表明滩主体部位沉积期水体能量高，壳体完全被打碎。在地震剖面上滩主体主要表现为波峰强振幅、高连续特征，在测井曲线上表现为低伽马、高电阻箱形（表2-5）。

②滩翼：发育于滩主体周缘，不同部位的滩翼，岩性有所不同。位于背风面一侧为后翼，主要为泥晶灰岩，表明这一侧滩翼水动力较弱；而迎风面一侧的前翼及另两侧的侧翼主要为含泥质介壳灰岩，单层厚度多介于2~5m，壳体较完整但杂乱排列，表明滩翼水动力条件中等。

③滩前斜坡：发育于迎风面一侧，位于介壳滩与湖盆中心之间的过渡带，主要发育泥质介壳灰岩，单层厚度多小于2m，通常与暗色泥岩呈互层。滩前斜坡发育的泥质介壳灰岩并非原地沉积，而是滩主体介壳层被波浪打碎后，经湖浪作用搬运至滩前斜坡沉积，具有与碎屑岩相似的沉积机制。因此可见泥质介壳灰岩破碎程度高，介壳层定向排列。在地震剖面上滩前斜坡主要表现为波峰中—强振幅、中—强连续特征，测井曲线主要表现为低伽马、高电阻箱形，齿状明显。

3）半深湖亚相

沉积物主要为灰黑色、黑色泥岩、页岩，局部地区厚层暗色泥岩中发育薄层粉细砂岩。

三、沉积相平面展布特征

四川盆地侏罗系不同沉积期有不同的区域构造活动、物源、气候、古地形和沉积补偿作用等条件，因此，随三次湖泊水体有规律的变化形成不同的沉积相组合与沉积体系展布。在对各层段沉积相类型及特征进行分析的基础上，结合单因素分析，明确了四川盆地各层段沉积相展布特征，并着重对川中地区重点层段（大安寨段、凉上段和沙一段）沉积相展布特征进行了详细解剖。

1. 珍珠冲段

珍珠冲段沉积中心位于仪陇、达州一带，地层厚度最厚可达200m以上，川中地区地层厚度通常介于 70~100m。整体为滨浅湖背景下扇三角洲、三角洲体系，主要受西部—西北部物源体系、南部—西南部物源体系和东部—东北部物源等三大物源体系影响（图 2-12）。

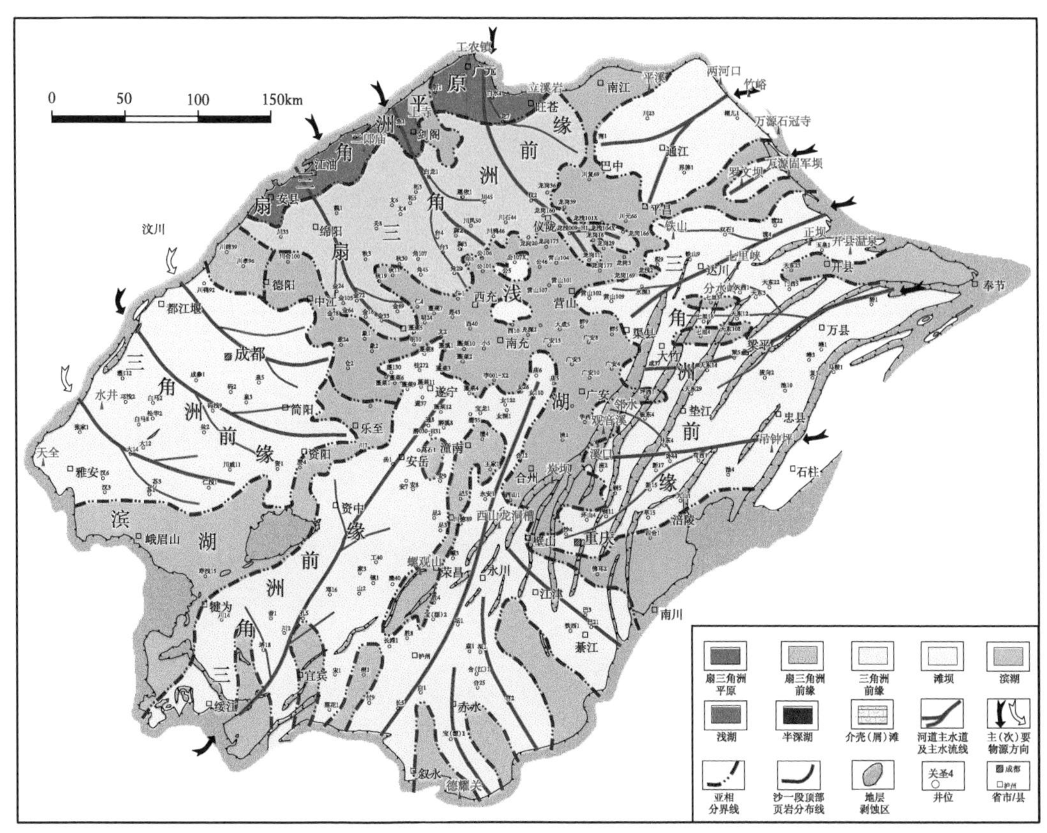

图 2-12　四川盆地侏罗系珍珠冲段沉积相图

西部—西北部物源体系：物源主要来自江油、剑阁、广元一线，发育扇三角洲沉积体系，扇三角洲在平面上延伸至射洪、八角场及仪陇一带。岩性主要为砾岩，可达 200m。

南部—西南部物源体系：物源主要来源于都江堰、雅安以及宜宾、绥江等地，主要发育滨湖背景下浅水三角洲沉积体系，岩石类型主要为细砂岩和粉砂岩，砂岩累计厚度通常介于 10~20m，局部地区可达 40m 以上；砂地比值通常介于 10%~30%，局部可达 50% 以上。该物源以岩屑石英砂岩为主要岩石类型，石英含量为 78.1%，岩屑含量一般在 20% 左右，代表西南部克拉通物源性质，可能与川西中南段造山带活动有关。

东部—东北部物源体系：物源主要来自通江、开县、万县和忠县一带，主要发育浅湖背景下三角洲沉积体系，在铁山、正坝、吊钟寺、炭坝等野外剖面可以看到典型的三角洲沉积特征，岩性以细砂岩、粉砂岩为主，砂岩累计厚度通常大于 10m，最大厚度可达 40m 以上，砂地比值通常介于 10%~30%。

总体来讲，珍珠冲段砂体发育，计有 5 期河道砂体，但砂体迁移方向变化较大；烃源岩主要分布于仪陇—平昌以北地区，川中地区不发育，但其下部有厚度较大的香六段烃源岩，所以珍珠冲段在局部地区油气显示活跃，可作为四川盆地原油勘探的重要接替领域。

2. 东岳庙段

东岳庙段地层厚度区域上差异小，一般厚 30~50m，大致以南充一带为中心，呈环带状分布，往平昌以北地区厚度可能增大，推测东岳庙段沉积期以阆中—平昌一线为界，作为北部“浑水”环境和南部“清水”沉积环境界线。东岳庙段沉积期在珍珠冲段沉积期湖侵的基础上，湖平面进一步上升逐渐并达到最大。因此盆地内湖盆沉积体系大面积分布，外来物源缺乏，仅在盆地周缘分布少量的浅水三角洲、扇三角洲沉积体系，其影响范围有限。盆地内部尤其是川中地区，水体相对较深，外来物源影响有限，因此介壳滩大面积分布（图 2-13），地层砂地比极低，而灰地比较高，一般为 15%~50%，反映该期是湖泊相碳酸盐岩沉积发育的重要时期之一。川中地区岩性以暗色泥岩夹粉砂岩为主，泥岩中常夹条带状介壳层，川东地区以泥岩、薄层介壳灰岩为主，其次为粉砂岩，局部地区夹薄层煤层和碳质泥岩。

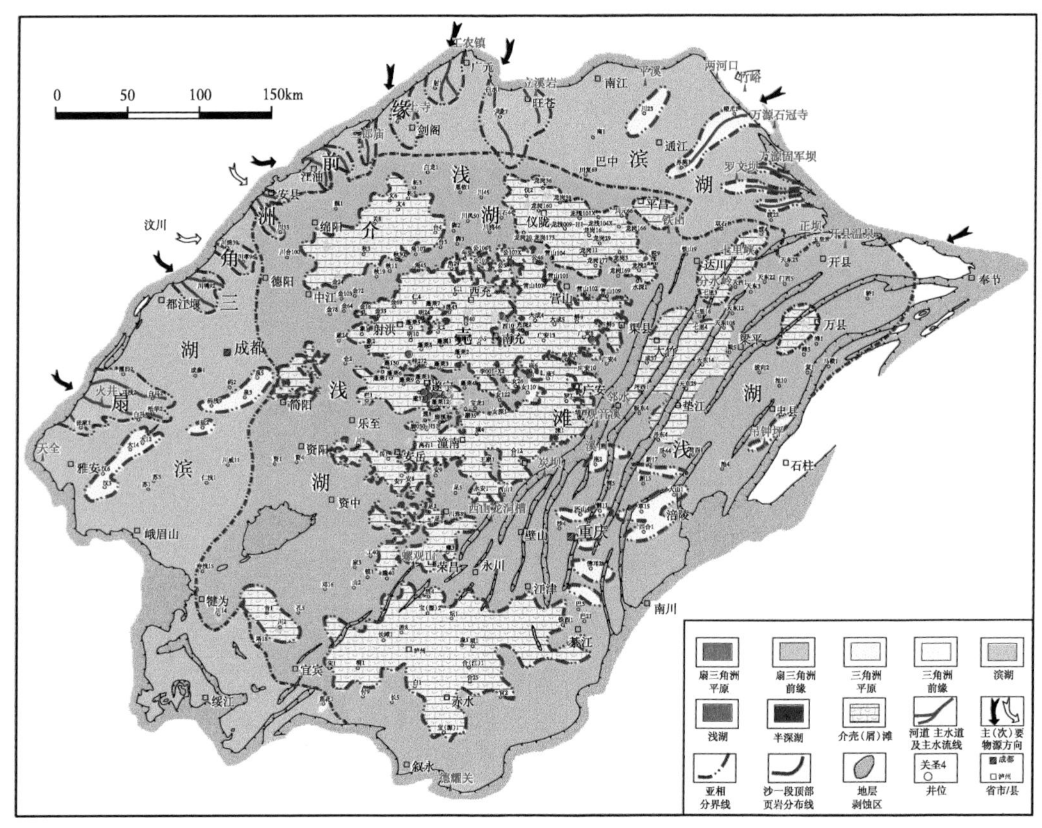

图 2-13　四川盆地侏罗系东岳庙段相图

3. 马鞍山段

马鞍山段的地层厚度区域上差异不大，一般厚 30~45m，局部地区可达 60m，呈斑块状分布，表明马鞍山段是对东岳庙段沉积期—马鞍山段沉积早期湖盆的“填平补齐”。地层岩性以紫红色、杂色、灰绿色泥岩、泥质粉砂岩和灰质粉砂岩为主，砂地比较低，一般为 5%~20%，且大面积低于 5%，反映该期处于极浅水湖泊环境或暴露的干旱环境特征。其物源特征不清晰，据地层数据和岩性分布特征，可以判断该期物源应该以北西向为主，主要发育扇三角洲沉积体系（图 2-14），可能分布于中江、绵阳地区，以发育紫红色、杂色、灰绿色泥岩夹厚层状、薄层状灰色粉细砂岩，可能与川西北地区构造抬升、冲积扇发育有关，资料较少，尚需进一步研究。其次为南部和东北部，主要发育三角洲沉积体系，其影响范围均比较小，川中广大地区以滨浅湖沉积体系为主，发育滩坝、席状砂等微相，其中滩坝微相发育规模较小，区域上呈零星状分布，常以灰质粉砂岩为主，以营 24 井为例，砂地比为 15%~20%，灰质粉砂岩单层厚度可达 7.5m。

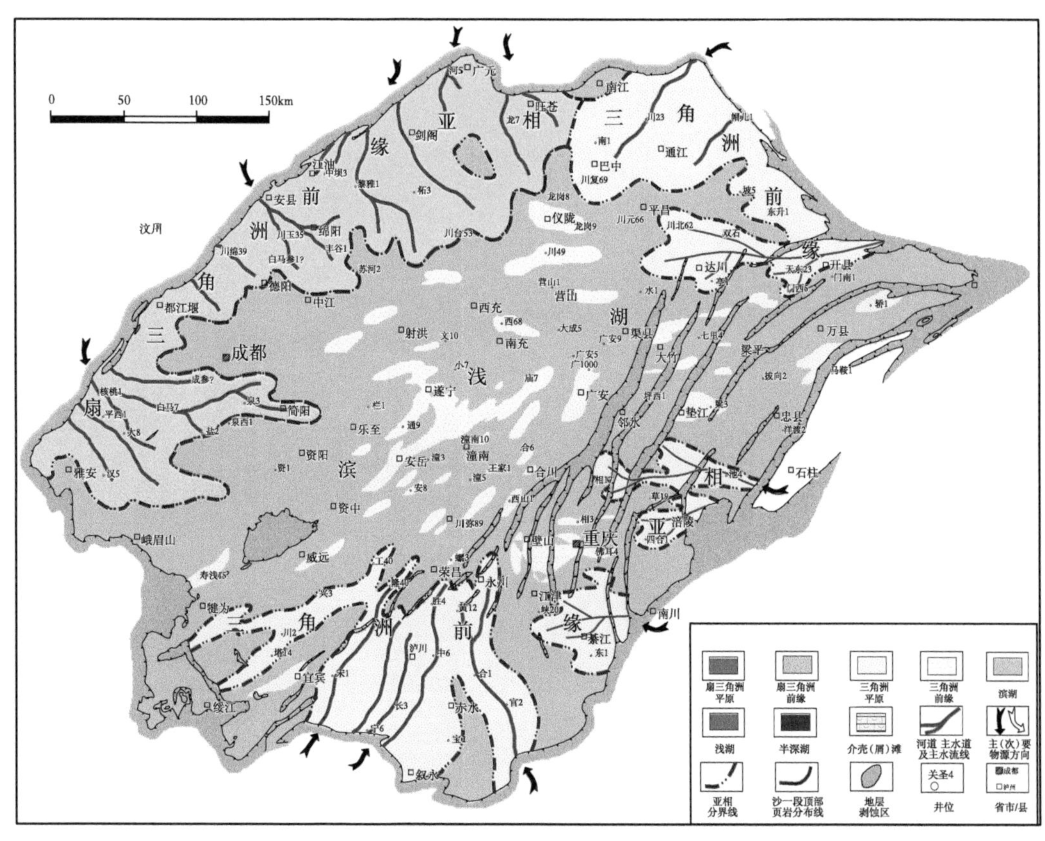

图 2-14　四川盆地侏罗系马鞍山段相图

4. 大安寨段

大安寨段沉积期是侏罗系最大湖侵期，除盆地周缘发育少量河流、（扇）三角洲沉积外，盆地内部尤其是川中地区外来物源影响有限，因此介壳滩大面积分布。根据介壳滩在纵向上的演化特征，可将川中地区大安寨段划分为大一亚段、大一三亚段和大三亚段，各亚段均有不同的沉积序列（图 2-15）。在对其沉积特征分析的基础上，笔者着重对川中地区大安寨段三个亚段沉积相展布特征进行了研究。

1）大三亚段

大三亚段沉积期，湖平面初始上升，介壳滩在川中中部地区大面积沉积，且连片分布（图 2-16a）。在莲池、南充、西充及广安地区，石灰岩厚度较大，通常在 6m 以上。在地震属性图上亦处于高值区，主要发育介壳滩主体。滩主体周缘主要为滩翼，含泥质介壳灰岩厚度为 2~6m。在金华—遂宁—潼南—合川一线以南地区为滨湖环境，介壳滩不发育。在营山、龙岗及以北地区，石灰岩欠发育，主要为浅湖沉积，表明该区水体相对较深，为大三亚段沉积期湖盆沉积中心。从大三亚段沉积相分布图可以看出，介壳滩围绕沉积中心呈环带状分布。

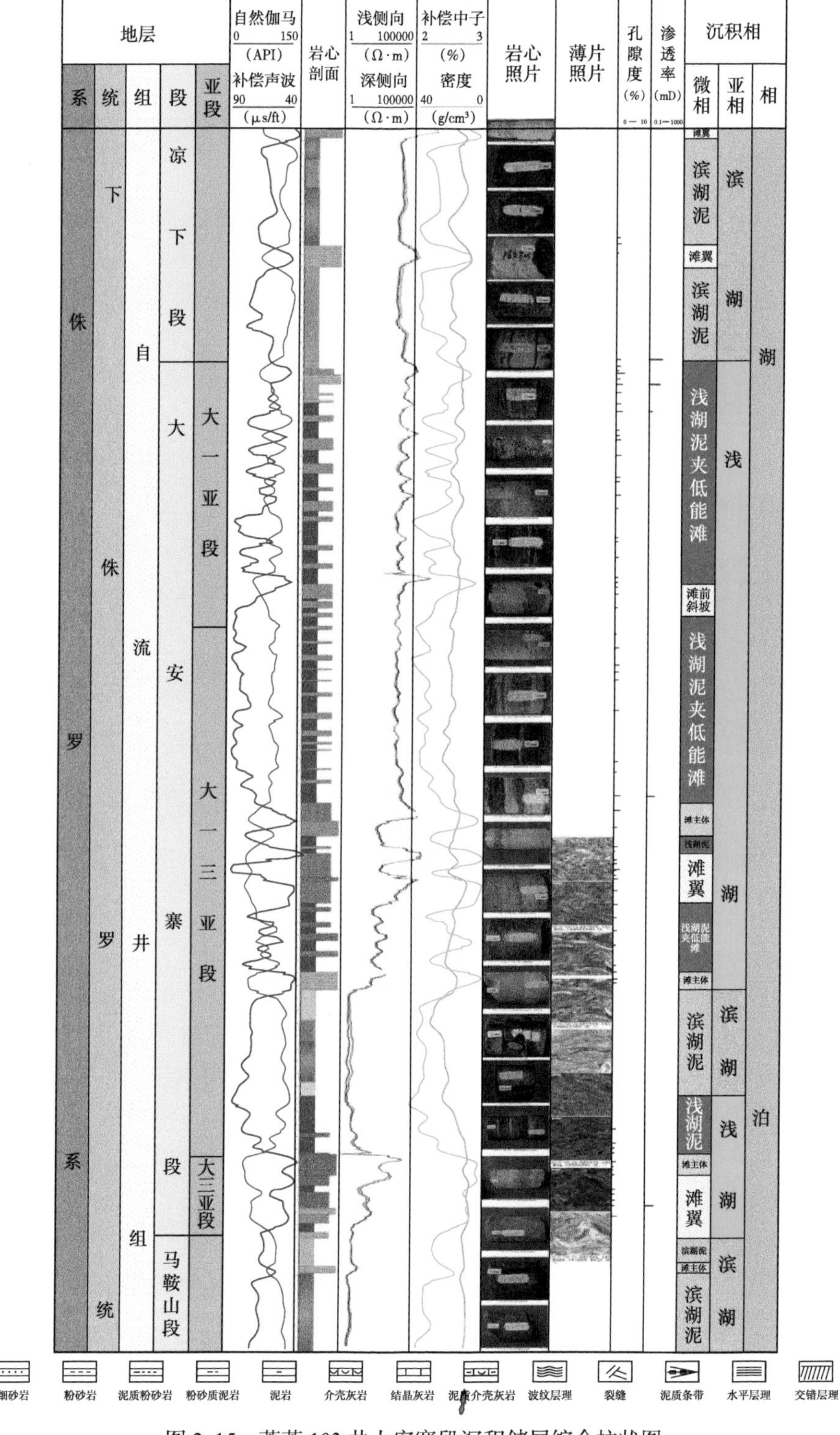

图 2-15　蓬莱 103 井大安寨段沉积储层综合柱状图

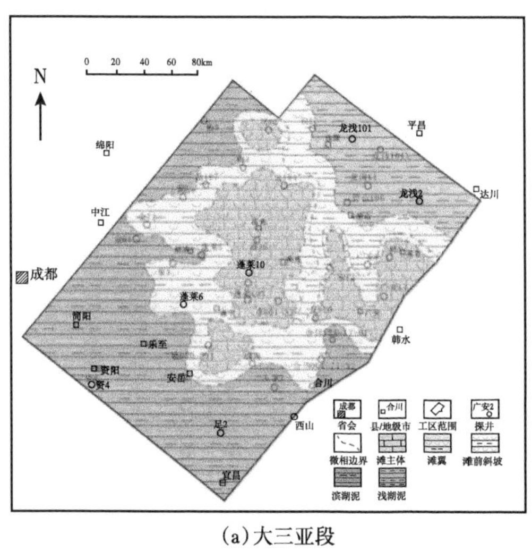

(a)大三亚段

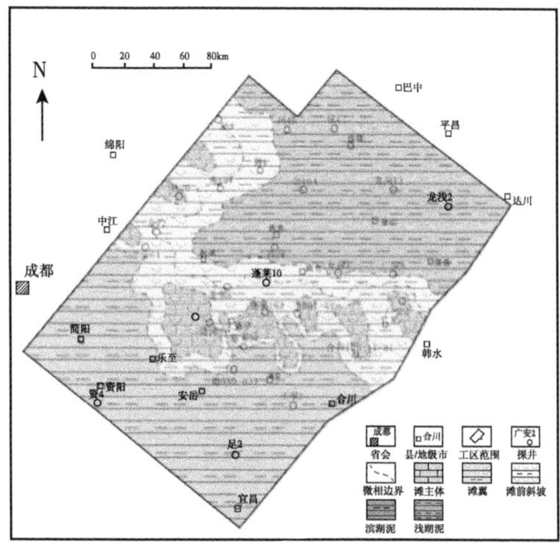

(b)大一三亚段中部

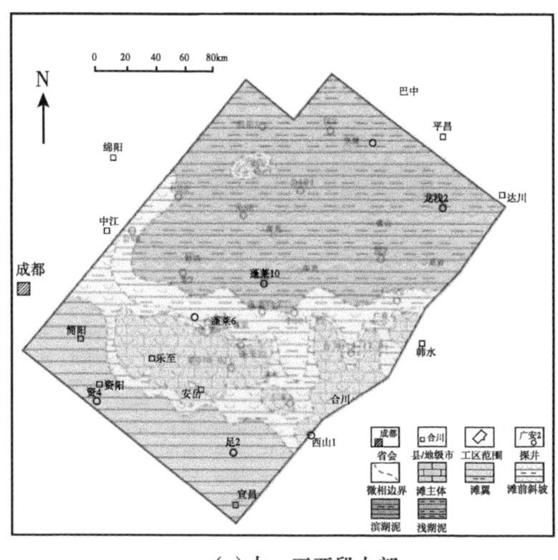

(c)大一三亚段上部

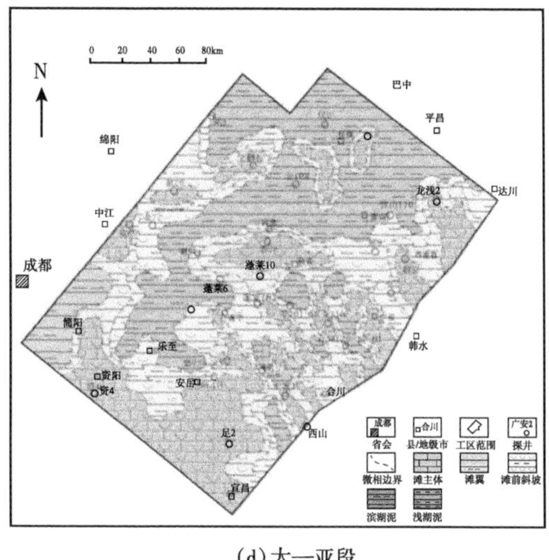

(d)大一亚段

图 2-16　川中地区侏罗系大安寨段各亚段沉积相分布图

2）大一三亚段

大一三亚段发育两期介壳滩，分别沉积于大一三亚段沉积中期和晚期。大一三亚段沉积早期在大三亚段沉积的基础上，盆地经历了一次短暂的湖平面下降过程，致使川中南部地区主要发育灰绿色、紫红色泥岩，而在川中中部和北部地区主要发育灰色、深灰色泥岩，介壳滩不发育。大一三亚段沉积中期湖平面开始逐渐上升，在狮子场—金华—遂宁—龙女—广安一线呈环带状分布，滩主体零星分布，且不连片，主要为滩翼和滩前斜坡沉积（图 2-16b）。大一三亚段沉积晚期湖平面继续上升，介壳滩逐渐向南迁移，主要分布在乐至—合川—广安一线以南地区，主要为滩主体（图 2-16c），介壳灰岩厚度较大，通常在 5m 以上，合川地区可达 30m。

3）大一亚段

大安寨段湖平面在大一三亚段沉积晚期达到最大，到大一亚段沉积期湖平面开始下降。大一亚段介壳滩大面积发育，但彼此相互孤立，表明在经过早期的沉积之后，本区内已经出现了隆凹相间的古地貌格局。介壳滩整体在公山庙—八角场—金华—资阳—安岳—合川—广安—鲜渡河一线仍呈环带状分布，在川中南部磨溪、龙女寺及合川地区，介壳滩通常呈条形坝状体指向湖盆中心（图 2-16d），介壳滩主体部位介壳灰岩厚度较大，最大值出现在鲜渡河地区，可达 30m 以上。

可以看出，古地貌控制了大安寨段介壳滩在平面上的分布。古地貌高地发育区，介壳滩均比较发育（图 2-17）；在斜坡区主要发育薄层泥晶灰岩及泥质介壳灰岩；在凹陷区，主要发育浅湖—半深湖泥岩沉积夹极薄层介壳灰岩条带。在凹陷区内部发育水下低隆区，介壳滩亦比较发育。

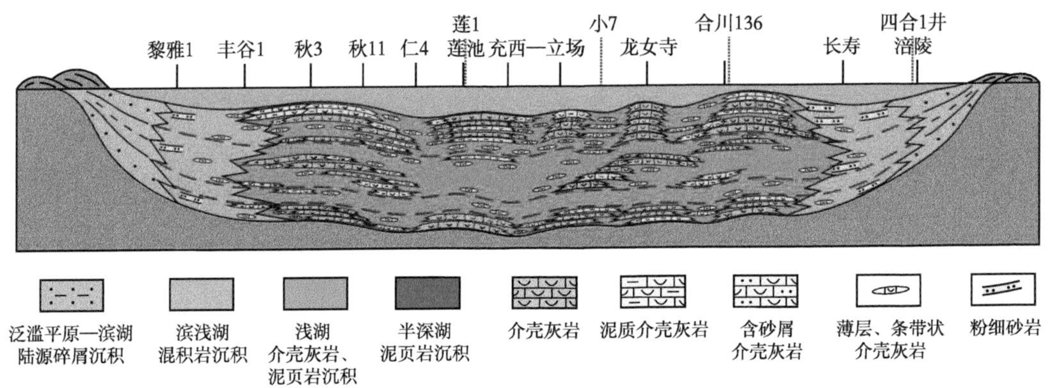

图 2-17　黎雅—涪陵大安寨段沉积相剖面图

大安寨段沉积期为侏罗系最大湖侵期，期间又经历了数次湖侵湖退旋回，控制了介壳滩在空间上的迁移和演化。湖侵期，湖准面上升，介壳滩有向盆地周缘迁移的趋势，而在湖退期，湖平面下降，介壳滩又逐渐向湖盆中心迁移（图 2-18）。

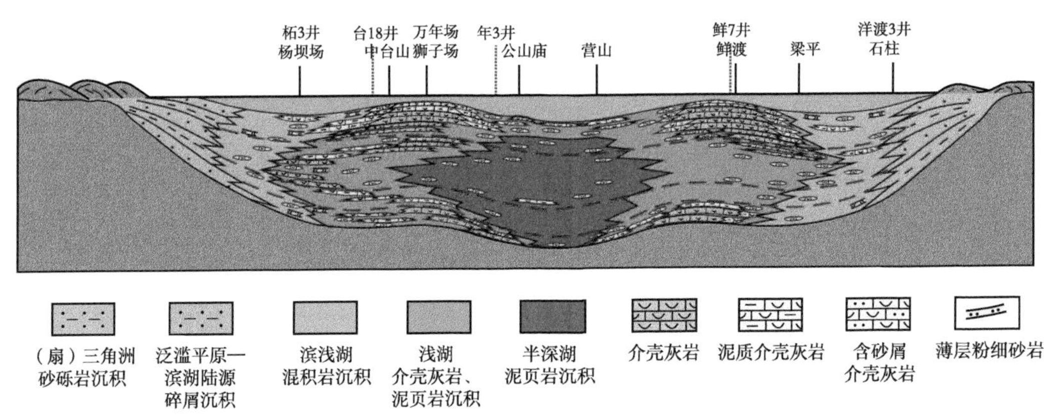

图 2-18　柘坝场—石柱大安寨段沉积模式图

依据大安寨段介壳滩沉积特征、沉积相展布特征、演化规律及控制因素，建立了四川盆地大安寨段沉积模式。大安寨段沉积期为一相对安静的内陆湖盆，其周缘分布少数物源体系，发育扇三角洲、泛滥平原—河流沉积，但其延伸范围较小，并不能到达湖盆中心，

对湖盆的影响较小，因此在湖盆中心的周缘水下低隆起区发育介壳滩沉积，整体呈环带状分布（图 2-19）。

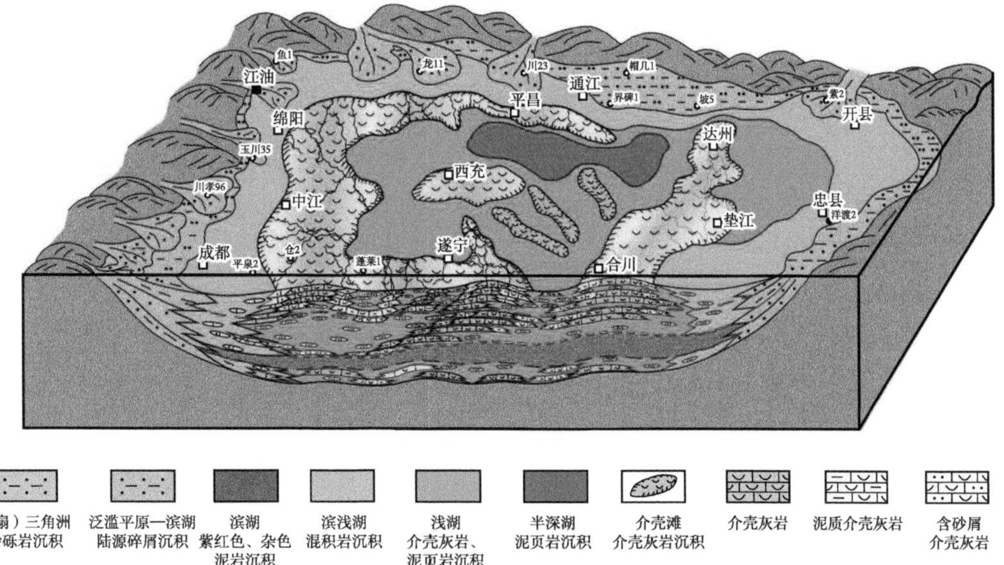

图 2-19 四川盆地侏罗系大安寨段沉积模式图

5. 凉高山组

凉高山组可划分为凉下段和凉上段。其中凉下段代表凉高山组沉积期湖盆的湖进初始阶段沉积，地层厚度一般为 25~60m，呈西南薄东北厚趋势；岩性以灰色粉砂岩、细砂岩和杂色、紫红色、灰绿色泥岩和泥质粉砂岩为主，局部地区岩心观察显示，在杂色、紫红色、灰绿色泥岩中常见大量双壳类化石。砂地比一般为 10%~50%，高值区主要位于本区以平 1 井、蓬基井、通 8 井、磨深 2 井为代表的西南部地区，以及以川 43 井、台 18 井和台 1 井为代表的北部地区。这些均表明凉下段沉积期整体处于浅水湖泊环境或暴露的干旱环境，主要发育滨湖—泛滥平原沉积，仅在南部和北部局部地区发育三角洲沉积。

凉上段沉积期是整个凉高山组沉积期湖盆发育的兴盛期，湖盆大体经历了湖侵期，最大湖侵期和湖退期三个阶段。与此对应，在川中广大地区分别沉积了凉上Ⅱ亚段、凉上Ⅰ-Ⅱ亚段和凉上Ⅰ三个亚段。凉上段沉积期末，湖泊萎缩，最终被沙溪庙组沉积早期的河流—泛滥平原沉积终止。地震解释结果表明，凉上段内部存在两期与湖扩相关的相变线（图 2-20），两期相变线控制了凉上Ⅱ亚段、凉上Ⅰ-Ⅱ亚段、凉上Ⅰ亚段三个岩性段砂体在平面上的分布（图 2-21）。其中凉上Ⅱ亚段主要分布在第一期相变线以东以北，大致相当于公山庙—南充—合川一线以东以北地区，向西南方向，地层厚度逐渐减薄，在地震剖面上无法识别；凉上Ⅰ-Ⅱ亚段主要分布在第二期相变线以东以北，大致相当于八角场—南充—合川一线以东以北，厚度呈“东薄西厚”特点，主要由一套向上变“细”的退积或退积—加积旋回组成，代表湖进—湖泛期沉积；凉上Ⅰ亚段在川中地区均有分布，主要为一套向上变“粗”的进积旋回，泥岩具有杂色段特点，但平面上泥质岩类色率呈带状分布，万年场—莲池—磨溪以东地区泥质岩类均为黑色；苍山—遂宁以南地区以紫红色为主，二者之间为色率过渡带。

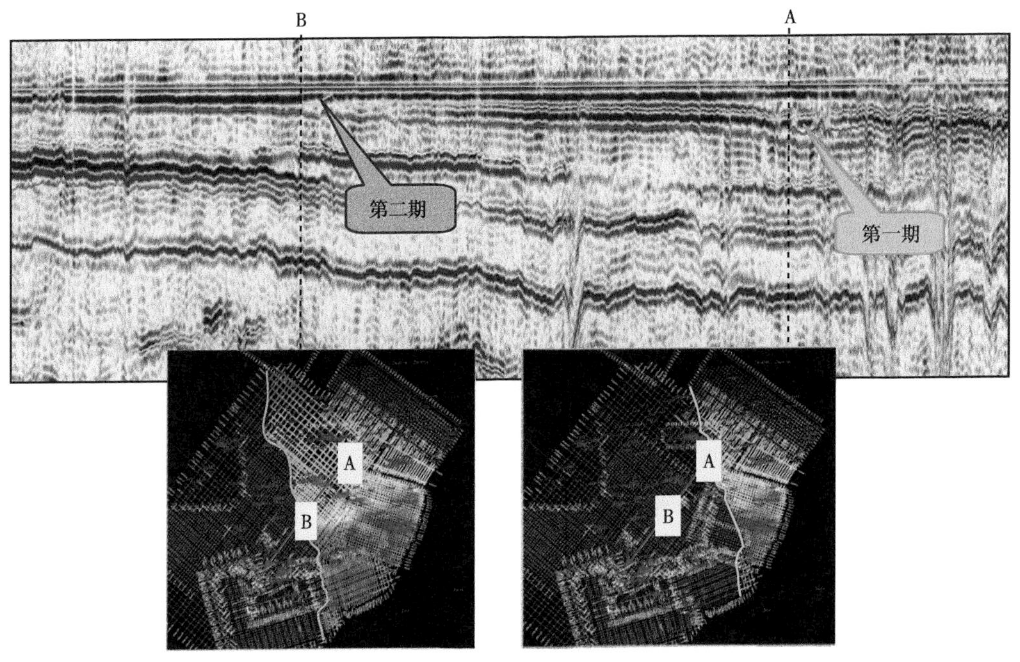

图 2-20 凉上段内部两期相变线反射特征及平面分布图

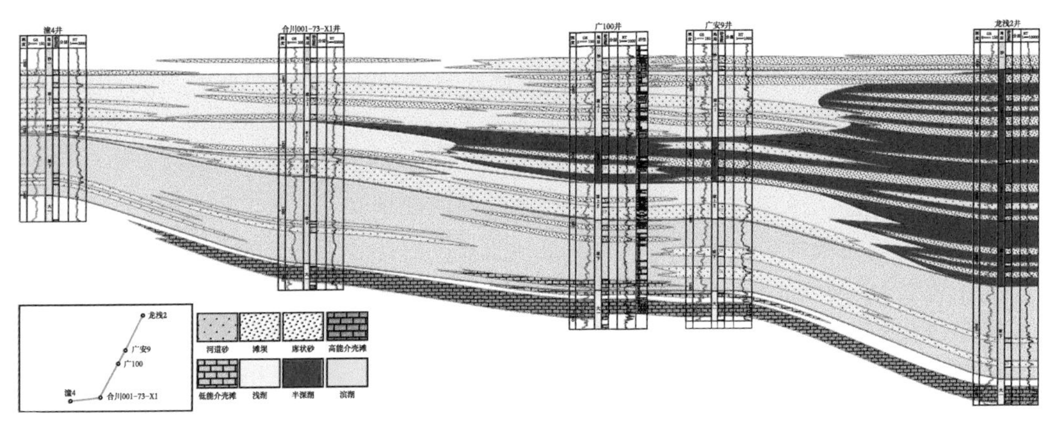

图 2-21 潼 4—龙浅 2 井凉高山组沉积相剖面图

1）凉上Ⅱ亚段

凉上段内部第一期相变线控制了凉Ⅱ亚段砂体的发育，砂体主要分布于公山庙—南充—合川一线以东以北地区，这一线大致相当于凉上段内部第一期相变线。砂岩累计厚度高值区出现在营山、龙岗、公山庙、八角场、合川及罗渡地区，砂岩累计厚度可达 15m 以上，周缘砂体厚度较薄，通常在 5~10m。另外在资阳、简阳地区也发育小型三角洲砂体，但规模较小。凉上Ⅱ亚段沉积期是凉下段湖侵的延续，湖岸线继续向西南方推移，并移至工区以外，东北角税家槽一带为浅湖—半深湖亚相沉积，为黑色页岩夹粉砂岩、泥岩组合；西南为滨湖环境，发育小型三角洲沉积，沉积了一套灰绿色泥岩与细砂岩、介壳砂

岩间互沉积。其余大部分地区为滨浅湖、浅湖相席状砂、滩坝沉积，发育一套细砂岩、介壳砂岩与泥岩、页岩互层组合，介壳碎屑广泛发育是这一带的特征。其中席状砂大面积分布，而滩坝沉积主要分布在龙岗、营山、公山庙、西充及莲池等地区即第一期相变线以西、以北地区（图 2-22）。

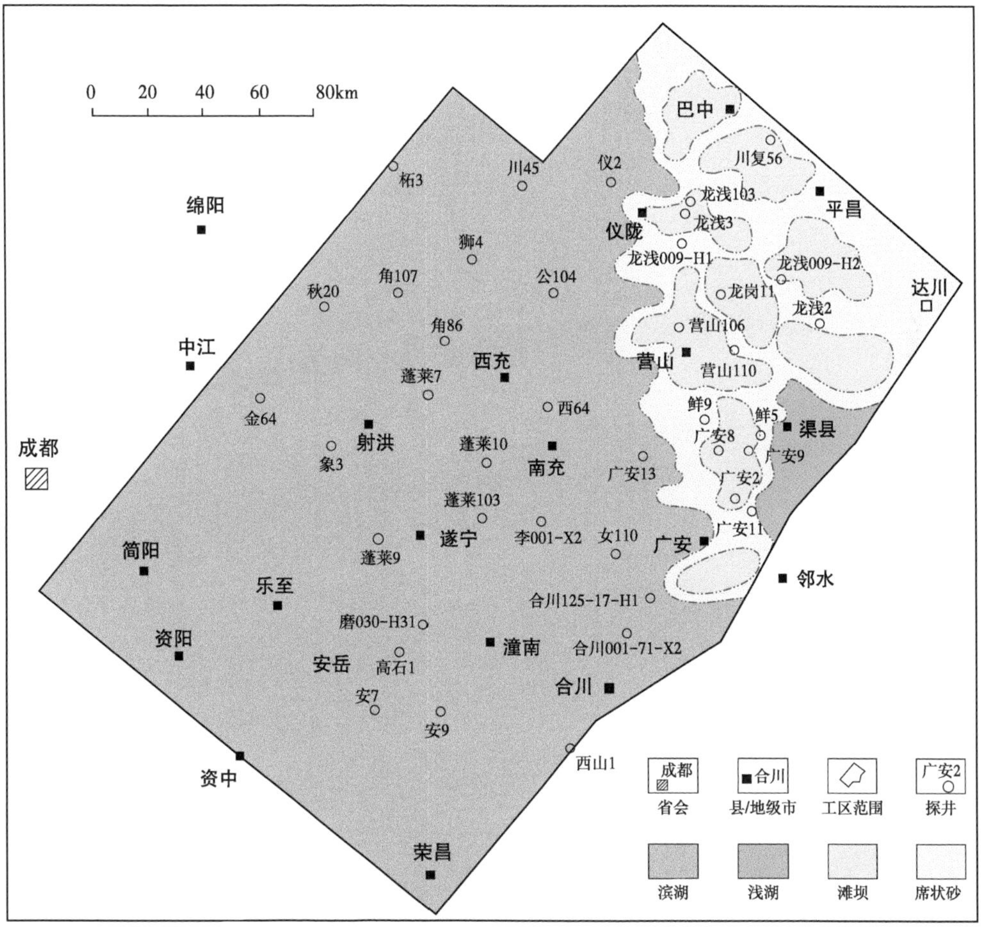

图 2-22　川中地区侏罗系凉上Ⅱ亚段沉积相分布图

2）凉上Ⅰ-Ⅱ亚段

凉上Ⅰ-Ⅱ亚段砂体分布明显受到第二期相变线控制，主要分布在八角场—潼南一线以东以北地区，大部分地区砂岩累计厚度小于 5m，仅在公山庙、营山、龙岗、八角场、磨溪及资阳地区砂岩分布较多，砂体累计厚度通常在 5m 以上，最厚处位于营山、龙岗地区，砂岩累计厚度可达 15m 以上。凉上Ⅰ-Ⅱ亚段沉积期为凉高山组湖盆发育的极盛时期，湖岸线继续向湖盆西南方推移，工区内滨湖亚相沉积范围减小，此阶段湖水达最深，在税家槽及其西部为半深湖亚相沉积，发育厚层较纯的黑色页岩夹薄层粉砂层。在北部、中部及东南为浅—半深湖沉积环境，在龙女寺、磨溪、金华等地发育席状砂沉积（图 2-23），沉积产物主要为黑色页岩夹薄层粉砂岩或薄层介壳层；在营山—龙岗及八角场、中台山一带，发育滩坝沉积，单砂体厚度较大，可能与该处沉积时水下高地有关。凉上Ⅰ-Ⅱ亚段沉积期，工区总体处于浅湖—半深湖环境，发育大套黑色页岩，是凉高山组烃源岩生成的主要时期。

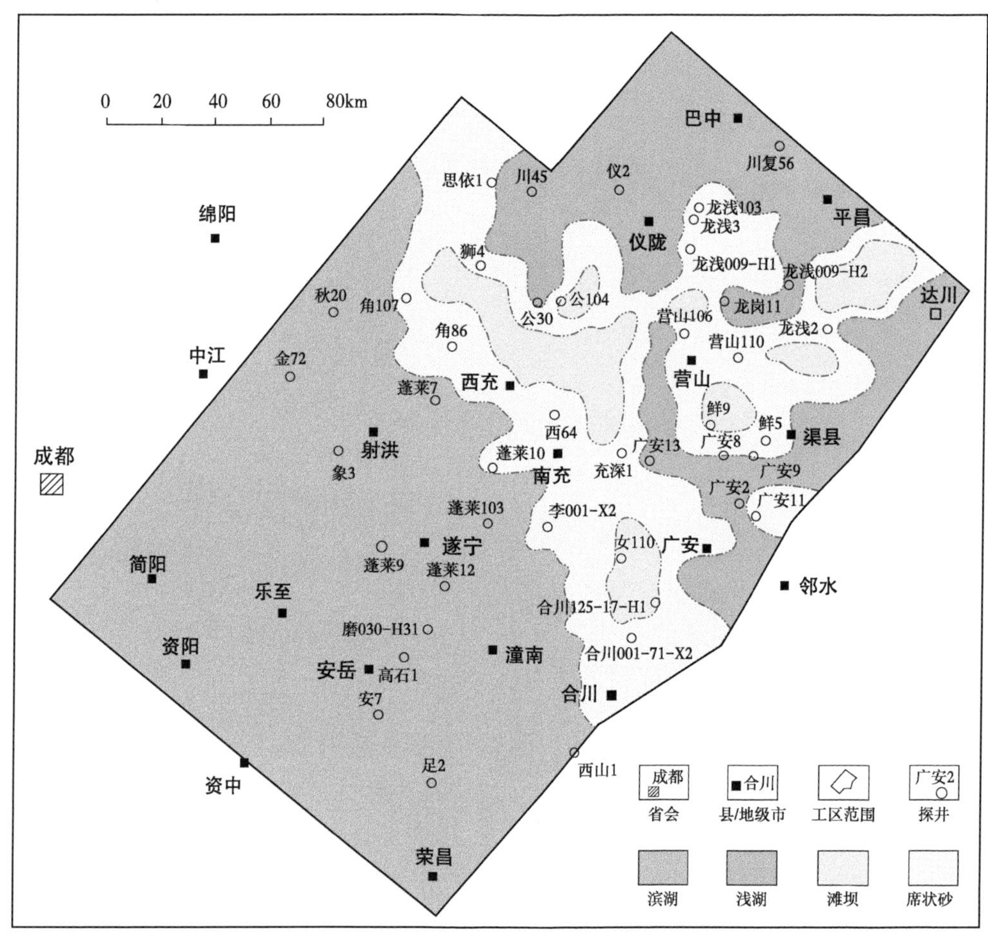

图 2-23　川中地区侏罗系凉上Ⅰ-Ⅱ亚段沉积相分布图

3）凉上Ⅰ亚段

凉上Ⅰ亚段砂体分布较凉上Ⅰ-Ⅱ亚段面积更大，砂岩累计厚度高值区出现在营山、龙岗及公山庙地区，最厚可达30m以上，公山庙及以北地区砂岩累计厚度也通常大于20m。从平面分布来看，砂体厚度自东北向西南有逐渐减薄的趋势。另外在磨溪、射洪地区有砂体分布，砂岩厚度通常小于15m，可能受工区内微构造控制。凉上Ⅰ亚段沉积期，凉高山组湖盆开始萎缩，湖水逐渐从湖盆西南方向东北方退缩，川中大部分地区为滨浅湖—浅湖环境。沉积了一套由三层细砂岩、粉—细砂岩与黑色页岩间互沉积的岩石组合。浅—半深湖亚相已退至税家槽、水口场及其西部一带，为一套厚层黑色页岩夹薄层细—粉砂岩组合。东南角小潼场、遂南、磨溪、潼南一线以西地带为滨湖亚相，其余广大地区为滨浅湖—浅湖亚相，受微地貌影响，该亚相带滩坝微相较发育，除发育鲜渡河—营山及公山庙—中台山两个较大的滩体外，在狮子场、西充及龙市—罗渡溪等地还发育小型滩体（图 2-24）。此外，薄层席状砂大面积分布。凉Ⅰ亚段沉积期也是本区凉高山组储

集体发育的有利时期之一。

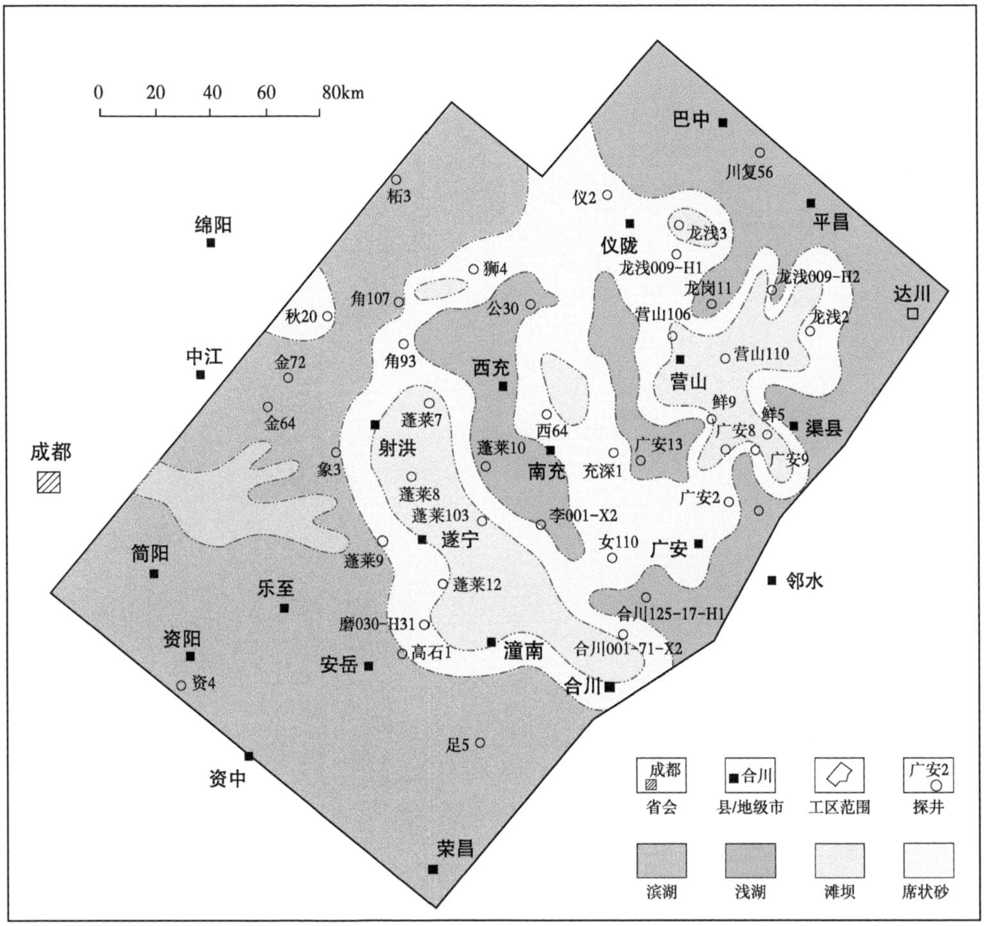

图 2-24　川中地区侏罗系凉上 I 亚段沉积相分布图

6. 沙一段

沙一段是在大范围湖盆萎缩的背景下沉积的，河流—三角洲砂体广泛发育（图 2-25）。从地层厚度分布来看，厚度高值出现在龙岗、公山庙地区，表明本区在沙一段沉积期为湖盆沉积中心，而由北向南，地层厚度逐渐减薄。从砂体分布来看，位于主河道部位单砂体厚度、累计砂体厚度均比较大，砂地比值高，河道之间及河道末端砂体厚度薄，砂地比值低。

沙一段总体上有 2~3 个物源方向，其一，北部物源方向，以“富长石富岩屑，岩屑以火山岩为主”的物源性质为特点；其二南部或东南部物源方向，系“富岩屑富长石”物源性质。据重庆炭坝、老拱桥剖面沙溪庙组中下部砂岩实测剖面，砂岩组构中岩屑含量为 15%~22%，长石一般小于 15%，其中岩屑成分以变质岩、沉积岩岩屑为主；长石类或岩屑类砂岩样品中未发现浊沸石胶结物，明显与北部以公山庙地区的公 36 井为代表的“富火山岩富长石”浊沸石砂岩物源明显不同，可能与贵州官渡探区沙溪庙中下部地层为同一物源区。

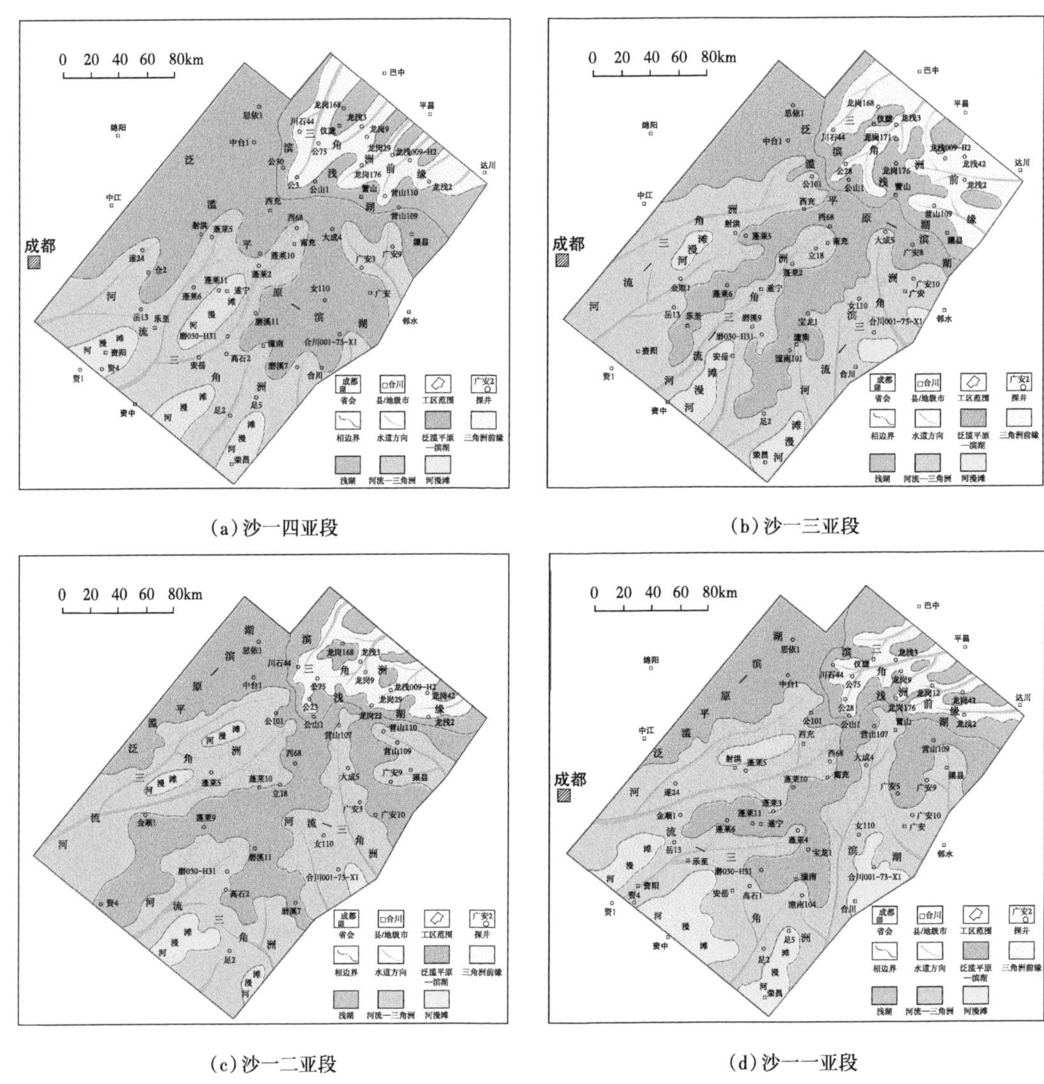

(a) 沙一四亚段

(b) 沙一三亚段

(c) 沙一二亚段

(d) 沙一一亚段

图 2-25　沙一段各亚段沉积相分布图

对沙一段沉积体系的认识，目前还存在很多分歧，到底是河流沉积还是三角洲沉积，各家观点不一。本书在研究野外剖面、岩心观察的基础上，结合地震相分析，明确了川中南部地区沙一段发育滥平原—滨湖背景下河流—浅水三角洲体系，其中三角洲前缘水下分流河道微相最发育，但河道属于小型游荡型分支河道或水下分流河道，不同的沉积期在平面上有不断改道的现象。从沉积相平面分布图来看，来自南部的物源体系不断向北的沉积中心进积。北部龙岗地区主要发育浅湖背景下三角洲沉积体系，其物源主要来自东北部的大巴山。

沙一段沉积特征总体上以三角洲、洪泛湖—滨浅湖亚相为主，局部夹浅湖—半深湖叶肢介页岩层沉积，湖平面宽阔，但水体较浅，加之物源丰度较高，储层较为发育，是四川盆地中—上侏罗统重要的油气勘探目的层。

四、侏罗系沉积体系演化

四川盆地中—下侏罗统经历过五次湖侵，即珍珠冲段沉积中期、东岳庙段沉积期、大安寨段大一三亚段沉积期、凉高山组凉上Ⅰ-Ⅱ亚段沉积期、下沙溪庙组叶肢介页岩层沉积期，构成长期旋回的退积—进积—退积或退积—进积的沉积演化序列，其中以东岳庙段沉积期、大安寨段沉积期、凉高山段沉积期湖侵规模较大，在更大尺度上构成退积—进积特征。在三次完整的湖进—湖退过程中，受物源性质差异，其构造—沉积演化和沉积格局具有较为复杂的变化规律（图 2-26）。

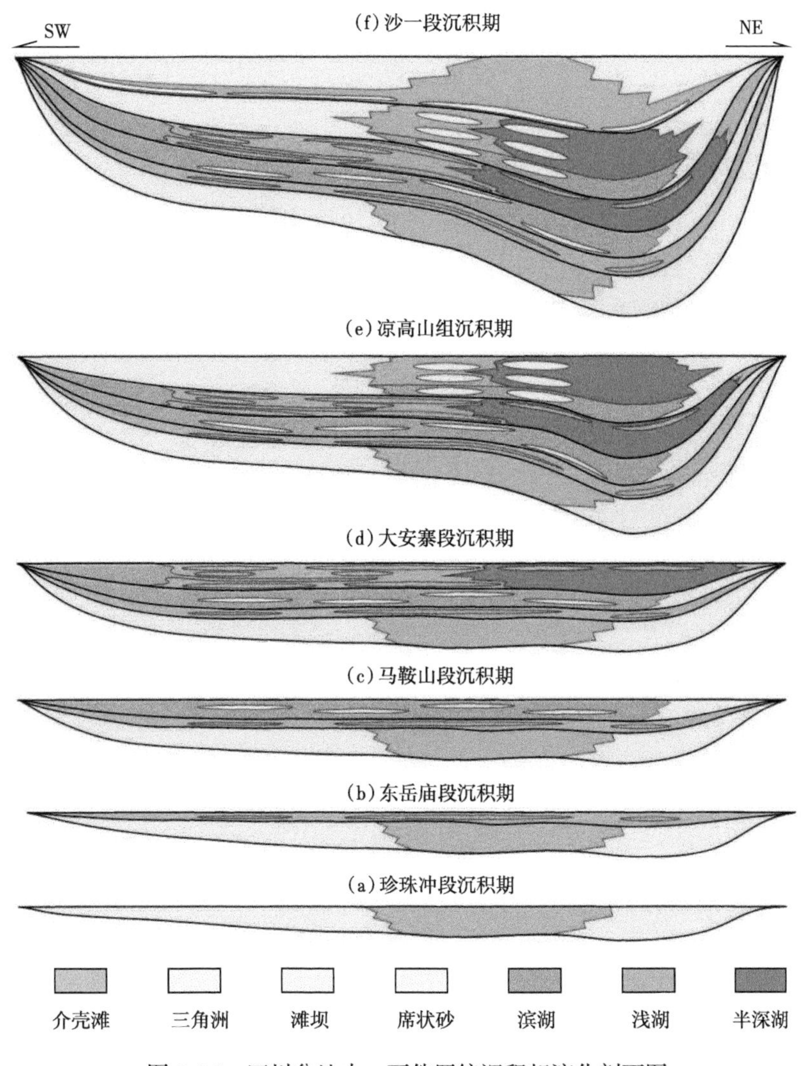

图 2-26 四川盆地中—下侏罗统沉积相演化剖面图

1. 珍珠冲段沉积期—马鞍山段沉积早期

珍珠冲段沉积期—马鞍山段沉积早期自下而上为一套强退积—进积的沉积旋回，主要表现完整的湖进—湖退的水体升降过程。下部发育河流相（或三角洲）沉积，其沉积物或砂体粒度相对较粗，至东岳庙段沉积期湖泛达到最大，湖泊相大面积分布，发育东岳庙段介壳灰岩、页岩，但由于湖泊高位期时间短、湖退速率较快，烃源岩层、储层厚度均薄；至马鞍山段沉积早期，开始快速湖退，发育滨浅湖沉积，单砂体厚度薄、砂岩粒度较细，并可能发育西部三角洲或泛滥平原沉积。

2. 马鞍山段沉积晚期—大安寨段沉积期

马鞍山段沉积晚期—大安寨段沉积期自下而上为一套退积—进积的沉积旋回，具有完整的快速湖进—快速湖退的水体升降过程。下部主要发育湖泊相沉积，由底部洪泛湖泊逐步演化为滨浅湖—半深湖，发育介壳滩灰岩、页岩；至大一三亚段沉积期湖泛达到最大期，湖泊相大面积分布，发育黑色页岩夹介壳灰岩或石灰岩与页岩互层；至大一亚段沉积期，开始快速湖退，发育滨浅湖介壳滩灰岩、页岩沉积，由于波浪改造强烈发育高能介壳滩沉积，并且介壳滩灰岩介屑粒度粗、滩体厚度大、泥质含量低，成为良好的碳酸盐岩储集体。

3. 凉高山组沉积期—下沙溪庙组沉积期

凉高山组沉积期—沙溪庙组沉积期自下而上为一套退积—强进积的沉积旋回，表现为较大规模的完整的湖进—湖退的水体变化过程。下部为快速湖进过程，发育三角洲沉积体系和湖泊沉积体系，上部以缓慢湖退为特点，发育（辫状河）三角洲沉积体系，夹间歇性浅水湖泊沉积。

凉下段在继承早期浅水湖泊基础上，由于物源丰度较小，主要发育长距离分流河道为特点的三角洲沉积体系，并且河道侧向迁移速度快，砂体厚度一般较薄，稳定性差，常含灰质组分。从现有资料分析，凉下段中短期层序结构平面上分布完整，表现为一个退积—进积或退积小旋回组成一较完整的中短期沉积旋回，具有多个湖盆特点，并且湖盆中心与凉上段并不一致，其沉积体系较为复杂，远非目前认识的那样简单。

凉上Ⅱ亚段沉积期开始快速湖进，发育退积或水进型三角洲沉积，构成强退积小旋回，其底部砂体粒度相对较粗，并且由于受湖浪改造作用，砂体连续性好；至凉上Ⅰ-Ⅱ亚段沉积期湖泛达到最大期，湖泊相大面积分布，砂体普遍较薄、粒度细，但在华蓥山西部地区，由于古断裂作用引发的限制性古水流作用和物源丰度较高，发育呈南北向展布的三角洲沉积体系，单砂体厚度、砂岩粒度也有由南向北增大的趋势；至凉上Ⅰ亚段—沙溪庙组底，逐步开始缓慢湖退，发育进积型三角洲沉积；随西北方向中近距离的物源、东南方向远距离的物源逐步向本区推进，进积型三角洲于公山庙、南充一带汇合连片，湖盆开始大幅度萎缩，半深湖相消亡，该期砂体厚度增大、粒度变粗。

下沙溪庙组沉积期由两个强退积—加积小旋回构成强进积旋回。须二—须四段在长期旋回上表现为一套缓慢湖进或间歇性湖进的过程，河流进积作用为主，其底部主要为河流相、三角洲平原亚相沉积为主，向上逐步过渡为扩张湖、三角洲前缘—滨浅湖，可能夹河流—三角洲平原亚相沉积，构成辫状河三角洲沉积体系，砂体厚度一般较大、粒度较粗，主要发育于须二段底部、须四段底部，即在整个中期退积旋回的下部储层发育。

综上所述，四川盆地中—下侏罗统珍珠冲段沉积期—下沙溪庙组沉积期的沉积背景格架为：珍珠冲段沉积期—大安寨段沉积期主要以发育湖泊相沉积体系为主，表现为湖泊相分布范围扩大、水体逐步变深，构成湖进退积（或加积）沉积层序，除底部发育河流沉积砂体外，以发育滨浅湖介壳滩灰岩沉积为其主要特点，反映相对湖平面上升速率大于沉积物供应速率；而凉高山组—下沙溪庙组主要以发育三角洲沉积体系为主，表现为水体大幅度变浅或湖盆中心逐步迁移，构成湖退进积型三角洲沉积层序，以发育三角洲沉积体系为主，砂体类型以水下分流河道、河口坝、席状砂沉积为特点；至下沙溪庙组沉积期从须二—须四段河流作用较为强烈，物源充足，反映相对湖平面上升速率远小于沉积物供应速率，且由于震荡性构造活动控制下的水体间歇性上升有过补偿沉积特征。

参考文献

Fisher R V，Charlton D W，1976. Mid-Miocene Blanca Formation，Santa Cruz Island，California[J].

Galloway W E，1976. Sediments and stratigraphic framework of the Copper River fan-delta，Alaska[J]. Journal of Sedimentary Research，46（3）：726-737.

Nemec W，Steel R J，1988.What is a fan delta and how do we recognize it[J]. Fan Deltas：sedimentology and tectonic settings，3（13）：231-248.

Richard I，1983. Paleotectonic control of depositional facies（Mississippian），Southwest Montana[J]. AAPG Bulletin，67（8）：1343.

陈布科，赵永胜，戴苏兰，等，1994. 陇川盆地中新统地震相分析与油气勘探 [J]. 成都理工学院学报，21（4）：60-66.

邓涛，1995. 川中金华地区大安寨段重力流沉积物及其含油气性 [J]. 西南石油学院学报，17（3）：8.

邓占球，1981. 广西来宾合山上二叠统海绵化石 [J]. 古生物学报，20（5）：418-427，493-496.

董得源，汪明洲，1983. 藏北安多一带晚侏罗世层孔虫的新材料 [J]. 古生物学报，22（4）：413-428，496-499.

苟宗海，2000. 四川龙门山中段前陆盆地沉积相与层序地层划分 [J]. 沉积与特提斯地质，20（4）：79-88.

关士聪，等，1999. 中国海相、陆相和海洋油气地质 [M]. 北京：地质出版社 .

郭正吾，邓康龄，韩永辉，等，1996. 四川盆地形成与演化 [M]. 北京：地质出版社 .

何鲤，柳梅青，何治国，等，1999. 川西及邻区蓬莱镇组沉积层序特征及有利储集相带预测 [J]. 石油实验地质，21（2）：10.

侯方浩，方少仙，董兆雄，等，2003. 鄂尔多斯盆地中奥陶统马家沟组沉积环境与岩相发育特征 [J]. 沉积学报，21（1）：106-112.

胡宗全，郑荣才，熊应明，2000. 四川盆地下侏罗统大安寨组层序分析 [J]. 天然气工业，20（3）：34-37，8.

黎文本，尚玉珂，1980. 鄂西中生代含煤地层中的孢粉组合 [J]. 古生物学报，19（3）：201-219，251-254.

李剑波，何金权，简万红，1998. 中江地区沙溪庙组层序地层特征初步研究 [J]. 矿物岩石，18（1）：66-70.

李书兵，何鲤，1999. 四川盆地晚三叠世以来陆相盆地演化史 [J]. 天然气工业，19（B11）：18-23.

李耀华，2001. 川中下侏罗统大安寨段岩相古地理与油气关系 [C]// 中国古生物学会第 21 届学术年会论文摘要集 .

刘和甫，汪泽成，熊保贤，等，2000. 中国中西部中、新生代前陆盆地与挤压造山带耦合分析 [J]. 地学前缘，7（3）：55-72.

刘宝珺，徐新煌，余光明，1980. 初论层控菱铁矿床的沉积环境和形成作用 [J]. 成都地质学院学报，（2）：3-10.

柳梅青，陈亦军，郑荣才，2000. 川西新场气田蓬莱镇组陆相地层高分辨率层序地层学研究 [J]. 沉积学报，18（1）：50-56.

丘东洲，2000. 四川盆地西部坳陷晚三叠—早白垩世地层沉积相 [J]. 四川地质学报，20（3）：161-170.

四川盆地陆相中生代地层古生物编写组，1984. 四川盆地陆相中生代地层古生物 [M]. 成都：四川人民出版社 .

四川省地质矿产局编，1991. 中华人民共和国地质矿产部地质专报 1 区域地质第 23 号四川省区域地质志 [M]. 北京：地质出版社 .

四川油气区石油地质志编写组编，1989. 中国石油地质志卷 10 四川油气区［M］. 北京：石油工业出版社 .
汪泽成，赵文智，彭红雨，2002. 四川盆地复合含油气系统特征［J］. 石油勘探与开发，29（2）：26-28.
汪泽成，赵文智，张林，等，2002. 四川盆地构造层序与天然气勘探［M］. 北京：地质出版社 .
王红梅，刘育燕，王志远，2001. 四川剑门关侏罗—白垩系红层分子化石的古环境和古气候意义［J］. 地球科学——中国地质大学学报，26（3）：229-234.
王康明，龙斌，李雁龙，等，2002. 四川木里海相侏罗纪地层的发现及地质意义［J］. 地质通报，21（7）：421-427.
王思恩，等，1985. 中国地层 11 中国的侏罗系［M］. 北京：地质出版社 .
王永标，徐海军，2001. 四川盆地侏罗纪至早白垩世沉积旋回与构造隆升的关系［J］. 地球科学——中国地质大学学报，26（3）：241-246.
魏景明，1982. 新疆晚二迭世—中、新生代软体双壳类动物群化石组合序列及其对地层时代划分、对比和古气候的意义［J］. 新疆石油地质，3（1）：1-58，60-93.
吴崇筠，等，1993. 中国含油气盆地沉积学［M］. 北京：石油工业出版社 .
徐炳高，黎从军，赵泽江，1998. 四川中江地区沙溪庙组沉积微相研究及有利含气相带预测［J］. 石油实验地质，20（4）：340-345.
薛良清，Galloway W E，1991. 扇三角洲、辫状河三角洲与三角洲体系的分类［J］. 地质学报，65（2）：141-153.
叶茂才，易智强，李剑波，2000. 川西坳陷蓬莱镇组沉积体系时空配置规律［J］. 成都理工学院学报，27（1）：54-59.
尹世明，1999. 川西坳陷蓬莱镇组构造—充填层序特征［J］. 矿物岩石，19（4）：40-46.
于兴河，2002. 碎屑岩系油气储层沉积学［M］. 北京：石油工业出版社 .
赵澄林，朱筱敏，2001. 沉积岩石学［M］. 3 版 . 北京：石油工业出版社 .
赵自强，丁启秀，1996. 中南区区域地层［M］. 武汉：中国地质大学出版社 .
郑荣才，1998. 四川盆地下侏罗统大安寨段高分辨率层序地层学［J］. 沉积学报，16（2）：42-49.
中国科学院南京地质古生物研究所，2000. 中国地层研究二十年 1979-1999［M］. 合肥：中国科学技术大学出版社 .

第三章　储层特征及分布

四川盆地侏罗系整体物性差，储层以粉细砂岩、介壳灰岩、泥质灰岩为主，川中地区侏罗系整体表现为干旱背景下的沉积产物。储集空间类型包括原生孔隙、混合孔隙、次生孔隙和黏土矿物晶间孔隙。构造裂缝较常见，裂缝内常充填亮晶方解石，构造缝难以作为有效油气运移通道。本章以储集岩岩性作为分析角度，分别从岩石学特征、储集空间特征、成岩作用特征等分别对碎屑岩和碳酸盐岩储层主控因素进行阐述和分析，并就四川盆地侏罗系致密油储层下限进行探讨。

第一节　碎屑岩储层

一、岩石学特征

四川盆地侏罗系碎屑岩主要发育在珍珠冲段、凉高山组及沙溪庙组，发育的主要岩石类型为岩屑砂岩、长石岩屑砂岩及少量的岩屑石英砂岩（图 3-1），还有少量的薄层泥岩及介屑砂岩。

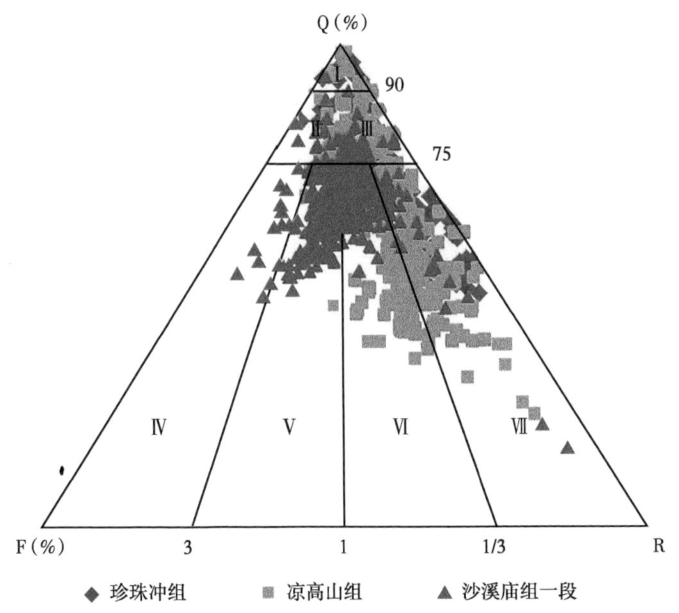

图 3-1　四川盆地侏罗系碎屑岩组分分类三角图

Ⅰ—石英砂岩；Ⅱ—长石石英砂岩；Ⅲ—岩屑石英砂岩；Ⅳ—长石砂岩；Ⅴ—岩屑长石砂岩；Ⅵ—长石岩屑砂岩；Ⅶ—岩屑砂岩

根据显微薄片分析，四川盆地侏罗系砂岩成分成熟度较低，结构成熟度中等，凉高山组与沙溪庙组的砂岩成分成熟度相当。碎屑颗粒中石英含量中等，一般在40%~70%之间；长石含量一般在7%~25%之间；岩屑含量普遍较高，一般在20%~40%之间。岩屑成分以火山岩屑和塑性岩屑（泥岩、千枚岩、片岩、云母等）为主，还有少量的其他变质岩岩屑，此外，还有少量重矿物，以锆石、电气石、绿泥石为主。碎屑颗粒分选中等，磨圆程度主要为次棱角—次圆状；颗粒间以线状接触为主，少量点—线装接触。胶结物以方解石、硅质为主，少量黏土质（图3-2a、b）。总之，区内凉上段砂岩为一套致密粉—细粒砂岩，

（a）公17井，2462.67m，凉上段，细粒岩屑砂岩，绿泥石黏土膜，长石被方解石不完全交代，粒内黄铁矿发育，薄膜—压嵌型

（b）西56井，1690m，凉上段，细—粉砂岩，方解石胶结物，塑性岩屑呈假杂基，ϕ=0.89%

（c）公27井，2463m，沙一段，细粒长石岩屑砂岩，绿泥石薄膜，方解石胶结物，粒内孔，ϕ=2.67%，面孔率为2%

（d）公36井，2197.53m，沙一段，中粒长石岩屑砂岩，沸石胶结，ϕ=3.9%，面孔率为2%

（e）西20井，1710.76m，凉上段，中粒岩屑砂岩，粒间高岭石充填，扫描电镜

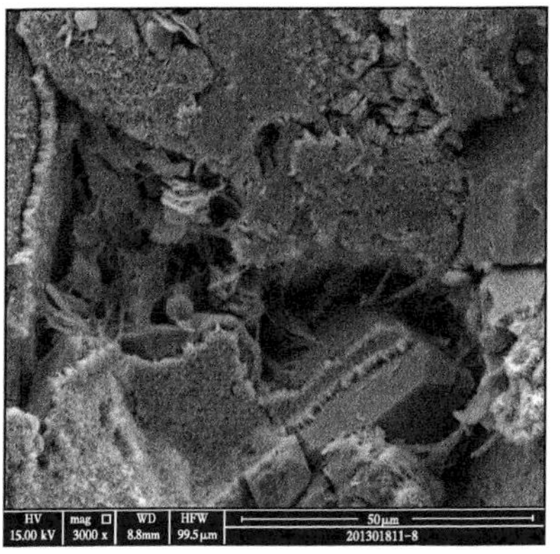

（f）公104井，2529.95m，沙一段，中粒长石岩屑砂岩，绿泥石黏土膜、粒间转化伊利石，扫描电镜

图3-2　凉高山组—沙溪庙组砂岩显微照片及扫描电镜照片

以钙质胶结为主，底部砂岩含介屑；沙一段总体上储集岩以中粒、细粒长石岩屑砂岩和岩屑长石砂岩为主，其次为中—细粒、粗粒长石岩屑砂岩（图 3-3），钙质胶结为主，少量沸石胶结。

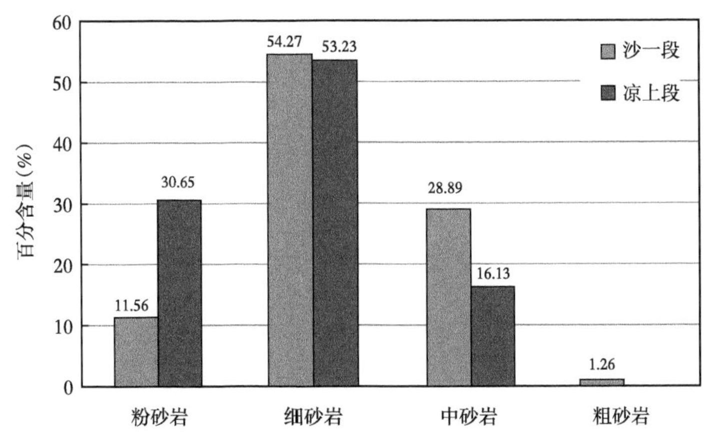

图 3-3　川中侏罗系凉上段、沙一段不同粒级砂岩分布直方图（据取心段薄片鉴定结果）

砂岩粒级是影响砂岩储集性质的重要因素之一。一般来说，粗粒级砂岩抗压性相对较强，物性相对较优，细粒级砂岩抗压性差，泥质含量较高而物性较差。根据本区凉上段、沙一段岩心薄片观察结果统计，凉上段储层以细砂岩及粉砂岩为主，少量中砂岩，其中细砂岩占统计样品的 53.23%，粉砂岩占统计样品的 30.65%，中砂岩占统计样品的 16.13%；沙一段则以细砂岩、中砂岩为主，少量粉砂岩及粗砂岩，细砂岩占统计样品的 54.27%，中砂岩占统计样品的 28.89%，粉砂岩占统计样品的 11.56%，粗砂岩占统计样品的 1.26%（图 3-3）。

总的来讲，凉上段碎屑岩中杂基主要为泥质，其含量为 1%~8%，平均为 3.5%，胶结物以铁方解石主，少量绿泥石黏土膜，胶结物含量为 0.5%~45%，平均为 8.5%；沙一段碎屑岩中杂基含量较低，主要为泥质，其含量为 0.5%~5%，平均为 2.2%，胶结物以铁方解石、浊沸石、绿泥石为主，少量石英次生加大，胶结物含量为 1%~12%，平均为 3.8%。凉上段储层段砂岩杂基和胶结物含量均高于沙一段，且细砂、粉砂的泥质含量一般较中砂和粗砂要高；填隙物的产状，凉上段铁方解石胶结物多以基底式胶结为主，少量孔隙式胶结状产出；而沙一段铁方解石、浊沸石则主要以充填孔隙式胶结状产出；凉上段和沙一段泥杂基主要为绿泥石，呈薄膜状（图 3-2a），泥杂基转化的高岭石、伊利石多以充填孔隙式胶结（图 3-2b），极大降低了砂岩的孔隙度和渗透率。

二、储层孔隙类型及储集类型

1. 碎屑岩储层的常规孔隙类型

根据前人的研究以及大量岩心观察、薄片鉴定及扫描电镜分析，认为四川盆地侏罗系碎屑岩储集空间主要以残余原生粒间孔和粒内溶孔为主，含少量的铸模孔、粒间溶孔、裂缝等。

1）残余原生粒间孔

残余原生粒间孔指经机械压实和多种胶结作用之后剩余的原生粒间孔隙。包括原生孔隙由于石英次生加大之后的残余粒间孔、黏土矿物胶结之后残余粒间孔和绿泥石生长后原生孔隙缩小而残余的粒间孔等；也可以以晶间孔的形式出现，如颗粒之间的孔隙内充填叶片状绿泥石，晶体间和表面发育微孔。残余原生粒间孔在区内公山庙地区较为发育，其他地区少见，例如公 36 井、公 27 井等（图 3-4a、b）。

（a）公36井，2196.03m，沙一段，中粒岩屑砂岩，点—线接触，剩余原生粒间孔，ϕ=3.97%

（b）公17井，2507m，凉上段，中粒岩屑石英砂岩，剩余原生粒间孔，40倍，ϕ=5.14%

（c）公36井，2196.03m，沙一段，中粒岩屑砂岩，粒内溶孔，剩余原生粒间孔，ϕ=3.97%

（d）公27井，2468.36m，沙一段，中—细粒岩屑砂岩，粒内溶孔，剩余原生粒间孔，100倍，ϕ=4.56%

（e）龙浅3井，3088m，沙一段，中粗粒岩屑长石砂岩，少量剩余原生粒间孔，粒间自生石英和绿泥石，扫描电镜

（f）公36井，2197.97m，沙一段，中粒岩屑砂岩，粒间有机酸溶扩孔，剩余原生粒间孔，ϕ=4.69%

图 3-4　凉高山组—沙溪庙组储层孔隙类型照片

(g)龙浅3井，3088m，沙一段，中粗粒岩屑长石砂岩，少量剩余原生粒间孔，偶见铸模孔，(-)×4

(h)公36井，2189.26m，沙一段，细—中砂岩，颗粒点—线接触，分选磨圆均较差，(-)×10

(i)公104井，2559.57m，凉上段，9-9-48，粉砂岩，沥青条带，层间缝

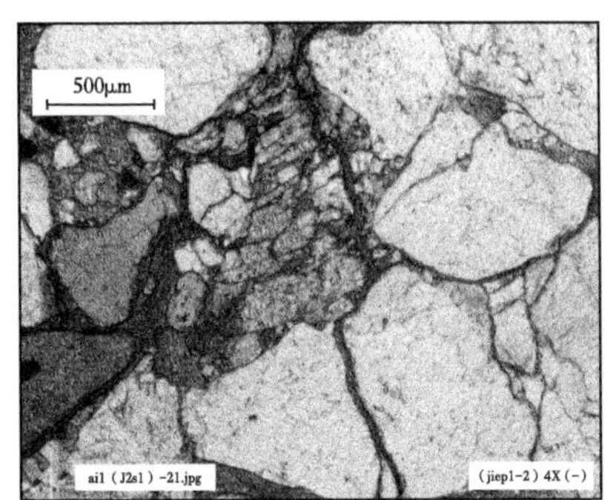

(j)界牌1井，3287.4m，沙一段，含砾粗砂岩，构造缝切穿颗粒，少量假缝干扰，裂缝—孔隙型

图 3-4 凉高山组—沙溪庙组储层孔隙类型照片(续图)

2)粒内溶孔

粒内溶孔是由不稳定的碎屑颗粒(如长石、岩屑等)内部成分被溶蚀所产生的次生孔隙。常见长石的粒内溶孔，通过扫描电镜分析可见长石沿解理溶蚀形成溶孔，粒内溶孔是研究区储层的主要孔隙类型之一，区内公山庙地区较为发育，其他地区发育较少，公 27 井、公 36 井、公 17 井等(图 3-4c 至 e)。

3)粒间溶孔

粒间溶孔为砂岩碎屑颗粒间填隙物或颗粒边界被溶蚀形成不规则状或港湾状的溶蚀扩大粒间孔或粒间溶孔。此类孔隙类型发育较少，以沸石溶孔、碎屑颗粒边界溶孔为主。此外，部分绿泥石、高岭石杂基选择性溶解，一般孔径较小，扫描电镜中呈微型网状和蜂窝状，此类孔隙在区内时有发现，对储层贡献极小(图 3-4f)。

4)铸模孔

长石颗粒或岩屑颗粒被完全溶蚀只剩下颗粒形态的孔隙称为铸模孔，此类孔隙在区内发育极少、偶见(图 3-4g、h)。

5)裂缝

仅发育在部分砂岩中，规模小，缝隙窄，主要有微裂缝、构造破裂缝、压溶缝、层间缝等(图 3-4i、j)。

2. 碎屑岩储层的纳米孔隙类型

随着实验技术发展，不少学者专家提出纳米孔这一概念，认为纳米孔也是四川盆地侏罗系碎屑岩主要孔隙类型之一。场发射电镜观察显示，凉高山组和沙一段砂岩储层中拥有发育的纳米级孔隙。主要包括粒内溶蚀纳米孔、黏土矿物晶间纳米级孔隙和粒间纳米级微裂缝。利用场发射电镜和纳米 CT 技术，对砂岩和石灰岩储层纳米级储集空间进行充分观察后，确定了其类型、相互关系以及分布特征。

1）粒内纳米溶孔

粒内溶孔主要由长石颗粒表面被溶蚀形成，石英颗粒表面也偶有溶蚀作用形成的溶孔，但程度较低（图 3-5a、b）。这些粒内溶孔普遍与微米级粒间孔或下文所述的晶间孔、纳米级微裂缝伴生出现。

2）纳米晶间孔

晶间孔是指颗粒间黏土矿物晶体之间的孔隙。这类孔隙虽然尺寸较小，但在凉高山组砂岩储层中非常发育，且连通性较好，可构成有利的储集空间。在场发射电镜下可观察到，大量此类孔隙与黏土矿物伴生，呈蜂窝状分布于碎屑颗粒之间（图 3-5c 至 f）。

3）纳米级裂缝

砂岩中纳米级裂缝发育程度也远比石灰岩低，主要分布在碎屑颗粒周围，偶与黏土矿物晶间孔伴生（图 3-5g、h）。

3. 储集类型

储集类型是根据储层的孔隙类型、形态及大小、发育程度及其组合关系对储层进行的分类。主要分为三类：基质微孔型、孔隙型、（孔隙）裂缝型。结合显微镜下铸体薄片观察结果，将孔隙直径小于 0.01mm 的孔隙定义为基质微孔，当储集空间类型以微孔为主，很少发育 0.01mm 以上的孔隙时，这种储集类型称为基质微孔型，主要发育在碎屑岩颗粒之间的孔隙内充填叶片状绿泥石，晶体间和表面；当孔隙直径大于 0.01mm，且主要发育此类孔隙，裂缝不发育的储集类型称为孔隙型，该类储集类型孔隙主要以残余原生粒间孔和粒内溶孔为主，少量的铸模孔、粒间溶孔；当孔隙类型以裂缝为主，基质微孔及孔隙不发育或者发育较少时称之为（微孔 / 孔隙）裂缝型储层（图 3-4i、j）。

微孔型岩石比较致密，多为黏土吸附微孔及矿物表面吸附微孔，受碎屑岩粒间黏土含量影响较大。凉高山组多为此类储集类型。

孔隙型为残余原生粒间孔、粒内溶孔为主、铸模孔和粒间溶孔等组合形式出现的储集空间，受粒级、岩屑类型及岩相控制，与构造关系不大，在沙一段水下分流河道砂体比较发育，凉高山组仅发育在滩坝砂体中且发育较差。

裂缝型，构造缝、层间缝与残余原生粒间孔、粒内溶孔为主、铸模孔和粒间溶孔等组合形式，受粒级、岩屑类型、沉积相及构造作用等共同控制，此类孔隙组合类型是凉上段主要的储集类型。

三、储层物性特征及孔隙结构

1. 储层物性特征

通过对四川盆地侏罗系碎屑岩储层物性统计，该地区侏罗系碎屑岩整体较致密，物性差。其中凉高山组的碎屑岩最为致密，沙溪庙组的相对物性较好。

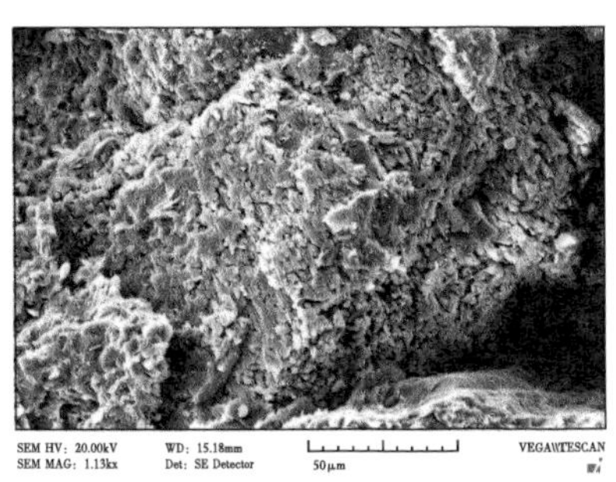

(a) 公21井，2231.4m，凉高山组，粉细砂岩，钠长石表面溶蚀形成大量纳米孔

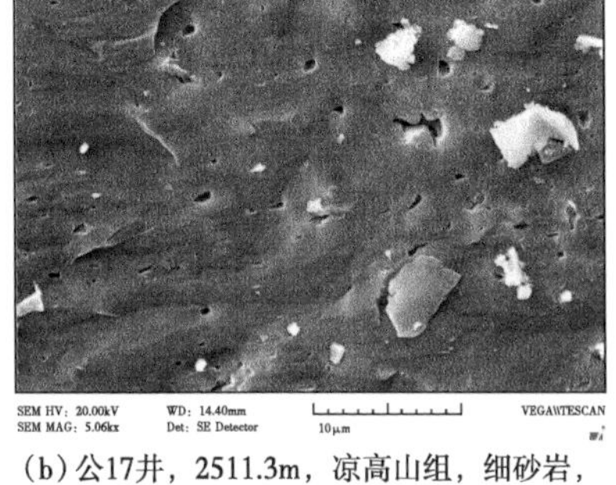

(b) 公17井，2511.3m，凉高山组，细砂岩，石英颗粒表面少量纳米级溶孔发育

(c) 公21井，2231.4m，凉高山组，粉细砂岩，粒间霉球状黄铁矿晶间孔

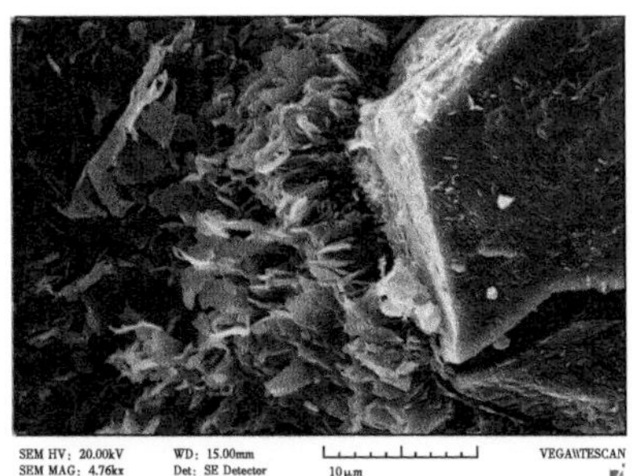

(d) 公27井，2466.4m，沙一段，细砂岩，粒间叶片状绿泥石和伊利石晶间孔

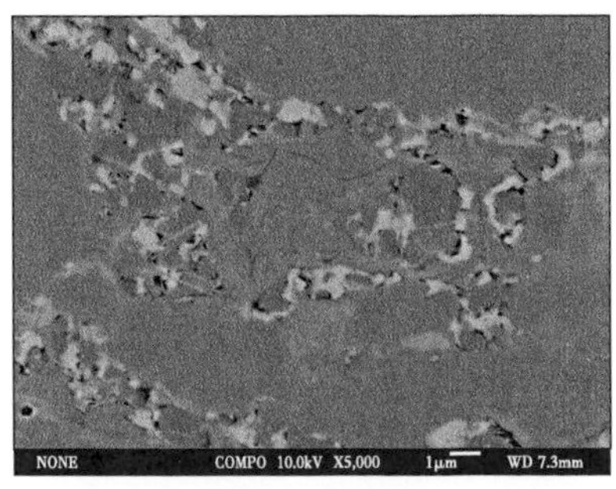

(e) 西56井，1722.7m，凉高山组，粉砂岩，粒间黏土矿物晶间孔

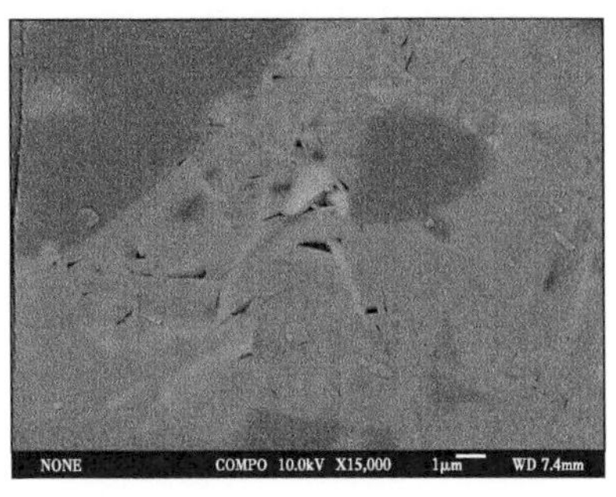

(f) 鲜9井，1843.6m，凉高山组，粉砂岩，粒间黏土矿物晶间孔

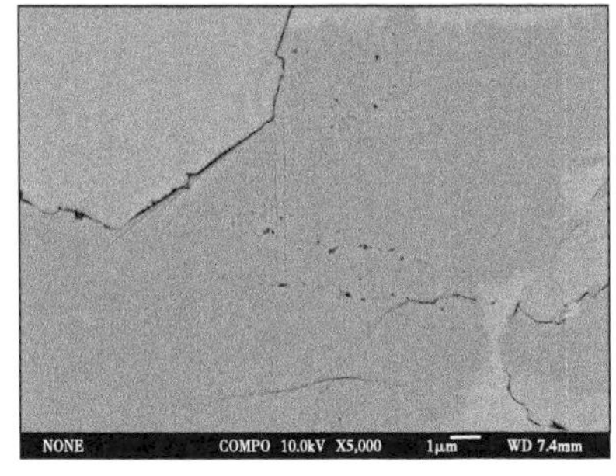

(g) 鲜9井，1843.6m，凉高山组，粉砂岩，颗粒周围纳米缝

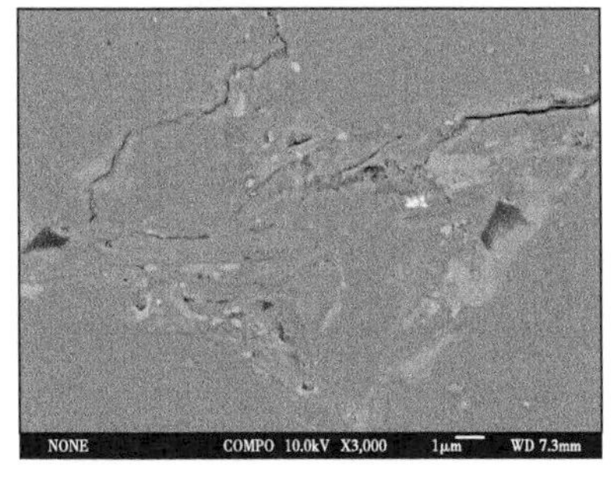

(h) 西56井，1722.7m，凉高山组，粉砂岩，粒边纳米缝与黏土矿物晶间孔伴生

图 3-5　凉高山组—沙溪庙组储层纳米孔隙典型照片

根据大成5井、公30井、西20井、西56井、鲜9井5口井400多个物性数据统计分析，研究区凉上段—沙一段储层总体属于特低孔隙度、特低渗透率储层（图3-6）。岩心分析的平均孔隙度为1.62%，平均渗透率为0.32mD。单井物性最好的是公17井和公30井，平均孔隙度分别为2.03%和3.03%，平均渗透率分别为1.46mD和0.16mD，其他井物性较差，孔隙度为1.5%左右，渗透率为0.1mD左右。

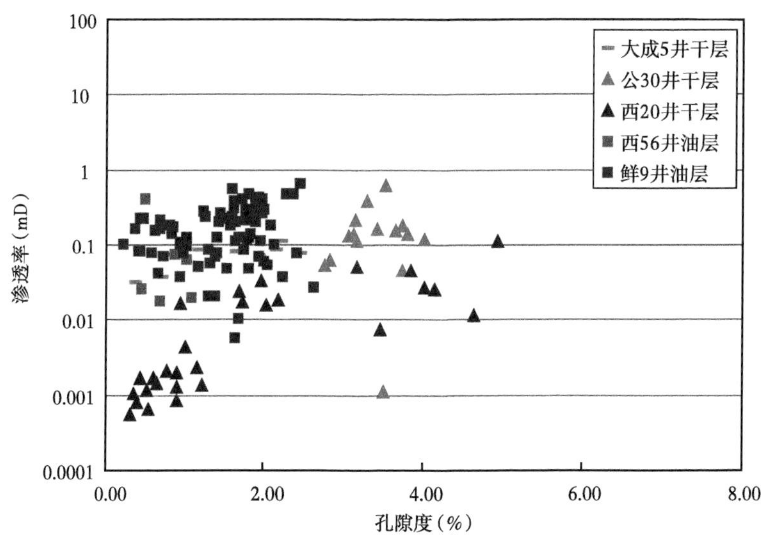

图3-6　川中凉上段砂岩含油性、物性散点图

凉上段储层物性的总体分布特征与总平均结果基本一致。孔隙度分布整体偏低，主要区间在1%~2%之间，占总样品数的52.4%，小于1%的样品占28%。渗透率分布整体偏向低值区域，主要分布区间在0.01~0.2mD之间，合计占65.5%，在0.2~0.5mD之间的样品占17.5%（图3-7、图3-8）。

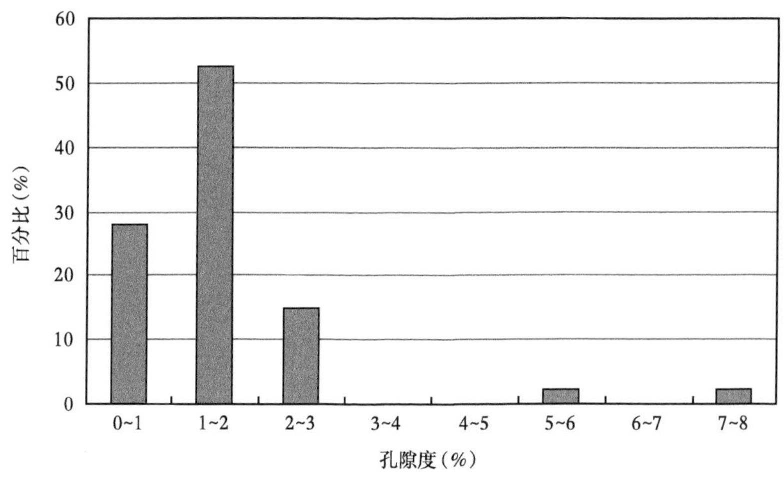

图3-7　川中凉上段砂岩孔隙度分布图

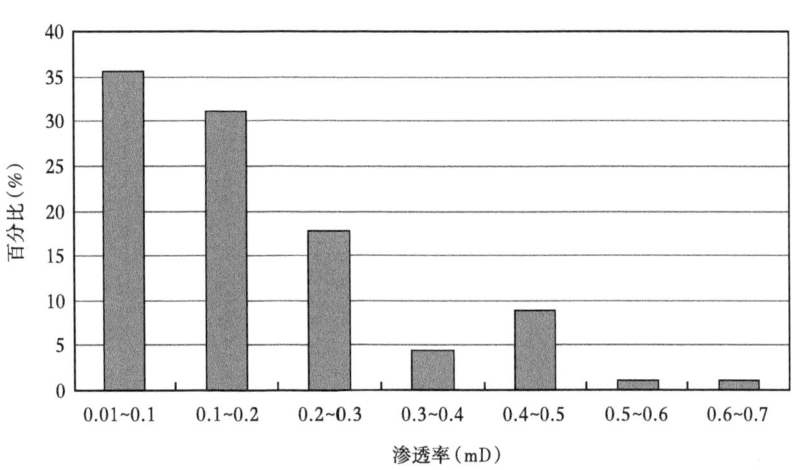

图 3-8 川中凉上段砂岩渗透率分布图

沙一段取心井集中在公山庙地区，据公山庙地区公 104 井、公 27 井、公 30 井、公 36 井、公 18 井等公山庙 11 口井，500 多个数据的分析统计，沙一段物性整体较凉上段好。平均孔隙度为 4.2%，平均渗透率为 0.49mD，同一地区单井物性区别不大。公山庙地区孔隙度与渗透率呈明显正相关关系（图 3-9）。从图上看沙一段储层物性与含油性关系不明显。

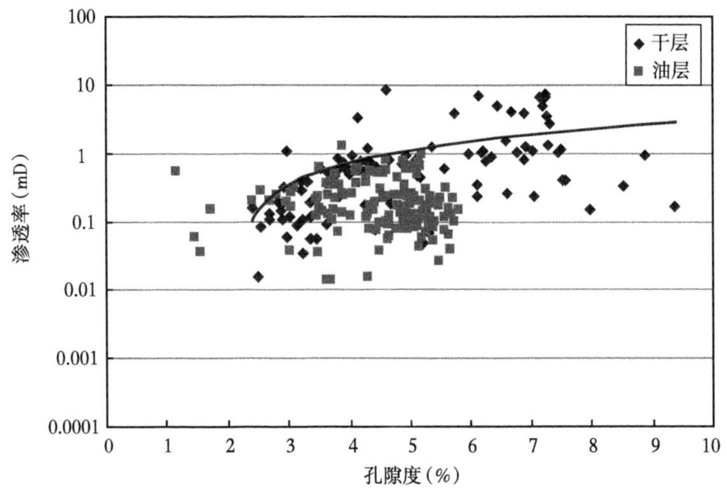

图 3-9 沙一段砂岩物性散点图

非常规油气有两个关键参数为：（1）孔隙度小于 10%；（2）孔喉直径小于 1μm 或渗透率小于 1mD（邹才能等，2012），通过研究，四川盆地侏罗系储层物性均满足非常规油气的标准。

2. 储层孔隙结构

1）孔喉大小与分布

凉上段储层最大孔喉半径介于 0.01~1.9μm，平均为 0.28μm；孔喉中值半径介于

0.005~0.5μm，平均为 0.07μm；排驱压力高，0.4~67.4MPa，平均为 11.3MPa；最大进汞饱和度偏低，8.4%~67.4%，平均仅 46.4%；退汞效率中等，7.1%~42.8%，平均为 20.2%，总体上凉上段储层孔喉较细，以细喉道为主，分选差，压汞曲线平台不明显，孔隙类型多为粒间微孔和少量粒内溶孔。

沙一段砂岩最大孔喉半径介于0.1~6.4μm，平均为1μm；孔喉中值半径介于0.005~0.6μm，平均为 0.15μm；排驱压力低，0.12~7.3MPa，平均为 3.17MPa；最大进汞饱和度较高，33.5%~97.1%，平均仅 78.66%；退汞效率中等，30.43%~78.88%，平均为 40.15%，总体上沙一段段储层孔喉较凉上段粗，以中喉道为主，分选中等，压汞曲线平台较明显，孔隙类型多为剩余原生粒间孔和粒内溶孔。

2）压汞曲线与孔喉分布类型

（1）凉上段储层压汞曲线与孔喉大小分布可分为三类（图 3-10，图 3-11），各类的典型孔喉分布具如下特征。

Ⅰ类：单峰正偏微负偏态中细孔喉型（图 3-12，图 3-13）：孔喉分布呈单峰且孔喉相对较细，优势孔喉半径一般大于 0.063μm，排驱压力一般小于 2MPa。此类型主要分布于滩坝相粒度较粗的砂岩中，储层表现为中低孔—中低渗的特征，渗透率一般大于 0.05mD。

Ⅱ类：单峰负偏态细孔喉型（图 3-10，图 3-11）：孔喉分布呈单峰且偏向微细孔喉的一边，优势孔喉半径一般在 0.063~0.016μm 间，排驱压力一般小于 15MPa。此类型主要分布在席状砂相对粒度较粗的砂岩段，渗透率一般大于 0.01mD，储层相对较差。

Ⅲ类：单峰负偏态微孔喉型（图 3-9，图 3-10）：孔喉分布呈单峰且偏向微孔喉一侧，优势孔喉半径一般小于 0.016μm，排驱压力一般大于 15MPa。此类型主要分布于相对致密席状砂中，具特低孔—特低渗特征，渗透率一般小于 0.01mD，基本上为非储层。

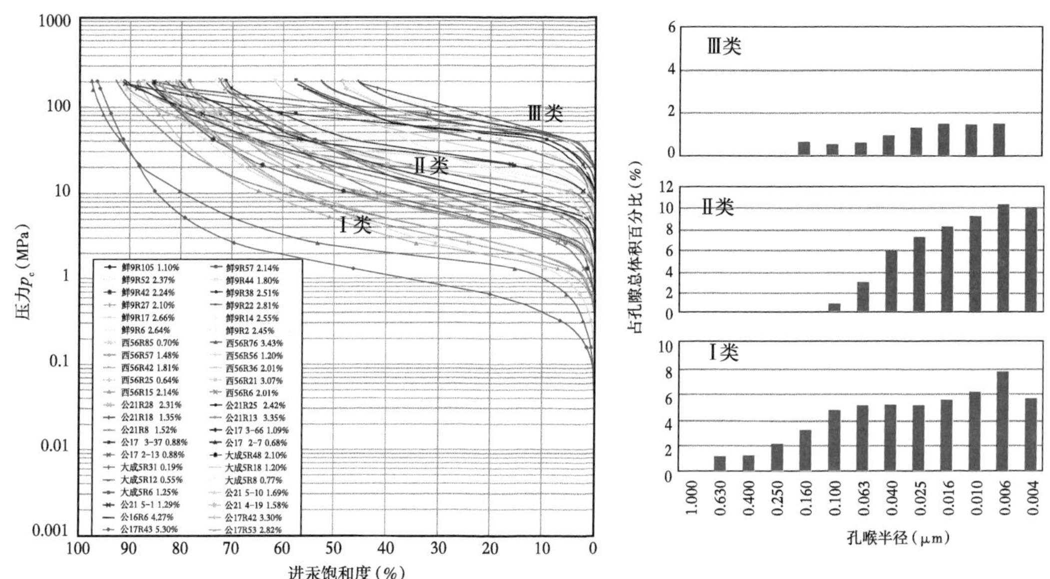

图 3-10　侏罗系凉上段压汞曲线特征与孔喉分布图

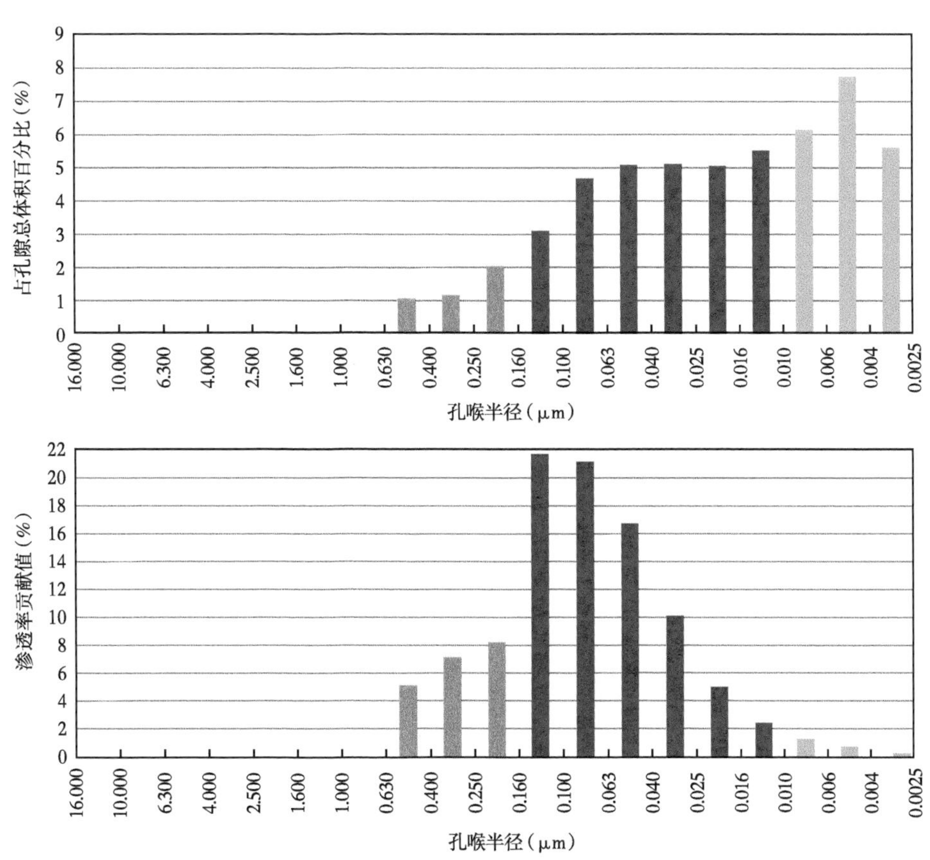

图 3-11 侏罗系凉上段综合孔喉分布图

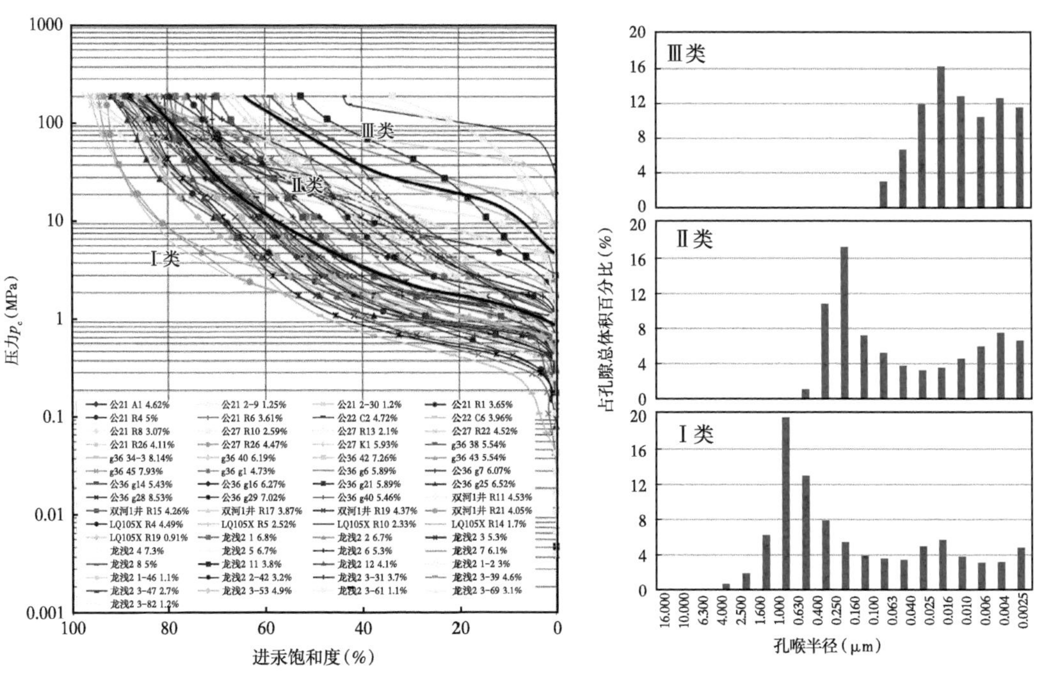

图 3-12 侏罗系沙一段压汞曲线特征与孔喉分布图

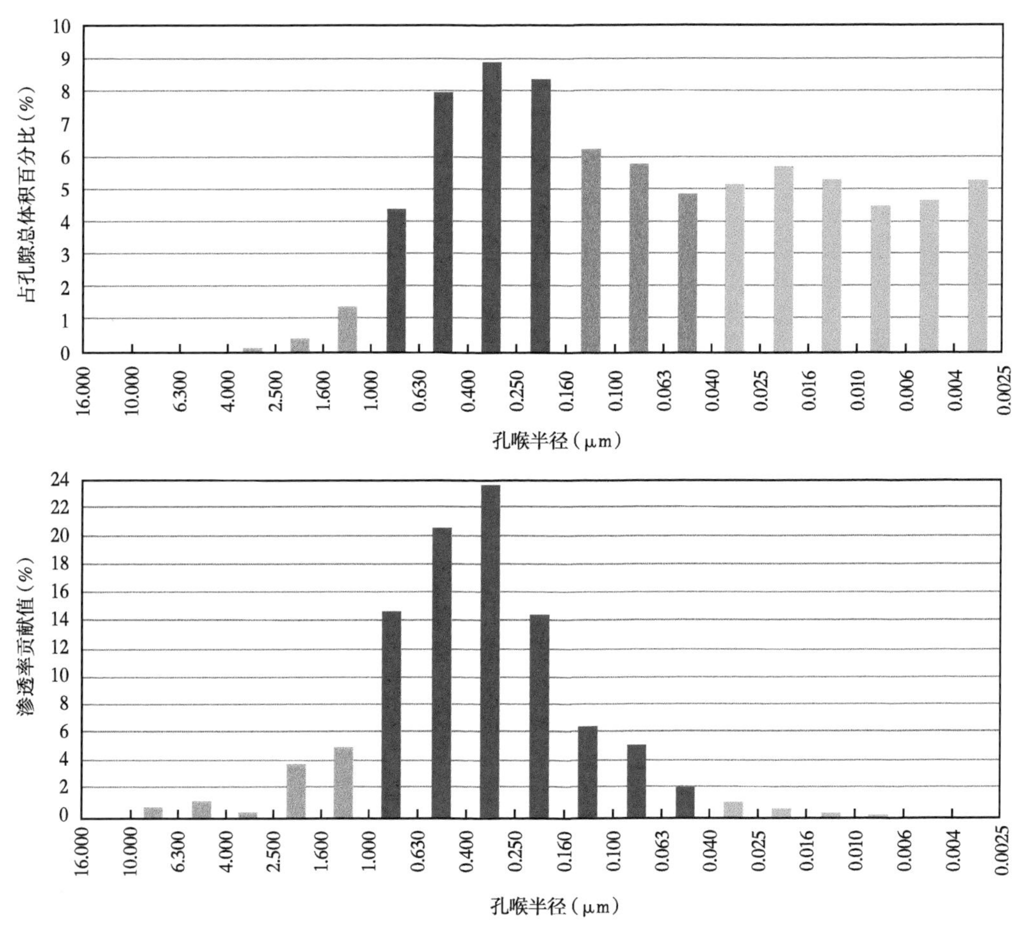

图 3-13　侏罗系沙一段综合孔喉分布图

(2)沙一段与凉上段有着不同的压汞、孔喉分布特征，对二者采用不同的分类标准。沙一段储层压汞曲线与孔喉大小分布也分为三类(图 3-11，图 3-12)，各类的典型孔喉分布具如下特征。Ⅰ类：单峰正偏态中孔喉型(图 3-12，图 3-13)：孔喉分布呈单峰且孔喉相对较粗，优势孔喉半径一般大于 0.4μm，排驱压力一般小于 1MPa。此类型主要分布于河道砂粒度较粗的砂岩中，储层表现为中孔—中渗的特征，渗透率一般大于 0.2mD。

Ⅱ类：弱双峰正偏态微负偏态中—细孔喉型(图 3-12，图 3-13)：孔喉分布呈弱双方峰且偏向中孔喉的一边，优势孔喉半径一般在 0.1~0.4μm 之间，排驱压力一般小于 5MPa。此类型主要分布在席状砂相对粒度较粗的砂岩段，具低孔—低渗特征，渗透率一般大于 0.01mD，储层相对较差。

Ⅲ类：单峰负偏态微孔喉型(图 3-12，图 3-13)：孔喉分布呈单峰且偏向微孔喉一侧，优势孔喉半径一般小于 0.1μm，排驱压力一般大于 5MPa。此类型主要分布于相对致密席状砂中，具特低孔—特低渗特征，渗透率一般小于 0.01mD，储层较差。

四、成岩作用及孔隙演化

1. 成岩作用类型

通过对凉高山组—沙溪庙组砂岩常规薄片、铸体薄片镜下观察以及扫描电镜、阴极发光、X 射线衍射等实验分析，认为凉高山组—沙溪庙组砂岩的主要成岩作用类型为压实作用、胶结作用、交代作用和溶蚀作用等。

1）压实作用

砂岩的成分成熟度低，同时胶结作用弱，砂岩的骨架颗粒基本承受了全部的上覆地层压力，加之塑性岩屑含量整体较高，降低了储层的抗压实能力，因此总体上压实作用较强，属中等到强。颗粒接角方式以点—线状接触为主，个别井呈线状、凹凸状接触，压实较强。

根据公 17 井、鲜 9 井和广 100 井沉积埋藏史（图 3-14a、b、c），四川盆地中—下侏罗统整体具有早期快速埋藏，且埋藏深度较大的特点，但是各层略有区别，其中凉高山组沉积早期埋藏速度比沙溪庙组慢一些，这也是沙溪庙组原生孔隙保存较好、压实作用相对较弱而凉高山组由于相对缓慢埋深压实作用较强的原因之一。

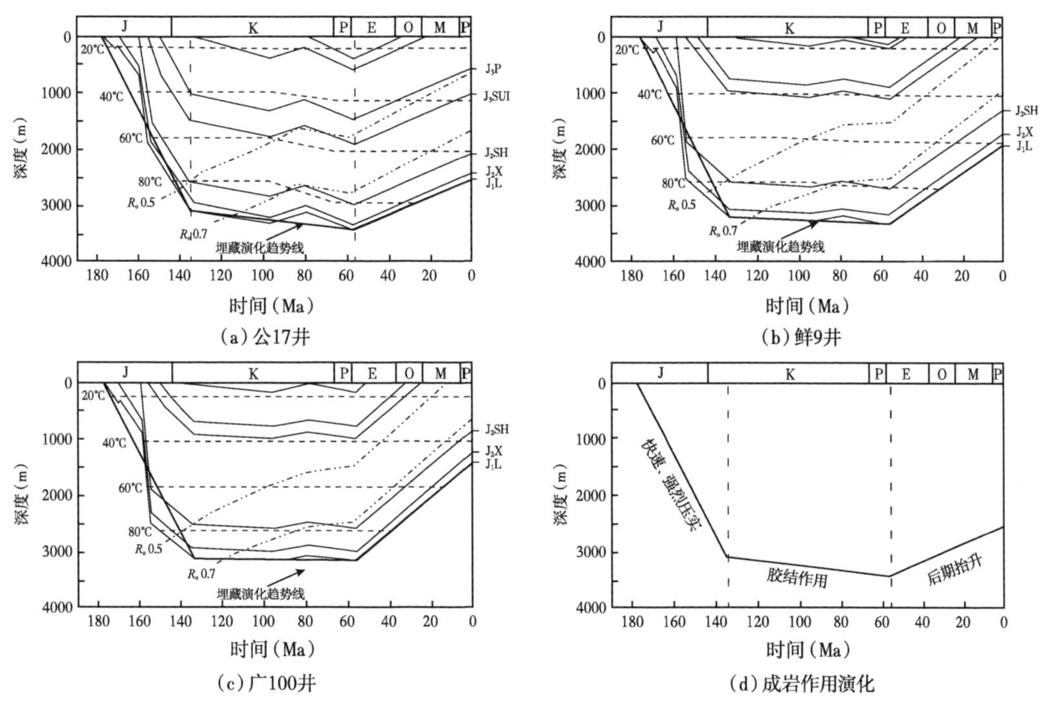

图 3-14　公 17 井、鲜 9 井、广 100 井沉积埋藏史与成岩作用演化图

此外，地温梯度反映的是一定深度区间内的温度的增加或减小的速率，较高的温度增加速率可能会进一步提高岩石或矿物内部的激活能，加速降低质点之间的内聚力，从而加快岩石的压实速度（寿建峰等，2005）。四川盆地属中热盆—热盆，热压实效应较强。四川盆地现今平均地温梯度在 2.0℃/hm 左右，川中地区现今低温大约为 2.5℃/hm，而古地

温梯度远大于现今地温梯度，大约在 3.0℃/100m 以上，属中热盆—热盆（表 3-1），较高的古地温梯度也是该地区砂岩压实作用强烈的另一个原因。

表 3-1 中国盆地地温场类型

盆地类型	地温梯度（℃/100m）	地热值（mW/m^2）
高热盆	＞6.0	85~100
热盆	3.0~6.0	62.7~85
中热盆	2.2~3.0	41.8~62.7
冷盆	＜2.2	＜41.8

2）溶蚀作用

据铸体薄片鉴定结果，整个侏罗系砂岩粒间胶结物的溶蚀作用非常弱，仅在扫描电镜下可见部分绿泥石、高岭石杂基选择性溶解，而主要的溶蚀作用颗粒如长石、火成岩屑等的溶蚀（图 3-4）。整体上凉高山组—沙溪庙组储层溶蚀作用微弱，沙溪庙组溶蚀作用略强于凉高山组，颗粒溶蚀可见，但颗粒溶蚀规模很小，形成的孔隙以微孔、细微孔为主，因此对砂岩的渗透率贡献较小。

3）胶结作用

本区块凉高山组—沙溪庙组储层的胶结作用主要为方解石胶结和绿泥石黏土膜充填，其次为少量的硅质、黄铁矿、自生高岭石、伊利石和浊沸石等。凉上段—沙溪庙组方解石胶结均发生于强烈压实作用之后，以孔隙式胶结残余原生孔隙。其中，凉上段砂岩孔隙中方解石胶结物含量较高，沙一段次之。绿泥石黏土膜在本区凉高山组、沙溪庙组均有发育并普遍存在，形成于成岩早期，对石英次生加大有一定的抑制作用，但同时也降低了储层的渗透率。硅质胶结主要为石英颗粒次生加大以及孔隙内自生石英的析出，各层段砂岩均可见少量的石英次生加大及孔隙内自生石英。石英加大边以及孔隙内自生石英一方面抑制了压实作用，但同时也减窄或堵塞了喉道，对储层的孔隙度、渗透性能起着一定的破坏作用。

4）交代作用

交代作用主要表现在方解石交代长石或岩屑颗粒，强度较弱，凉上段、沙一段均有不同程度的交代作用，交代方解石以铁方解石为主，此外还有极少量的沸石、硅质交代长石或岩屑。

2. 成岩序列与孔隙演化

据侏罗系砂岩的成岩作用特点，结合埋藏史、热演化史、镜质组反射率、砂岩和泥岩的黏土矿物组合特征和伊/蒙混层中的蒙皂石含量等资料（表 3-2），做出侏罗系砂岩的成岩作用序列（图 3-15）。认为研究区凉高山组—下沙溪庙组砂岩主要经历了早成岩 A 期、B 期和中成岩期 A 期三个成岩演化阶段（图 3-16，图 3-17）。

表 3-2 川中地区凉上段—沙一段泥质岩样品 R_o 分析成果表

井号	深度 / 块号	层位	岩性	均值	测点数	备注
西 56	1678	凉上段	泥岩	0.7546	5	—
公 17	2492.6	凉上段	泥岩	0.6983	12	—
公 17	2483	凉上段	泥岩	0.7924	8	—
鲜 9	1860	凉上段	泥岩	0.7510	7	—
龙浅 104x	3259.6	凉上段	泥岩	0.7198	3	测点少
龙浅 104x	3580.6	凉上段	泥岩	0.9035	2	测点少
龙浅 103	3242.2	凉上段	暗色泥岩	1.19	20	
龙浅 103	3261.4	凉上段	泥岩	0.8466	11	—
公 30	6（38/99）	凉上段	深灰色泥页岩	0.67	8	
公 30	6（91/99）	凉上段	深灰色泥岩	0.81	10	
公 31	2（7/124）	沙溪庙组底	含粉砂质泥岩	1.1	19	

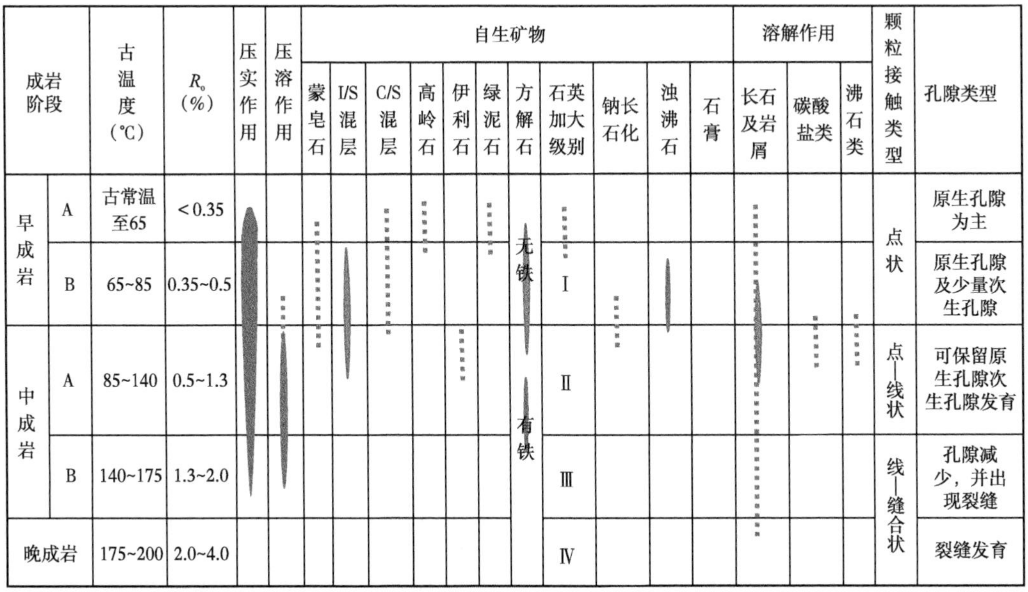

成岩阶段		古温度（℃）	R_o（%）	压实作用	压溶作用	自生矿物											溶解作用			颗粒接触类型	孔隙类型
						蒙皂石	I/S混层	C/S混层	高岭石	伊利石	绿泥石	方解石	石英加大级别	钠长石化	浊沸石	石膏	长石及岩屑	碳酸盐类	沸石类		
早成岩	A	古常温至65	<0.35									无铁								点状	原生孔隙为主
	B	65~85	0.35~0.5										I								原生孔隙及少量次生孔隙
中成岩	A	85~140	0.5~1.3										II							点—线状	可保留原生孔隙次生孔隙发育
	B	140~175	1.3~2.0									有铁	III							线—缝合状	孔隙减少，并出现裂缝
晚成岩		175~200	2.0~4.0										IV								裂缝发育

图 3-15 凉高山组—沙溪庙组成岩作用阶段划分和成岩演化序列

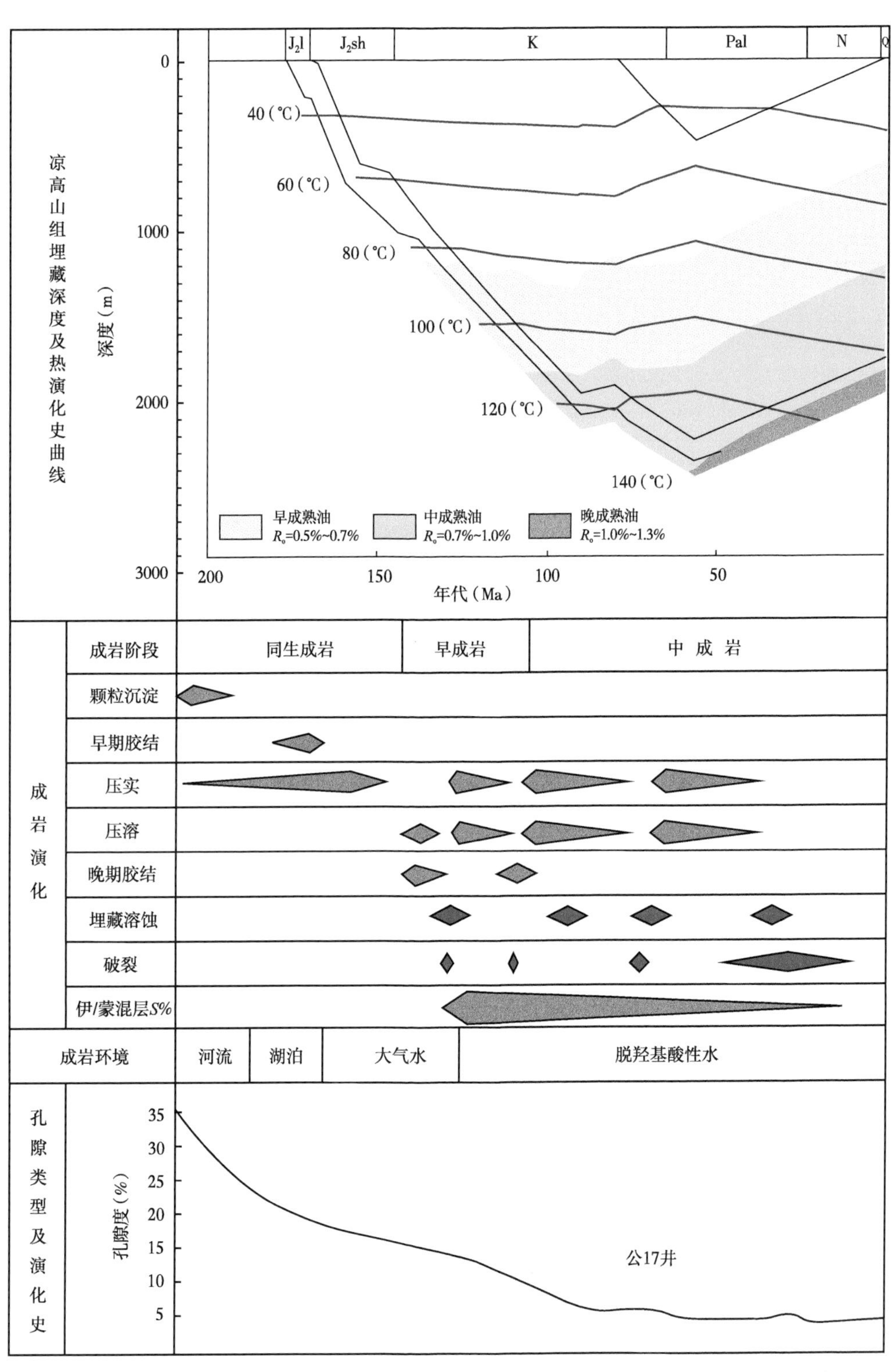

图 3-16 公 17 井凉高山组成岩及孔隙演化史图

沙一段埋藏深度及热演化史曲线

J2l　J2sh1　K　Pal　N　Q

深度（m）　0　1000　2000　3000

20（℃）　40（℃）　60（℃）　80（℃）　100（℃）　120（℃）　140（℃）

早成熟油 R_o=0.5%~0.7%　中成熟油 R_o=0.7%~1.0%　晚成熟油 R_o=1.0%~1.3%　主要天然气生成 R_o=1.3%~2.6%

200　150　100　50　0

年代（Ma）

成岩作用

成岩阶段：同生成岩　早成岩　中成岩

颗粒沉淀

早期胶结

压实

压溶

晚期胶结

埋藏溶蚀

破裂

伊/蒙混层S%

水介质性质：河流　湖泊　大气水　脱羟基酸性水

孔隙类型及演化史

孔隙度（%）　35　30　25　20　15　10　5

原生孔隙

公36井

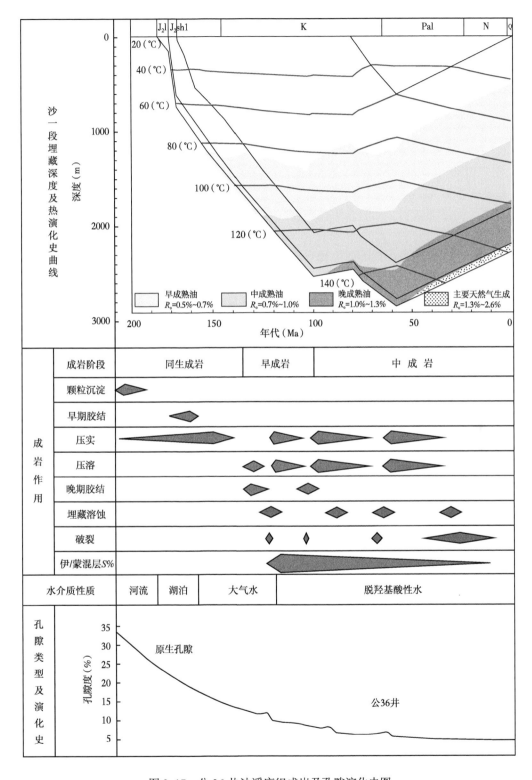

图 3-17　公 36 井沙溪庙组成岩及孔隙演化史图

1）早成岩 A 期

成岩温度范围大致在古常温至 65℃，R_o＜0.35%，蒙皂石含量一般大于 70%，早成岩 A 期古埋深在 1500m 左右。在埋藏成岩初期主要表现在凉高山组—下沙溪庙组砂岩颗粒边缘绿泥石黏土膜的形成。在该期成岩作用中，川中地区处于快速沉降、埋藏阶段，以机械压实作用最为强烈。随着压实排水的不断进行，原生孔隙逐渐减少，同时，石英颗粒开始形成次生加大边，但加大程度微弱；碱性长石颗粒多发生不同程度的蚀变（也可能是继承母岩原有特征），在凉上段砂岩中主要表现在不同程度的绢云母化。

2）早成岩 B 期

成岩温度区间为 65~85℃，R_o 大致位于 0.35%~0.5% 之间，蒙皂石含量一般大于 50%，早成岩 B 期古埋深在 2500m 左右。在该期成岩作用中，强烈的机械压实作用仍占主要地位，但逐渐减弱。随着孔隙流体被大量排出，压实作用主要表现在软岩屑及云母矿屑压实变形、错断并在孔隙间形成假杂基；颗粒间多以点—线接触为主。在压实作用过程中，石英出现次生加大，孔隙间可见自形—半自形自生石英析出；自生高岭石、伊利石黏土矿物开始形成并胶结、充填孔隙，在下沙溪庙组二段，浊沸石胶结物形成。方解石弱的胶结作用，少量泥晶、微晶团块状菱铁矿的析出。一般来说，早成岩期方解石呈斑块状胶结，砂岩颗粒呈悬浮状或点状接触，压实作用表现较弱；黏土矿物组合以蒙皂石和伊 / 蒙混层为主，蒙皂石含量一般大于 50%。

3）中成岩阶段 A 期

成岩温度区间为 85~140℃，R_o 范围在 0.5%~1.3% 之间，蒙皂石含量一般在 15%~50%，古埋深在 3500m 左右。在该期成岩作用中，机械压实作用较弱，含铁方解石、白云石、菱铁矿等碳酸盐矿物开始沉淀，方解石胶结、强烈交代长石、岩屑，以及在下沙溪庙组浊沸石胶结、交代现象；伴随烃源岩成熟，大量有机酸性流体开始沿断层及早期裂缝向上部砂岩地层运移，溶蚀作用也随之进行，形成少量的长石及岩屑溶孔。

五、碎屑岩储层主控因素及分布特征

岩心和薄片观察，储层宏观裂缝和微裂隙均不发育，表明侏罗纪后期的构造运动对本区砂岩影响较弱，断裂不发育，构造与断裂作用对砂岩的储集性质影响较弱。因此，区内凉高山组—沙溪庙组砂岩的孔隙演化主要受埋藏过程中沉积体内部发生的物理和化学成岩作用的控制，包括压实作用、压溶作用、胶结作用和溶蚀作用等。本区胶结作用和溶蚀作用总体较弱，压实作用较强，因此压实作用是减孔的主要作用，影响砂岩压实作用进程的是砂岩的成分成熟度、塑性岩屑含量和粒径，而沉积微相对储层储集性质的控制一定程度上反映在砂岩的粒径上。

1. 粒级对储层性质的影响

一般来说在相同的深度范围内，粗粒级碎屑岩组分中易磨蚀的各种陆源抗磨性弱的塑性岩屑含量明显偏低；同时，较粗粒级面孔率也较大；粗粒级砂岩的表面积较小，颗粒之间的支撑力较大，尤其当颗粒形成自生加大时，这使得其自身的抗压性也增强。因此，粒径相对粗的砂岩往往是相对优质储层，是一般规律。图 3-18 至图 3-21 为不同粒级与孔隙度和渗透率关系图，可以看出，总体上粒度越粗孔渗条件越好。凉上段和沙一段相比砂岩粒级更粗些（图 3-22）。

2. 塑性岩屑的发育加速了砂岩的压实

区内凉高山组—沙溪庙组储层普遍发育浅变质泥岩（千枚岩、板岩，少量片岩）、云母，含量在13%左右，局部发育泥屑等塑性岩屑，成为影响储层性质的重要因素之一，表现在塑性岩屑的较强可压缩性加速了砂岩的压实进程。此外，粒级越细的砂岩塑性岩屑的含量越高（图3-23）。

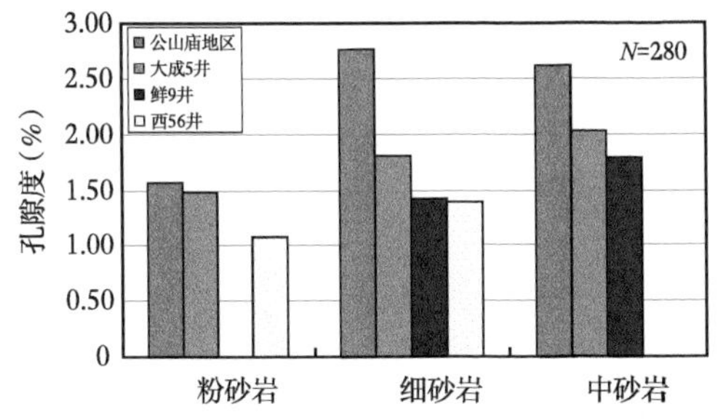

图3-18 凉上段砂岩粒度与孔隙度关系图

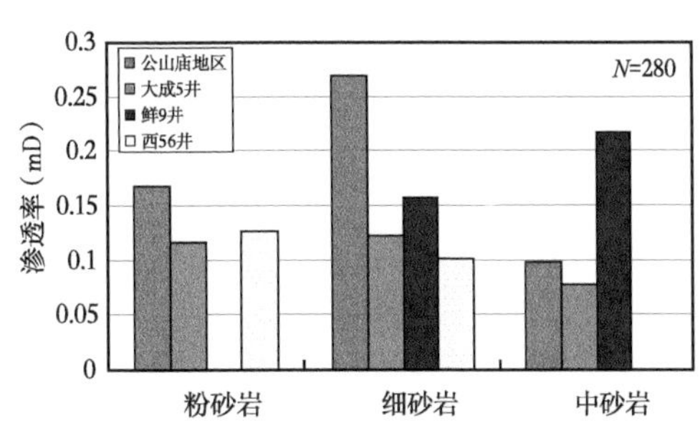

图3-19 凉上段砂岩粒度与渗透率关系

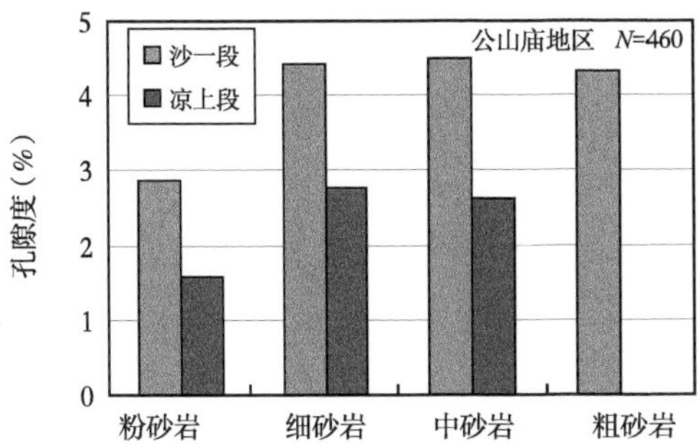

图3-20 公山庙地区凉上段—沙一段砂岩粒度与孔隙度关系图

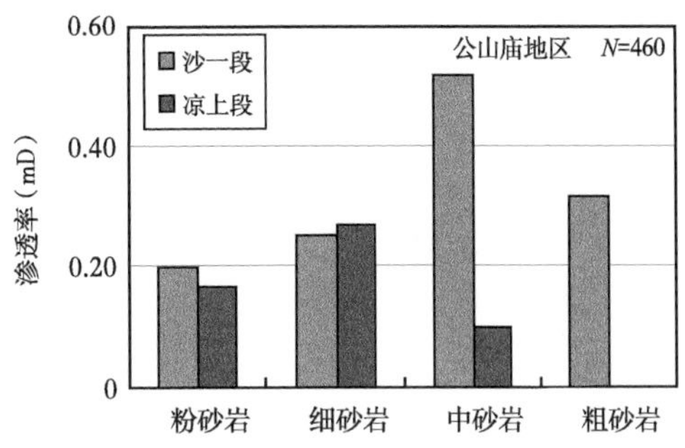

图3-21 公山庙地区凉上段—沙一段砂岩粒度与渗透率关系图

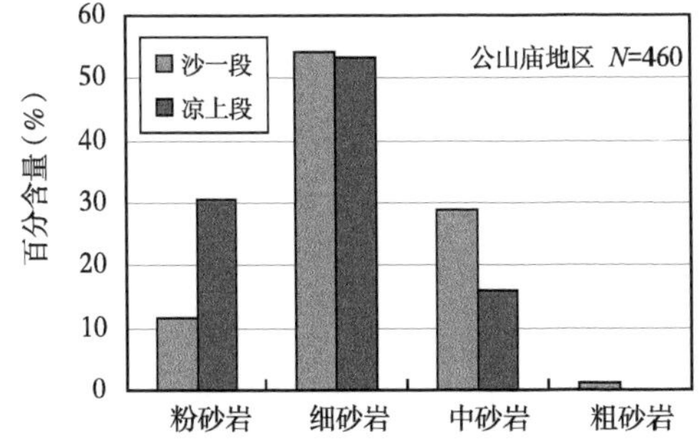

图3-22 凉上段—沙一段砂岩粒度百分比

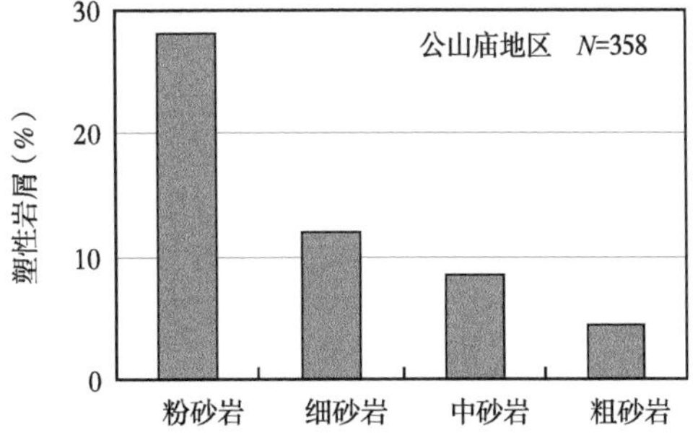

图3-23 沙一段塑性岩屑与岩性关系

3. 填隙物是影响储层渗透性的重要因素

区内凉高山组—沙溪庙组储层局部填隙物含量高，发育泥杂基和高岭石，二者含量在 2.5% 左右，呈分散状分布碎屑颗粒间，对储层起破坏作用，增加了微孔降低了渗透率。因此远比斑块状的胶结物和薄膜状的黏土膜对储层物性的影响严重。这种发育产状导致了砂岩的微孔增加，孔喉减小，渗透性明显变差，储层的中孔低渗和低孔特低渗特征很大程度上与此有关。

4. 压实作用是主要减孔因素

成岩压实减孔是储层原生孔隙损失的一个总的趋势，针对区内的凉高山组—沙溪庙组储层，成岩压实减孔是储层孔隙损失的主要因素，而胶结损失是次要的。

压实作用使原生孔隙被大幅度缩小，并使一些塑性较强的矿物发生变形呈假杂基充填于粒间孔中。

5. 胶结作用、溶蚀作用与构造作用对储层物性影响弱

研究区内胶结作用主要是方解石和沸石的胶结，其次是硅质，但平均含量一般在 5% 左右，局部可高达 20%，因此对储层物性有一定的影响。溶蚀作用主要是颗粒如长石、火成岩屑等的溶蚀（图 3-4），颗粒溶蚀常见，但颗粒溶蚀规模有限，形成的孔隙以微孔、细微孔为主，因此对砂岩的渗透率贡献中等。岩心和薄片观察，储层宏观裂缝和微裂隙均不发育，表明侏罗纪后期的构造运动对本区影响较弱，断裂不发育，构造与断裂作用对砂岩的储集性质影响较弱。

6. 沉积微相的影响

砂岩粒级和泥杂基含量对储层物性有明显的控制作用，因此沉积微相对储层性质的影响一定程度上反映在砂岩的粒级和泥质含量上。凉上段主要发育滨浅湖相滩坝、席状砂微相，粒级相对较细，储层较差；沙溪庙组主要发育滨浅湖背景下的浅水三角洲沉积体系，由于粒级相对较粗、泥质含量相对低而优于凉上段。

第二节 湖相碳酸盐岩储层

一、岩石学特征

四川盆地侏罗系碳酸盐岩储层主要发育于大安寨段和东岳庙段，岩石类型主要是为生物灰岩及生物碎屑泥岩，生物以淡水双壳类为主。根据介壳、泥质及介壳间灰质胶结物的含量对大安寨段岩性进行了分类，结合大安寨段岩石类型的实际情况做出了一个分类三角图（图 3-24）。岩石的大类是通过泥质（湖泥或陆源碎屑）含量多少来区分的，当泥质含量＞ 50% 时，岩石属于泥岩大类，当泥质含量＜ 50% 时，矿物成分以方解石为主时则为石灰岩，若以白云石为主则为云岩范畴，本区云岩少见，因此分类图没有单独列出，可结合实际单独对云岩进行命名。泥岩主要通过宏观岩心统计将泥岩分为若干亚类：泥岩、含介壳泥岩、含亮晶、泥晶方解石泥岩、夹介壳条带泥岩、亮晶、泥晶灰质泥岩等，泥岩样品很少采样制片，因此图 3-24 中没有将其投点。石灰岩根据其填隙物泥质及亮晶（泥晶）方解石所占比例的不同进行细分，当介壳（生屑）含量＞ 50% 时，根据泥质含量的多少分为：泥质介壳灰岩（泥质含量介于 25%~50% 之间）、含泥介壳灰岩（泥质含量介于 15%~25% 之间），对于含泥介壳灰岩还可根据其亮晶（泥晶）方解石填隙物的多少对其细分（图 3-22）。同样，当亮晶（泥晶）方解石含量＞ 50% 时，根据泥质含量的多少分为泥质亮晶（泥晶）灰岩（泥质含量介于 25%~50% 之间）、含泥亮晶（泥晶）灰岩（泥质含量介于 15%~25% 之间），此类岩性也可以往下细分（图 3-24）。

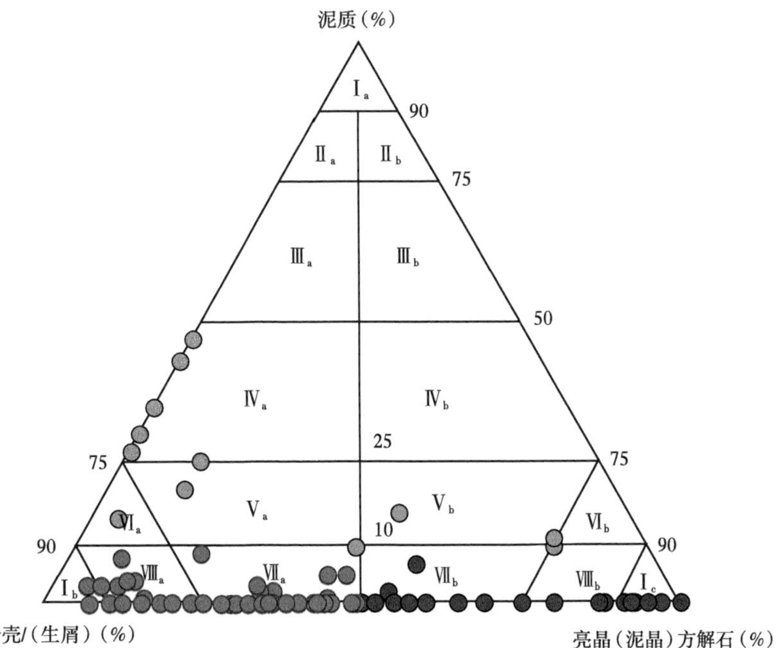

图 3-24　四川盆地侏罗系湖相碳酸盐岩岩石分类图（泥岩未采样）

I_a—泥岩；II_a—含介壳泥岩；II_b—含亮晶（泥晶）方解石泥岩；III_a—夹介壳层灰质泥岩；III_b—亮晶（泥晶）灰质泥岩；IV_a—泥质（亮晶 / 泥晶）介壳灰岩；IV_b—泥质（介壳）亮晶（泥晶）灰岩；V_a—含泥亮晶（泥晶）介壳灰岩；V_b—含泥介壳亮晶（泥晶）灰岩；VI_a—含泥介壳灰岩；VI_b—含泥亮晶（泥晶）灰岩；VII_a—亮晶（泥晶）介壳灰岩；VII_b—介壳亮晶（泥晶）灰岩；VIII_a—含亮晶（泥晶）介壳灰岩；VIII_b—含介壳亮晶（泥晶）灰岩；I_b—介壳灰岩；I_c—亮晶（泥晶）灰岩

* 当石灰岩重结晶较强时，命名在以上岩性前加“结晶”，如结晶介壳灰岩

东岳庙段与大安段组岩石具有类似的特征，本书以大安寨段为重点展开。从图 3-24 可以看到，并没有把泥岩的点投上去，只是将碳酸盐岩的岩性进行了分类投点，大安寨段碳酸盐岩以介壳灰岩为主，其次为亮晶（泥晶）灰岩，介壳灰岩根据其填隙物的不同又分为含泥介壳灰岩、泥质介壳灰岩、亮晶（泥晶）介壳灰岩等。

水动力的强弱对大安寨段储集岩岩石类型的影响非常显著，在高能水动力环境下的介壳含量明显增加，泥质含量减少，主要岩性按水动力强弱顺序为介壳灰岩、结晶介壳灰岩、亮晶介壳灰岩、介壳亮晶（泥晶）灰岩、含介壳亮晶（泥晶）灰岩、亮晶（泥晶）灰岩，其中泥晶灰岩一般反应的是高能环境中相对低能的区域。低能水动力环境的主要岩性为泥质介壳灰岩、泥质亮晶（泥晶）灰岩，后者少见；高能—低能过渡水动力环境下的岩性主要为含泥介壳灰岩、含泥亮晶（泥晶）灰岩，后者少见。

为了描述简单将介壳含量＞ 50%、泥质填隙物含量＜ 15% 的各种介壳灰岩统称为介壳灰岩，泥质含量介于 15%~25% 之间统称含泥介壳灰岩，泥质含量介于 25%~50% 之间的统称泥质介壳灰岩（表 3-3）。介壳灰岩主要发育分布在大一亚段和大三亚段，大一三亚段主要为泥岩与薄层介壳灰岩呈薄互层的条带状灰岩、泥质介壳灰岩。各类岩石特征分述如下：

表 3–3　四川盆地侏罗系大安寨段主要岩性特征表

岩石类型		主要特征描述	沉积环境	孔隙描述	厚度
介壳灰岩大类	结晶灰岩	灰白色，致密块状，介壳与胶结物均重结晶，晶体较大，镶嵌接触，介壳轮廓难辨	高能滩	基质孔不发育，基本无显孔，扫描电镜微孔难见，岩心可见规模有限的裂缝—溶孔、洞	中—厚层为主，少量薄层
	亮晶（泥晶）介壳灰岩	灰白色，介壳清晰，杂乱—定向排列，壳间填隙物以灰泥（亮晶）方解石为主，壳体方解石质	高能滩	显微镜下显孔少见，偶见晶间隙，构造微缝，扫描电镜下见介壳内方解石晶格微孔，岩心可见构造缝—溶孔、洞	中—厚层为主，少量薄层
	亮晶（泥晶）灰（云）岩	灰色，不含介壳或仅含少量介壳，介壳杂乱排列，主体为亮晶方解石或泥晶方解石，有时可见泥晶白云石	高能滩—低能滩	显微镜下显孔少见，偶见构造微缝及溶孔，如高浅 1H 井	少量薄层
含泥介壳灰岩		浅灰色，介壳定向排列，壳间填隙物以亮晶（泥晶）方解石为主，少量泥质（10%~25%），壳体方解石质	高能滩—低能滩	显微镜下壳体可见少量晶间孔隙及溶孔，壳间见层间孔	中—薄层为主，少量厚层
泥质介壳灰岩		深灰色，介壳破碎、定向排列，壳间填隙物以泥质为主含量 25%~50%，有机质含量高，介壳以文石质为主	低能滩—半深湖	显微镜下可见显孔，介壳溶孔、层间缝等，扫描电镜下溶蚀微孔普遍存在	中—薄层为主，厚层少见

1. 介壳灰岩

介壳灰岩包括结晶灰岩、亮晶介壳灰岩、泥晶介壳灰岩等，多发育在高能滩体，介壳破碎，中厚层为主，少量薄层状。岩心观察颜色以灰白色为主，致密块状，显微镜下观察，主要由 50% 以上的生物碎屑支撑的生物碳酸盐岩组成，生物碎屑主要以瓣鳃类为主，还包括少量的腹足类、介形虫等。结晶灰岩，当介壳和亮晶胶结物均发生强烈重结晶时，方解石晶体较大，镶嵌接触，介壳的轮廓难辨，此类岩石为结晶灰岩（图 3–25a）；亮晶介壳灰岩，介壳形态清晰，杂乱或定向排列，壳间填隙物以亮晶方解石为主，壳体多为重结晶方解石，少量文石质（图 3–25b）；泥晶介壳灰岩，介壳形态清晰，杂乱或定向排列，壳间填隙物以泥晶方解石为主，壳体多为重结晶方解石，少量文石质（图 3–25c）。

2. 含泥介壳灰岩

含泥介壳灰岩多发育在高能滩—低能滩过渡环境，中—薄层为主，厚层少见，介壳之间的填隙物除了方解石外，还有少量的泥质（10%~25%），可细分为含泥亮晶介壳灰岩、含泥泥晶介壳灰岩。岩心观察为灰色—深灰色，介壳定向排列；显微镜下观察，壳间填隙物以亮晶（泥晶）方解石为主，少量泥质，壳体方解石质为主，偶见文石质（图 3–25d）。

3. 泥质介壳灰岩

泥质介壳灰岩多发育在低能滩—深水环境，中—薄层为主，少量厚层。岩心观察为深灰色—灰黑色，介壳破碎、定向排列；显微镜下观察，壳间填隙物以泥质为主，含量为 25%~45%，有机质含量高，生物碎屑主要由瓣鳃类为主，还包括少量的介形虫等，介壳以文石质为主，也有方解石质（图 3–25e、f）。

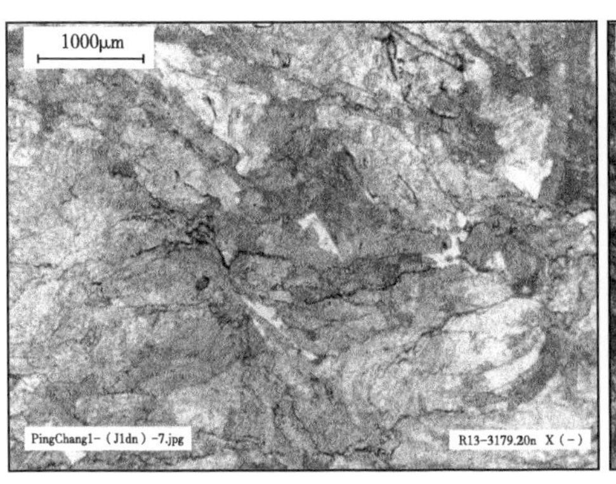

(a)平昌1井，3179.2m，大一亚段，结晶灰岩，重结晶介壳与基质难分辨，晶粒化，ϕ=0.64%

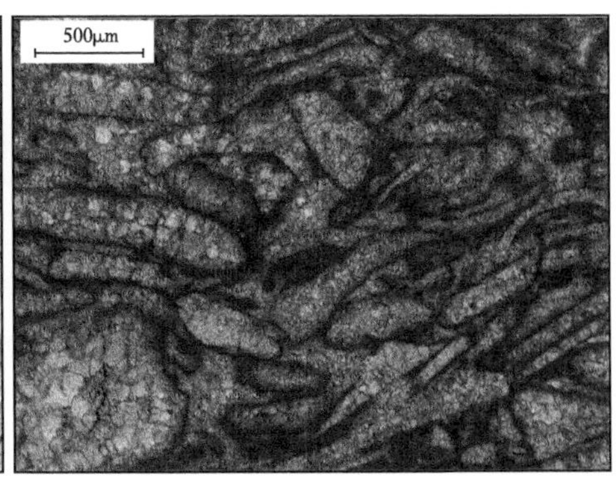

(b)文9井，2360.8m，大一亚段，亮晶介壳灰岩，泥晶套，亮晶方解石胶结，介壳重结晶，晶粒状，ϕ=0.58%

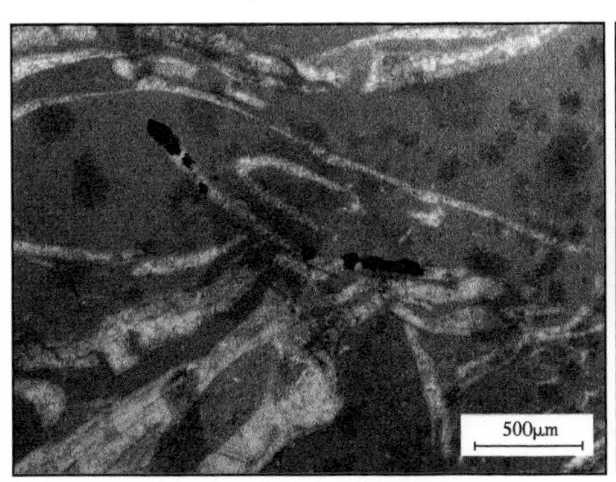

(c)小3井，1772.10m，大一亚段，泥晶介壳灰岩，介壳内见黄铁矿

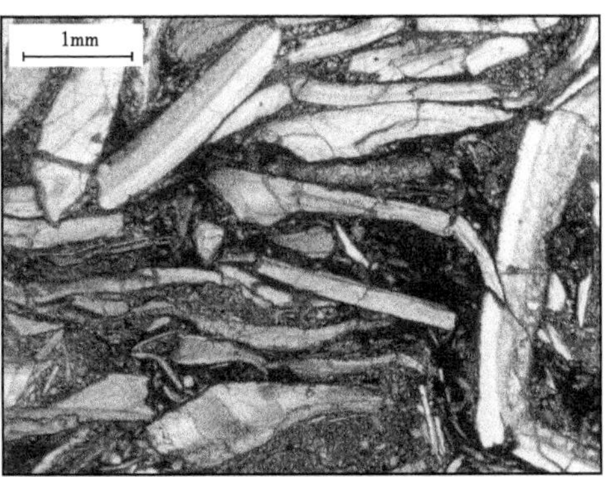

(d)西28井，1964.9m，大一亚段，含泥介壳灰岩，文石介壳破碎，少量介形虫

(e)公3井，2338.2m，大一亚段，泥质介壳灰岩，纤状文石质介壳，ϕ=1.7%

(f)蓬莱10井，2009.26m，大一三亚段，泥质介壳灰岩，纤状文石质介壳，粒内孔，ϕ=3.32%

图 3-25　川中大安寨段各类岩石显微照片

二、储层孔隙类型及储集类型

1. 储层的孔隙类型

通过大量的岩心、薄片观察，扫描电镜、CT 等实验分析，结合前人大量的文献资料，

四川盆地侏罗系储层孔隙类型分为三大类：孔洞型、孔隙型（即基质孔，含微米孔、纳米孔）、裂缝型（表3-4）。

表3-4　大安寨段储层储集空间类型表

储集空间类型		特征	发育岩性	发育程度	层段
孔洞型	溶洞	＞2mm，与半充填构造缝伴生的溶蚀孔、洞及溶扩孔洞	介壳灰岩	少	均有
			含泥介壳灰岩		
	溶孔	＜2mm，埋藏溶蚀或构造有关，沿层理发育溶孔	泥质介壳灰岩	少	大一三亚段
孔隙型（基质孔）	粒内孔	以介壳内溶孔为主，镜下可见	泥质介壳岩	中	大一三亚段
	粒内微孔	介壳内微孔，显微镜下难见，扫描电镜可见微米级、纳米级孔隙	泥质介壳灰岩	多	大一亚段
					大一三亚段
	介壳间隙	介壳与介壳间泥岩基质收缩孔	含泥介壳灰岩	中	大一三亚段
			泥质介壳灰岩		
	介壳边隙	泥岩基质与介壳间的微隙，连续性较差	含泥介壳灰岩	少	大一三亚段
			泥质介壳灰岩		
	晶间隙	方解石晶体间隙，常见沥青充填	亮晶介壳灰岩	少	大一三亚段
			含泥介壳灰岩		
裂缝型	构造缝	高斜缝、大缝少，低斜缝、微裂缝较多	结晶灰岩	中	均有
			介壳灰岩为主		
	层间缝	平行层理面发育	泥质介壳岩	中	大一三亚段
			含泥介壳灰岩		大三亚段

1）孔洞型

孔洞型孔隙包括溶孔、溶洞两种。溶孔指直径＜2mm，与埋藏溶蚀或构造有关，在岩心观察中肉眼可见的孔隙，一般沿层理发育溶孔，发育岩性介壳灰岩和泥质介壳灰岩均有，后者更发育些；溶洞指直径＞2mm，与半充填构造缝伴生的溶蚀孔、洞及埋藏溶蚀相关的溶扩孔洞等，岩心观察中肉眼可见，常与构造缝相伴生，发育岩性以介壳灰岩为主，泥质介壳灰岩较少（图3-25a至d）。

2）孔隙型（基质孔）

孔隙型也称基质孔，一般在岩心观察中肉眼难看到，仅在显微镜或扫描镜下可以观察到的微米级和纳米级孔隙类型，微米级孔隙一般直径在2~20μm之间，此类孔隙主要发育在泥质（含泥）介壳灰岩中，介壳灰岩也有少量发育，纳米级孔隙则发育在介壳灰岩及泥质（含泥）介壳灰岩的介壳内部。

（1）微米级孔隙。

微米级孔隙一般借助显微镜和扫描电镜便可观察到，具体种类包括：粒内孔、粒内微孔（包括微米级和纳米级孔隙）、介壳间隙、介壳边隙、晶间隙等（图3-26e、1）。

粒内孔，一般指介壳内的溶孔，直径＞10μm，在显微镜下清楚可见，主要发育在含泥、泥质介壳灰岩中的文石质介壳或重结晶不完全的介壳内，亮晶介壳灰岩中少见（图 3-26e）。粒内微孔，指介壳内的微孔，微米级孔隙直径一般为 0.5~10μm。

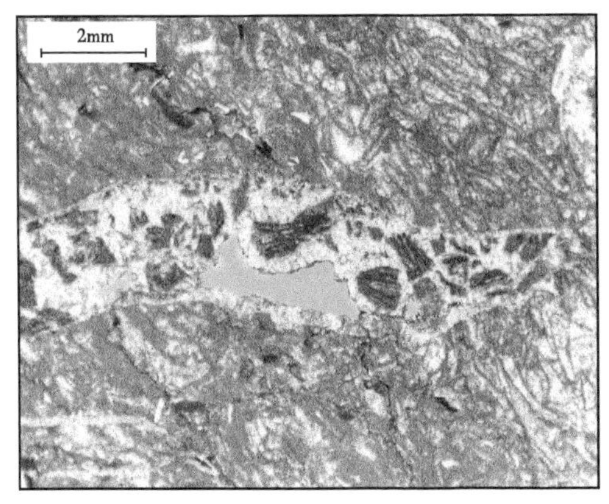

（a）文9井，2060.8m，大一亚段，亮晶介壳灰岩，沿构造缝溶孔发育，（-）× 1.25

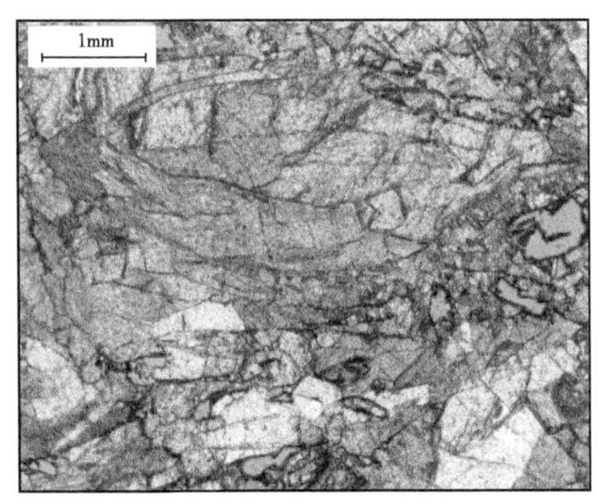

（b）磨030-H31井，1425.9m，大一三亚段，结晶灰岩，粒间溶孔，ϕ=5.43%，K=0.604mD（-）

（c）合川125-17-H1井，1477.7~1477.94m，大一三亚段，含泥介壳灰岩，沿缝11个溶蚀孔洞，0.2~1cm

（d）磨030-H31井，1425.8~1426.04m，大一三亚段，结晶灰岩，溶蚀孔洞（>2mm）大小不等不均匀，晶体颗粒较粗

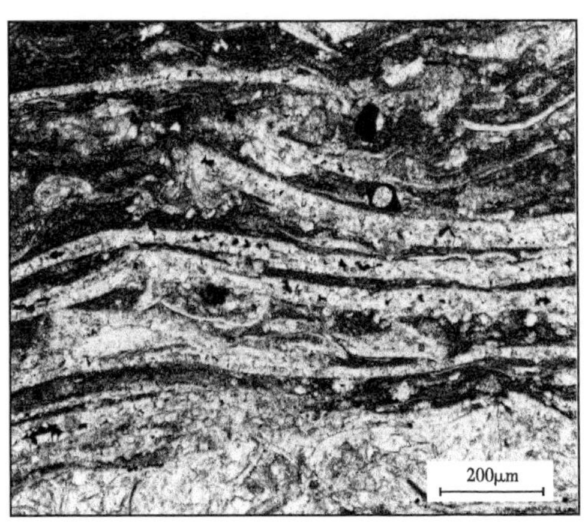

（e）李001-x2井，1753.21m，大一三亚段，泥质介壳灰岩，粒内孔中见碳质沥青充填

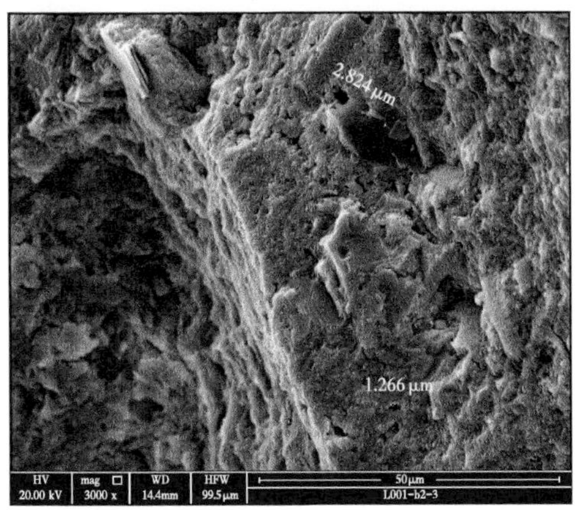

（f）李001-x2井，1753.21m，大一三亚段，泥质介壳灰岩，粒微孔及纳米孔，扫描电镜

图 3-26　四川盆地侏罗系碳酸盐岩储层孔隙类型照片

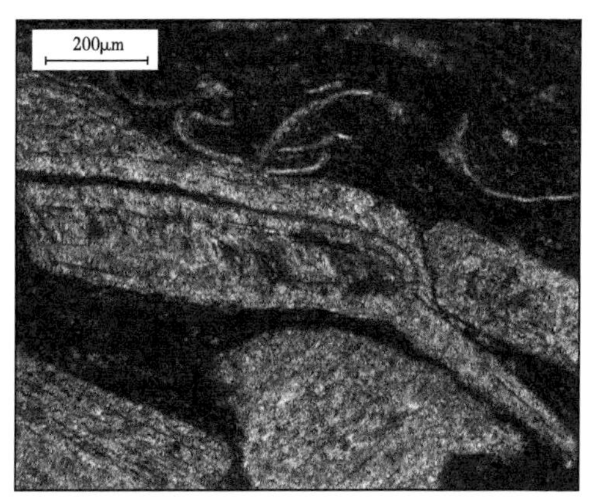

(g) 蓬莱10井，2009.26m，大一二亚段，泥质介壳岩，粒内孔，ϕ=3.32%

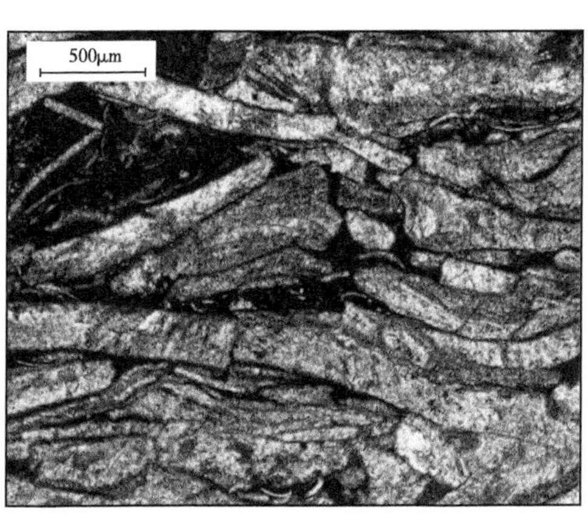

(h) 蓬莱10井，2009.26m，大一二亚段，泥质介壳岩，介壳间泥质收缩孔，介壳间隙，ϕ=3.32%

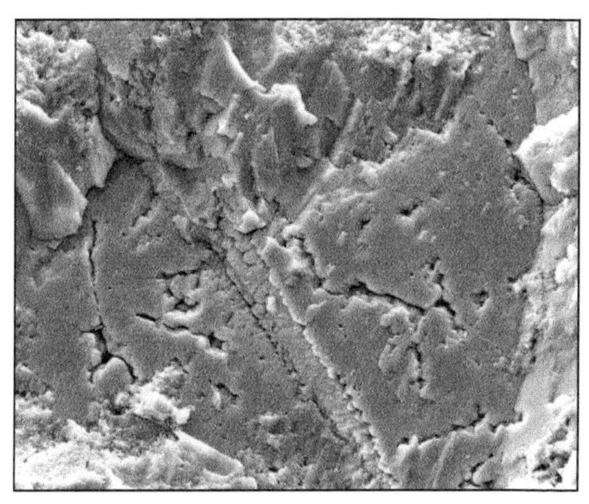

(i) 龙岗001-8井，3172.5m，大安寨段，亮晶介壳灰岩，壳内微孔，扫描电镜

(j) 李001-x2井，1757.43m，大一三亚段，亮晶介壳灰岩，方解石晶间隙碳质沥青

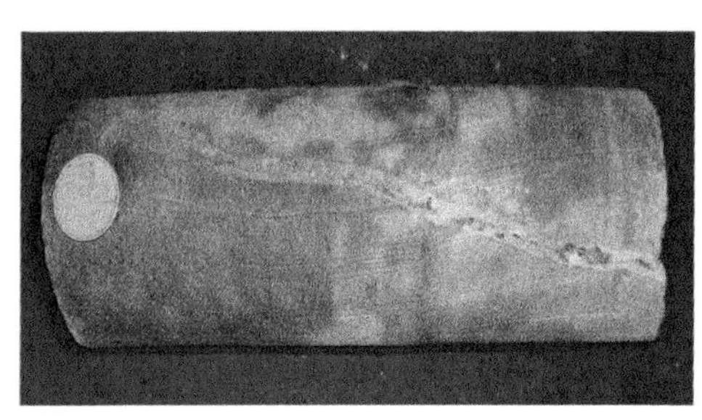

(k) 仪2井，3194.5m，大一亚段，细粉晶介壳灰岩，高角度裂缝充填方解石

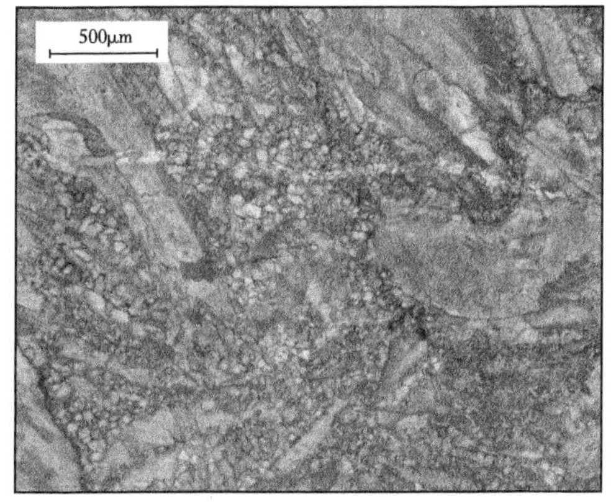

(l) 金64井，2671.54m，大一三亚段，亮晶介壳灰岩，构造微缝发育，沿缝见溶孔，4倍(-)

图 3-26　四川盆地侏罗系碳酸盐岩储层孔隙类型照片（续图）

介壳间隙、介壳边隙，主要发育在泥质介壳灰岩中，由于介壳及其胶结物泥岩是两种不同的物质，在介壳与介壳间常会形成泥质的收缩孔，称为介壳间隙，介壳与泥岩接触处

常出现微小的裂隙，称为介壳边隙（图 3-26h，图 3-27a、b）。而此类储集空间类型是否存在及其意义存在争议，介壳间的泥质收缩微孔及介壳间隙的成因尚不明确，由于泥质介壳灰岩自身的特征，由泥质和介壳两种完全不同的成分组成，在取样时受到外力的影响很容易在两种物质接触的地方产生微缝，从而形成介壳间隙的假象。另外由于磨片制样之前要对样品进行烘干，而烘干过程中烤箱的温度可以达到 200℃，介壳间的泥质也可以在这个过程中产生收缩孔，因此建议这一类型的孔隙不占主要的孔隙类型，存有争议。对此类型的孔隙，陶士振等也做了相应的研究工作，他们选取 2012 年 1 月 30 日完钻的龙浅 2 井中，富泥级填隙物的大安寨段泥晶介壳灰岩制备薄片。制备两组铸体薄片，一组为常压铸体薄片（约 0.6MPa 注胶），一组为近年新出现的高压铸体薄片（约 0.9MPa 注胶）。图 3-27b 为高压铸体薄片，泥晶基质与介壳接触面注入胶体，图 3-27c、d 为常压铸体薄片，泥晶基质与介壳之间致密接触，无裂缝存在。由此表明，介壳与泥晶基质之间确为应力薄弱带，但在风化前存在有效裂缝空间的可能性较小。

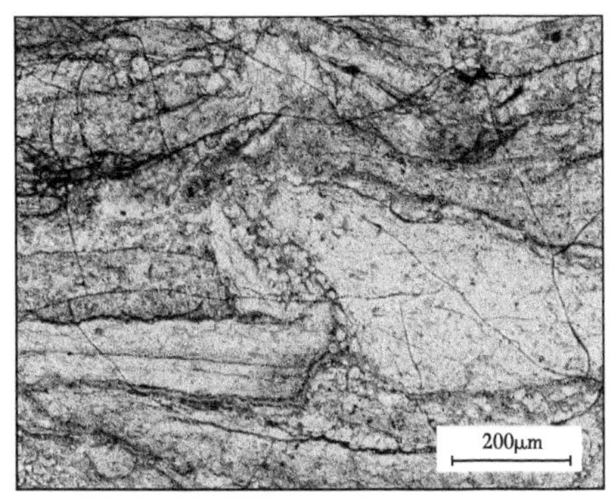

（a）文5井，2066.3m，大安寨段，泥质介壳灰岩，“介壳间隙”

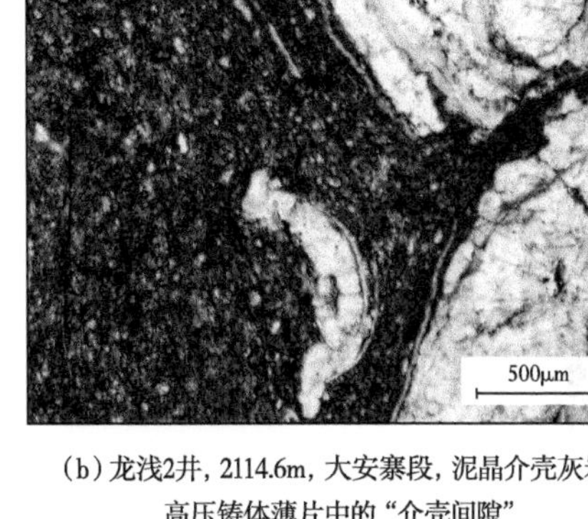

（b）龙浅2井，2114.6m，大安寨段，泥晶介壳灰岩，高压铸体薄片中的“介壳间隙”

（c）龙浅2井，2114.6m，大安寨段，泥晶介壳灰岩，常压铸体薄片中无“介壳间隙”

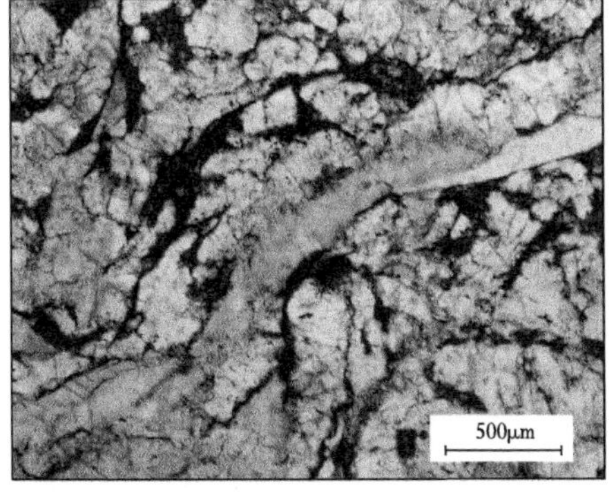

（d）龙浅2井，2114.6m，大安寨段，泥晶介壳灰岩，常压铸体薄片中无“介壳间隙”

图 3-27　四川盆地侏罗系碳酸盐岩储层介壳间隙特征照片

晶间隙，在亮晶介壳灰岩和含泥介壳灰岩中，胶结物中的方解石常常重结晶成多边形，在方解石晶体之间构成晶间缝隙，缝隙内常有沥青充填，将这种缝隙称为晶间隙（图 3-26g 至 l）。

此外，还有少量的铸模孔、生物钻孔等，数量很少，偶尔见到，对储层的贡献很小。

（2）纳米级孔隙。

纳米级孔隙直径一般为50~500nm（朱如凯等，2009），在显微镜下难以观察到，扫描电镜下发育较普遍，这种孔隙可以是介壳溶蚀微孔，也可以是介壳方解石晶间孔，二者的区别在于溶蚀微孔形状不规则，晶间孔常呈三角状等规则形状；介壳溶蚀微孔常发育在含泥、泥质介壳灰岩中，介壳灰岩少见，而晶间孔在介壳灰岩中普遍发育，少量发育在含泥、泥质介壳灰岩中，这与介壳方解石重结晶的程度有关（图3-28a、b）。

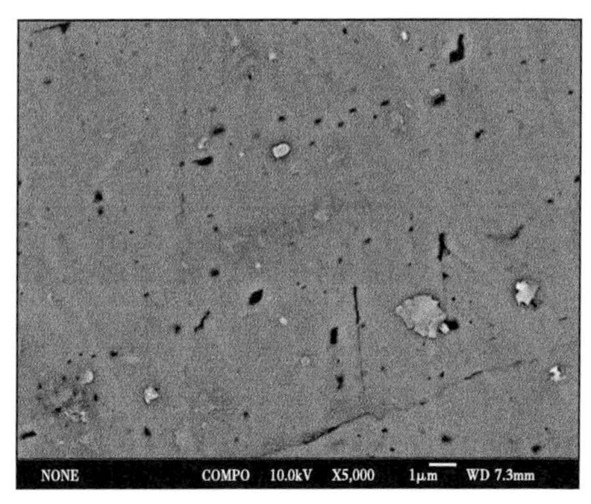

（a）西28井，2002.26m，大安寨段，含泥介壳灰岩，介壳粒内溶孔

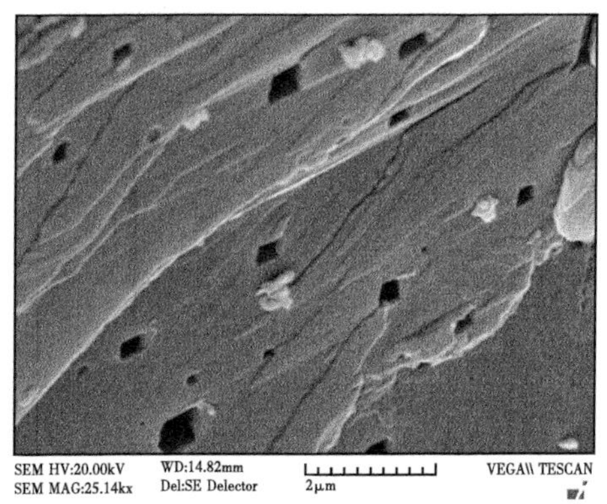

（b）公4井，2440.4m，大安寨段，重结晶灰岩，晶内溶孔

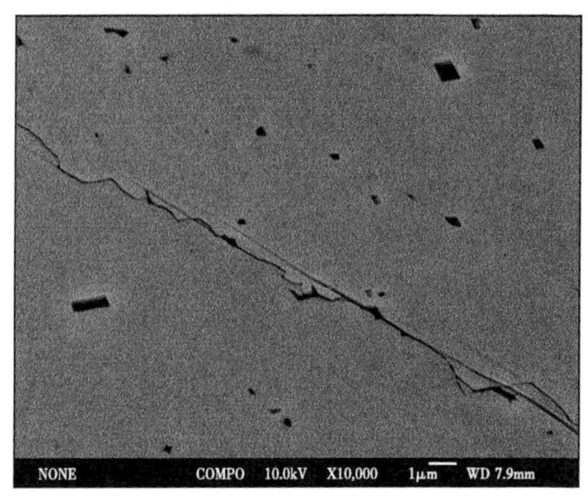

（c）公4井，2439.4m，大安寨段，重结晶灰岩，纳米孔与纳米缝伴生发育

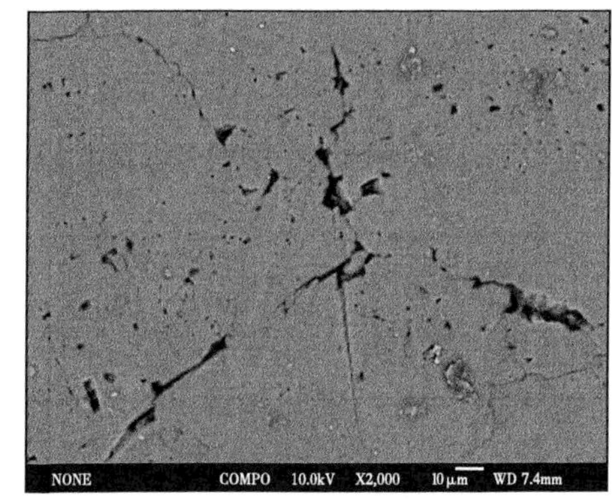

（d）金72井，2757.4m，大安寨段，介壳灰岩，纳米孔与纳米缝伴生发育

图3-28　四川盆地侏罗系碳酸盐岩储层纳米溶蚀孔场发射电镜照片

进入纳米级尺寸后，铸体薄片及常规扫描电镜分辨率已无法充分满足观察要求。运用场发射电镜和纳米CT技术对四川盆地侏罗系大安寨段石灰岩样品进行了观察。结果表明，石灰岩中发育各种类型的纳米级孔隙和裂缝（陶士振等，2012）。

①纳米溶蚀孔。进入纳米级后，溶蚀孔依然发育，包括介壳粒内溶蚀孔、胶结物溶蚀孔以及晶内溶孔（图3-28c）。微米级溶孔与裂缝伴生发育的情况在这一尺寸依然存在，事实上纳米级溶蚀孔不但与纳米级裂缝伴生（图3-28d），还与各类微米级裂缝伴生发育。其机理仍是裂缝的存在促进了地层流体的流通。

②纳米晶间孔。主要是泥晶方解石颗粒之间的孔隙，伴随重结晶作用出现。若方解石晶体继续生长，纳米级晶间孔或被挤压消亡。就发育部位而言，晶间孔可以发育在泥晶填隙物中，亦可发育在方解石化的介壳颗粒内。这类孔隙虽然在尺寸上比溶蚀纳米孔还小，但数量上远高于前者。因此，依然能够提供可观的储集空间。在场发射扫描电镜下，发现大量泥晶晶间孔的存在（图 3-29）。

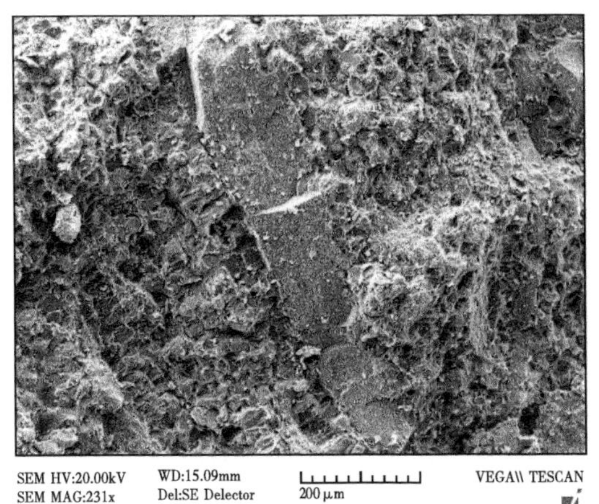

（a）西29井，1989m，大安寨段，泥晶介壳灰岩，介壳被泥晶填隙物包裹

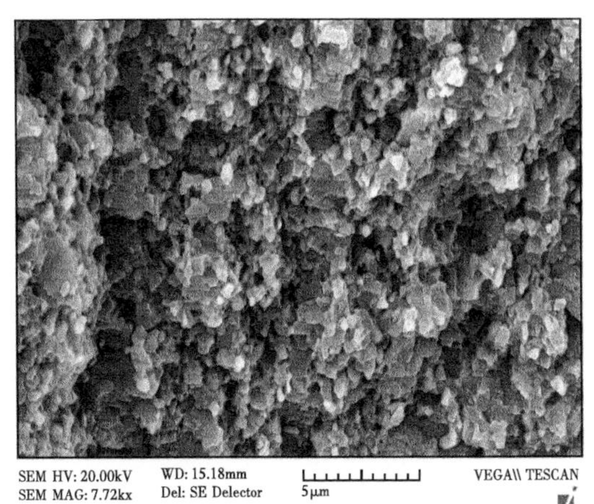

（b）西29井，1989m，大安寨段，泥晶介壳灰岩，介壳内泥晶颗粒晶间孔

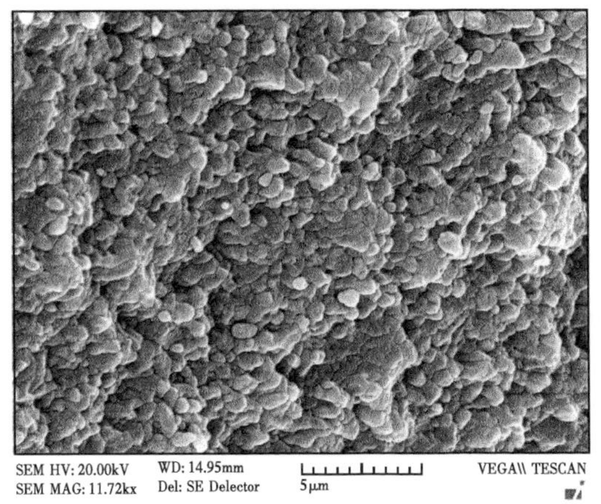

（c）龙浅104x井，3512.2m，大安寨段，含泥介壳灰岩，介壳内泥晶颗粒晶间孔

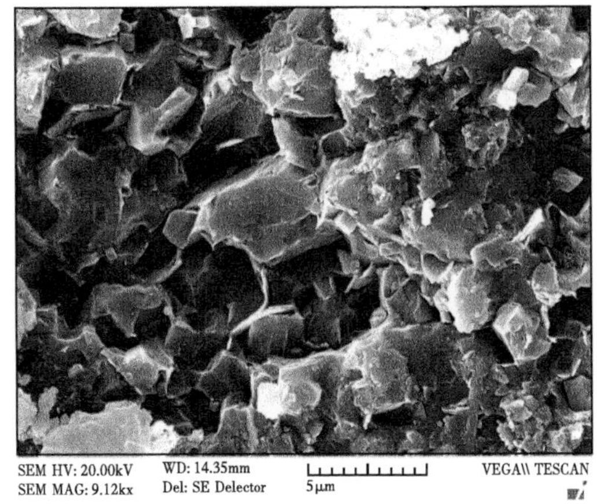

（d）磨017-H13井，1504.7m，东岳庙段，介壳灰岩，介壳间泥晶填隙物晶间孔

图 3-29 四川盆地侏罗系碳酸盐岩储层纳米晶间孔场发射电镜照片

利用纳米 CT 技术着重对介壳粒间填隙物中的基质孔进行研究。选取公 6 井大安寨段的泥质介壳灰岩作为实验样品（图 3-30）。实验过程中，先对样品进行微米 CT 扫描，在此基础上选择有利部位进行更高精度的纳米 CT 扫描。经过逐级扫描，最后获得三维数字孔隙模型。

通过精度为 1.5μm 的微米扫描，可清晰发现介壳与介壳间被泥质填隙物充填的结构（图 3-30c、d）。基于兼顾介壳及泥质填隙物的原则，选择两者均有发育的部位进行更高精度的纳米 CT 扫描。最终，获得分辨率为 170nm 的三维数字模型，模型直观地揭示了泥质填隙物中存在基质孔（图 3-30e、f）。

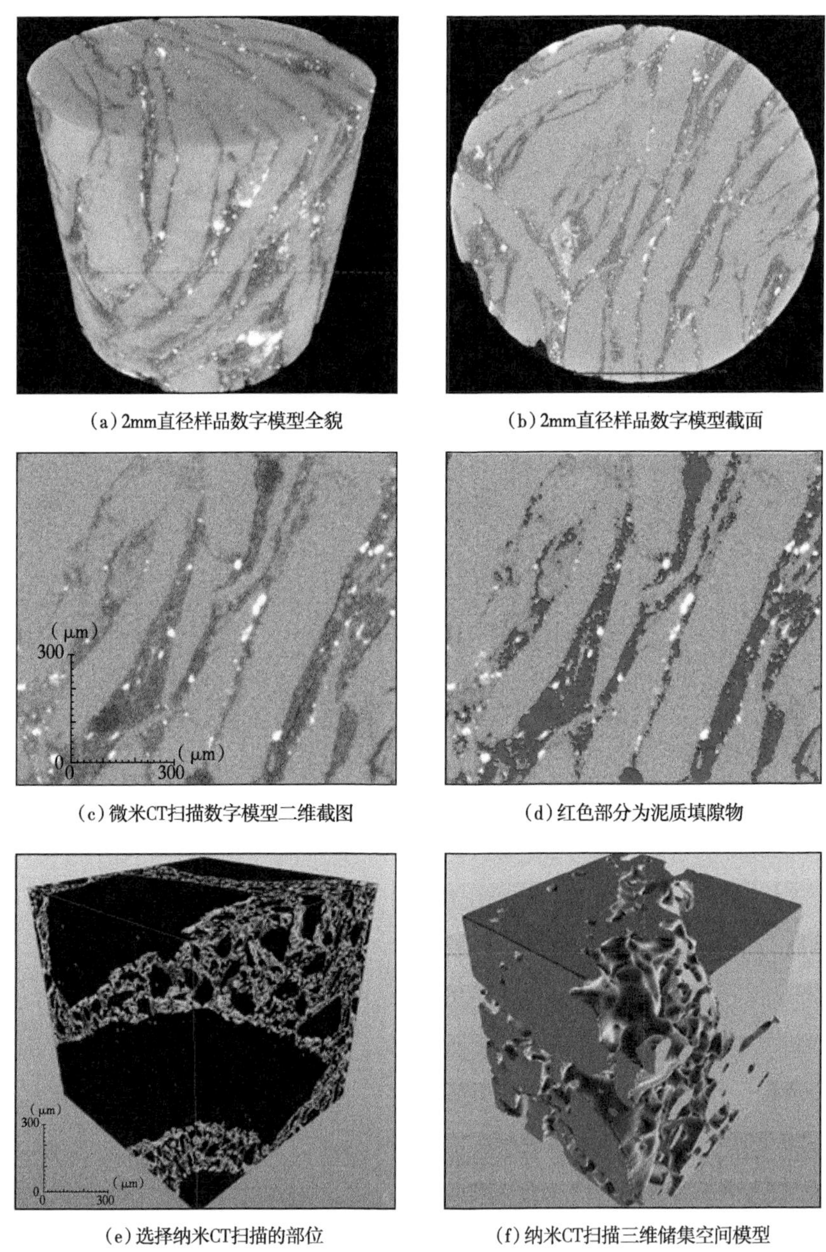

（a）2mm直径样品数字模型全貌
（b）2mm直径样品数字模型截面
（c）微米CT扫描数字模型二维截图
（d）红色部分为泥质填隙物
（e）选择纳米CT扫描的部位
（f）纳米CT扫描三维储集空间模型

图 3-30　四川盆地侏罗系碳酸盐岩储层纳米孔隙 CT 照片

（3）裂缝型。

裂缝的种类要从宏观尺度和微观尺度去进行划分，宏观裂缝主要包括岩心观察中肉眼可见的构造缝和层间缝。而微孔尺度的裂缝则是需要借助铸体薄片及扫描电镜、CT 等实验方法去进行识别的裂缝。

构造缝是在构造作用使岩石发生破裂而形成的裂缝。区内大安寨段的构造缝一般较狭窄，且以低斜缝、微裂缝为主，高角度缝和大的裂缝较少。缝壁边缘常见溶蚀现象，缝中方解石呈半充填—全充填状；常见有油浸、油迹。具有一定的储集能力，并能连通大量的孔洞或基质孔，增加孔隙之间的连通性（图 3-26k、l）。构造缝在介壳灰岩及含泥、泥质介壳灰岩中均有发育，但是介壳灰岩质地较纯，性脆更容易形成构造破碎，因此相对在介壳灰岩中构造缝更发育些。

层间缝在层状含泥、泥质介壳灰岩中较为发育，主要发育在介壳层与泥岩接触的层面，平行层理发育，一般较狭窄，有时沿缝可见小的溶蚀孔洞。

（4）微米级裂缝相比宏观构造缝，微裂缝的单体规模虽然小得多，但其数量却远高于前者。胡宗全等（1999）通过研究发现，大安寨段介壳灰岩中的裂缝具有分形体的自相似性（图 3-31）。尤其是在统一构造应力场下形成的构造裂缝和构造微裂缝，其发育组合、截切关系及交叉角度都是高度一致的，只是二者在尺度上存在差距。人眼的观察精度（裂缝宽度）以 0.1mm 为准，则在统计的 4.5m 长度的岩心上只有 29 条，说明大裂缝的发育程度不高；但观察尺度每降低一个数量级，就新增裂缝十多条，说明宽度小于 0.1mm 的裂缝数目是十分庞大的。以 1μm 为尺度下限，则该井段中心线所截切的裂缝可达 100 多条。如果考虑岩心的体积（并非所有的微裂缝都能完全切穿岩心），则该井段岩心中的裂缝数目会远远超过该统计数目。

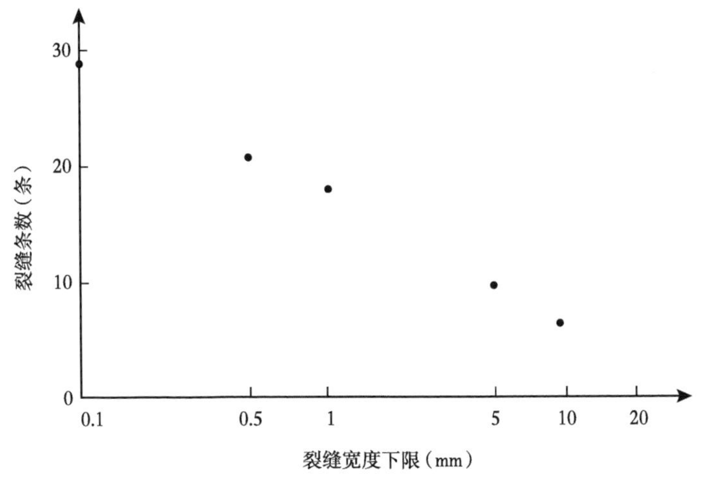

图 3-31　裂缝宽度与发育程度的关系

铸体薄片和扫描电镜观察表明，介壳灰岩中发育的微米级裂缝按成因大致可以分为两类：应力缝和化学成因缝。

①应力缝。主要是指石灰岩在构造、埋藏负载等应力作用下矿物发生破碎或错动形成的微裂缝，可能是构造缝，也可能是成岩压实缝。按照发育位置的不同，这类裂缝还可细分为介壳破碎缝、介壳间胶结物破碎缝，以及重结晶灰岩中方解石晶体破碎形成的晶体破碎缝等（图 3-32a）。此外，本区缝合缝也是一类比较常见的应力缝，且常被沥青质充填（图 3-32b）。

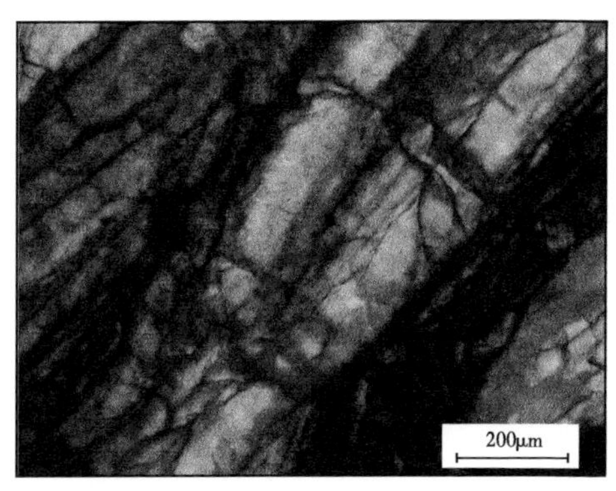

（a）西28井，1960.4m，大安寨段，介壳灰岩，介壳内应力缝

（b）西29井，2050.2m，大安寨段，介壳灰岩，沥青充填缝合缝

（c）公4井，2439.4m，大安寨段，重结晶灰岩，晶间隙与解理缝发育

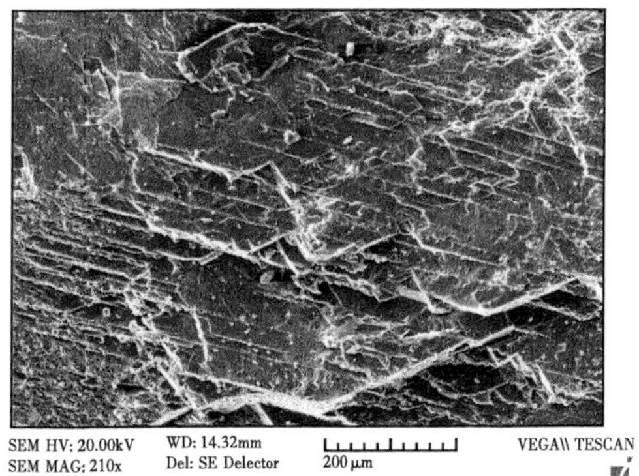

（d）西28井，2026.27m，大安寨段，重结晶灰岩，发育两组解理缝

图 3-32 四川盆地侏罗系碳酸盐岩储层微缝典型照片

②化学成因缝。主要是指石灰岩化学成岩作用过程中形成的各类微裂缝。如重结晶过程中形成的解理缝、晶间隙及溶蚀形成的溶蚀缝（图 3-32c、d）。晶间隙主要是方解石重结晶过程中，方解石晶体之间形成的裂隙，是一类成岩缝。解理缝在晶体颗粒较大、晶形较好的介壳或胶结物部位均可出现，一组或两组相交解理缝同时出现均有发育。在上述各类微裂缝基础上，经进一步溶蚀形成的溶蚀微裂缝也是一类化学成因缝。解理缝和晶间隙均是较易被溶蚀的微裂缝。

2. 储集类型

四川盆地侏罗系致密储层曾普遍被认为是裂缝型或孔隙—裂缝型油藏。通过露头、岩心观察，运用铸体薄片、常规扫描电镜、场发射扫描电镜和纳米 CT 等技术，重新对侏罗系储层进行研究。结果表明，四川盆地侏罗系在裂缝发育的基础上，储层基质孔、缝普遍发育。几套主力储层为孔—缝双重介质，大安寨段介壳灰岩更是具有“分形结构”特征的特殊双重介质。

在实际的储层研究过程中，不难发现储集空间类型往往是以组合的形式出现的，不可能是完全单一孔隙类型的储集空间，根据储层孔隙类型组合特征将储集空间划分为三类组合类型：裂缝—孔洞型、孔隙型（含裂缝—孔隙型）和裂缝型。

1）裂缝—孔洞型

裂缝—孔洞型以孔洞为主，裂缝起主要的连通作用，介壳灰岩、含泥介壳灰岩中均可发育，多在高能滩体厚层结晶灰岩和亮晶介壳灰岩局部发育，规模有限，非均质性强，受裂缝发育程度控制，溶蚀孔洞往往沿裂缝发育，例如合川 125-17-H1 井、文 9 井、磨 030-H31 井等（图 3-26a 至 d）。此类孔隙组合类型在泥质介壳灰岩也可少量发育，低能滩相，非均质性强，规模小，往往发育在介壳与泥质层面附近，如聚 5 井。

2）孔隙型（含裂缝—孔隙型）

孔隙型储集空间组合类型主要指基质孔发育的储层，包含以基质孔为主，配合裂缝发育的裂缝—孔隙型，在泥质介壳灰岩中普遍可见，低能环境发育，受控于重结晶、溶蚀、收缩作用等成岩作用，介壳灰岩中也可见少量微孔。此类储集空间的特点是镜下显孔可见，扫描镜下大量微孔隙发育，孔隙分布具有一定的定向性，代表井李 001-X2 井、蓬莱 10 井、西 28 井等（图 3-26）。

3）裂缝型

裂缝型储集空间对应的孔隙类型为构造缝、层间缝等。受控于构造作用，两类岩性中均可发育，介壳灰岩高角度缝相对更加发育些，而含泥、泥质介壳灰岩则多发育低角度缝和水平缝（图 3-26k、l）。

三、储层物性特征及孔隙结构

1. 储层物性特征

由于老的资料岩石物性测试方法与现在的有所不同，为了统一标准有可比性，本书研究的数据以 2013—2015 年搜集的物性数据及测试样品的分析为准。以往老数据样品岩性局限于介壳灰岩，泥质（含泥）介壳灰岩样品相对较少，本书新测样品岩性基本上涵盖了大安寨段的各种岩性。总共 108 个数据，孔隙度范围为 0.38%~6.82%，平均为 1.67%，渗透率平均为 0.19mD。孔隙度＞3% 样点分布在龙浅 2 井、磨 030-H31 井、聚 5 井、蓬莱 10 井、文 9 井等，仅磨 030-H31 井、龙浅 2 井高孔样品岩性为结晶灰岩、介壳灰岩，其余井均为泥质介壳灰岩。如图 3-26 所示，含泥、泥质介壳灰岩的孔渗相关性较好，介壳灰岩的物性较差且相关性不明显。物性的好坏与岩性有明显联系，泥质介壳灰岩优于介壳灰岩。而以往勘探的重点都在介壳灰岩上，物性数据也都是介壳灰岩的数据，因此平均孔隙度、渗透率较差。

大安寨段储层物性的总体分布特征与总平均结果基本一致。孔隙度分布整体偏低，有一个主要区间，在 1%~2% 之间，占总样品数的 61.11%，大于 2% 的样品仅占 18.58%，大于 3% 的样品占 8.33%。渗透率分布整体偏向低值区域，主要分布区间在 0~0.01mD 之间，约占 59.05%，在 0.01~0.1mD 之间的样品占 21.9%，在 0.1~1mD 之间的样品占 14.29%，大于 1mD 的样品占 4.76%，说明大安寨段储层整体属于特低孔、特低渗的范围内（图 3-33，图 3-34）。

大安寨段储层物性好坏与岩性、岩相有着密切的关系，从图 3-33 可以看出物性较好的岩石类型主要是基质孔较发育的泥质（含泥）介壳灰岩和少量的类似磨 030-H31 井的溶蚀孔洞发育的结晶介壳灰岩，物性相对较差的岩性主要集中在亮晶、泥晶介壳灰岩中。而岩性主要受相带控制，以往的勘探主要是围绕高能滩进行，通过此次研究发现低能滩也可以发育好的储层，只是二者的储层类型有所不同，低能滩储层以基质孔隙为主体少量溶蚀孔洞，而高能滩储层则以溶蚀孔洞为主体。

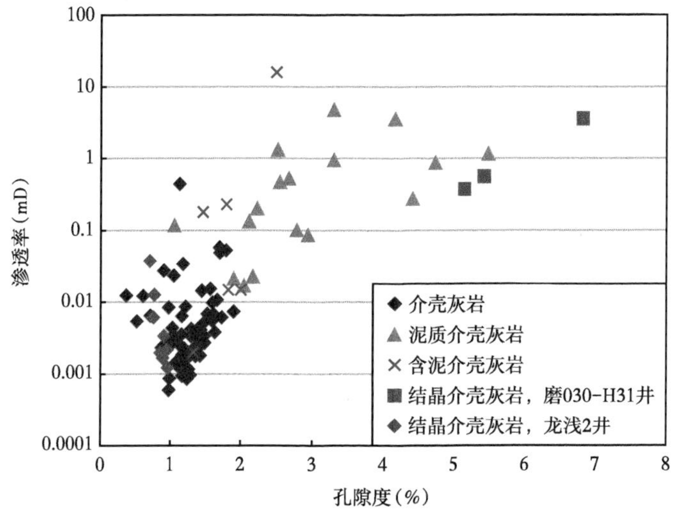

图 3-33　大安寨段岩心物性数据散点图

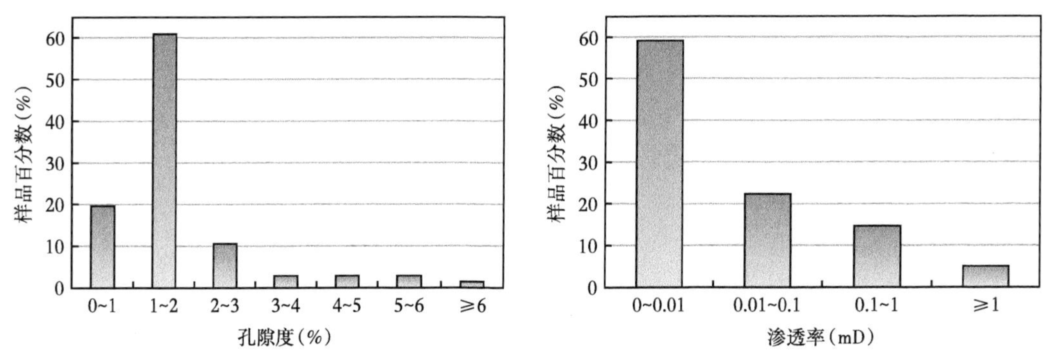

图 3-34　川中大安寨段储层孔隙度、渗透率分布图

2. 储层孔隙结构

1）孔喉大小与分布

通过对大安寨段储层压汞实验参数统计，大安寨段储层最大孔喉半径介于0.01~40.5μm，平均为4.4μm；孔喉中值半径介于0.003~2.7μm，平均为0.07μm；排驱压力高，0.02~69.4MPa，平均为13MPa；最大进汞饱和度偏低，21.6%~67.4%，平均仅43.8%；退汞效率中等，5.1%~43.5%，平均小于13.4%，总体上大安寨段储层孔喉偏细，以中细喉道为主，分选差，压汞曲线平台不明显，孔隙类型多为微、纳米孔隙，少量溶蚀孔洞型。

2）压汞曲线与孔喉分布类型

大安寨段储层压汞曲线与孔喉大小分布可分为三类（图 3-35），各类的典型孔喉分布具如下特征。

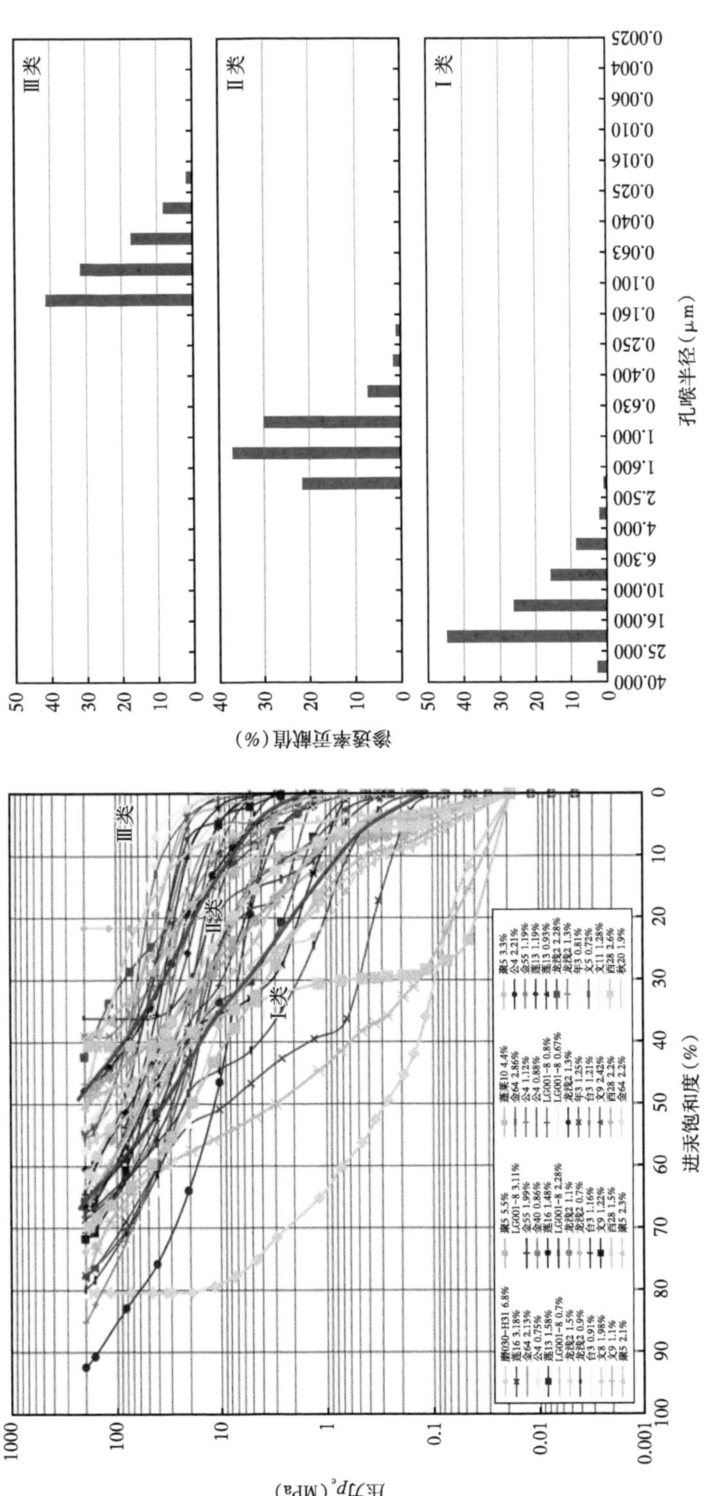

图 3-35　侏罗系大安寨段压汞曲线特征与孔喉分布图

Ⅰ类：单峰正偏态较粗孔喉型（图 3-35，图 3-36）：孔喉分布呈单峰且孔喉相对较粗，优势孔喉半径一般大于 0.63μm，排驱压力一般小于 0.1MPa。此类型主要分布于溶蚀孔洞较为发育的结晶灰岩及泥质（含泥）介壳灰岩中，高能滩及低能—高能滩体均可发育，储层表现为中孔隙度—中渗透率的特征，渗透率一般大于 0.1mD。

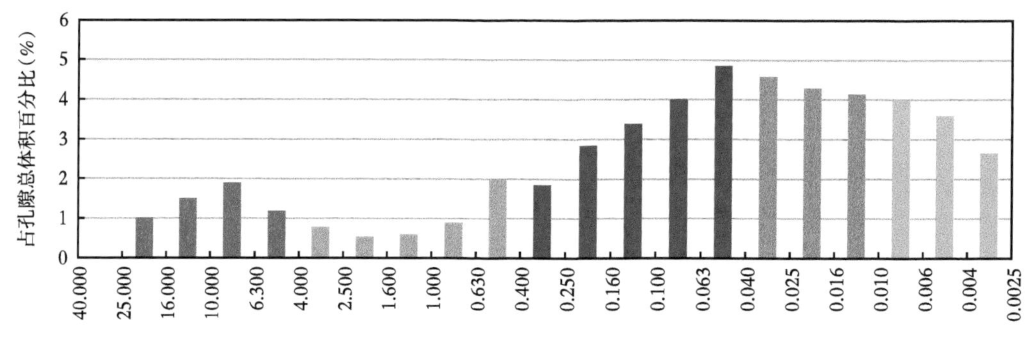

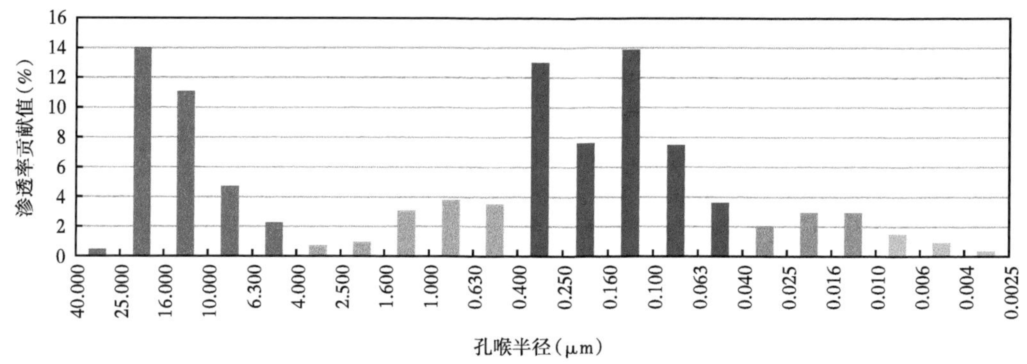

图 3-36　侏罗系大安寨段综合孔喉分布图

Ⅱ类：单峰微负偏态细孔喉型（图 3-35，图 3-36）：孔喉分布呈单峰且偏向中孔喉的一边，优势孔喉半径一般在 0.4~6.3μm 之间，排驱压力一般小于 1.8MPa。此类型主要分布在介壳灰岩及泥质（含泥）介壳灰岩中基质孔发育段，渗透率一般大于 0.01mD，以高能滩及低能—高能过度相为主。

Ⅲ类：单峰负偏态微孔喉型（图 3-35，图 3-36）：孔喉分布呈单峰且偏向微孔喉一侧，优势孔喉半径一般小于 0.4μm，排驱压力一般大于 1.8MPa。此类型主要分布于相对致密的介壳灰岩中，具特低孔隙度—特低渗透率特征，渗透率一般小于 0.01mD，发育在高能滩较致密的岩石中。

总之，大安寨段储层孔隙结构较差，普遍具有高排驱压力、高中值压力的特点，微孔微喉，以片状喉道为主，储集类型多为较差的Ⅱ类、Ⅲ类，Ⅰ类储层发育较少（图 3-35，图 3-36）。其中Ⅰ类主要为裂缝—孔洞型储层特征，以磨 030-H31 井、合川 125-17-H1 井为代表（图 3-37）；Ⅱ类为孔隙、裂缝—孔隙型储层，以李 001-X2 井、蓬莱 10 井为代表。

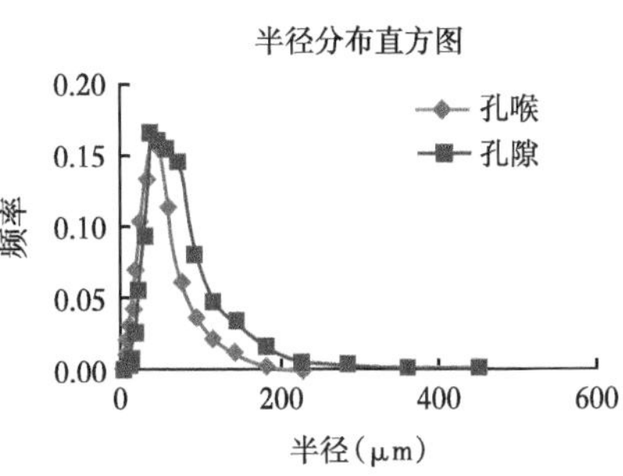

磨030-H31井，1425m，结晶灰岩，溶孔发育，1mm样，CT孔隙度为8.318%，平均喉道半径为4.389μm

图 3-37 磨 030-H31 井 CT 扫描图

四、成岩作用及孔隙演化

1. 成岩作用类型

侏罗系碳酸盐岩储层表现出很强的非均质性，其关键因素是作为主要储集空间的次生溶蚀孔洞、裂缝等分布的不均一性所致，而这主要受控于溶蚀作用、压实破裂作用和构造破裂作用。根据成岩作用对储集空间形成和演化的影响结果，可将区内大安寨段储层所经历的成岩作用划分为：破坏性成岩作用（如胶结作用、压实压溶作用、重结晶作用、交代作用）和建设性成岩作用（如溶解作用和构造破裂作用等）。

1）压实作用与压溶作用

介壳灰岩中的压实作用和压溶作用明显，表现为介壳间的线状接触、介壳的张性裂缝等，薄片观察中常见压溶缝合线发育。压实作用使介壳灰岩中的粒间孔和遮蔽孔几乎消失殆尽，是导致储层致密化的早期成岩作用（图 3-38a、b）。

2）胶结作用与充填作用

介壳灰岩的胶结作用主要发生在初步压实之后的粒间孔、遮蔽孔中。与海相碳酸盐岩沉积不同，大安寨段介壳灰岩的胶结物主要是晶粒方解石，原生的各种孔隙都被这些粒状晶方解石充填。

充填作用指裂缝、溶孔、溶洞等次生孔洞空间里的次生矿物的充填作用。早期压实造成的介壳裂缝和构造缝被方解石充填或半充填（图 3-38c、d）。

3）重结晶作用与交代作用

重结晶作用与交代作用往往是同时进行的，在本区大安寨段介壳灰岩中普遍发育，主要表现在原始不稳定文石质介壳被溶解后交代重结晶成稳定的方解石。在重结晶作用强烈时介壳和胶结物同时重结晶成大的方解石晶体，原始的介壳轮廓难以辨认，即形成结晶介壳灰岩。此外，含泥介壳灰岩中还常见硅质交代方解石现象，自生石英交代介壳内方解石，这种交代作用与泥质含量有关，因此在纯的介壳灰岩中不发育。重结晶交代作用是矿物从不稳定向稳定转化的过程，因此对孔隙的形成是不利因素（图 3-38e、f）。

4）溶解作用

在岩心观察中有时可见到介壳灰岩或含泥、泥质介壳灰岩中的溶解作用形成的溶孔和溶洞。溶解孔洞的发育有时非常集中，这些溶孔、溶洞常见于构造裂缝的充填物中，这种溶解作用可能与烃源岩热演化过程中排出的含有机酸的流体有关，如磨 030-H31 井（图 3-38g、h）。

在储层岩石薄片的显微镜下及扫描电镜中常见有溶孔及微孔的存在，但在介壳灰岩中分布很不均匀，发育规模有限，同时大安寨段介壳灰岩储层普遍致密低孔的情况也表明埋

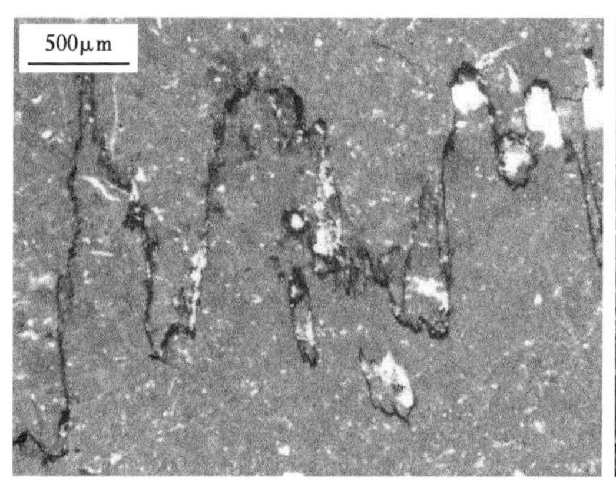

(a)合川125-17-H1井，1465.93m，大一三亚段，生屑泥晶灰岩，无显孔，见缝合线，收缩孔方解石完全充填，4倍，(-)

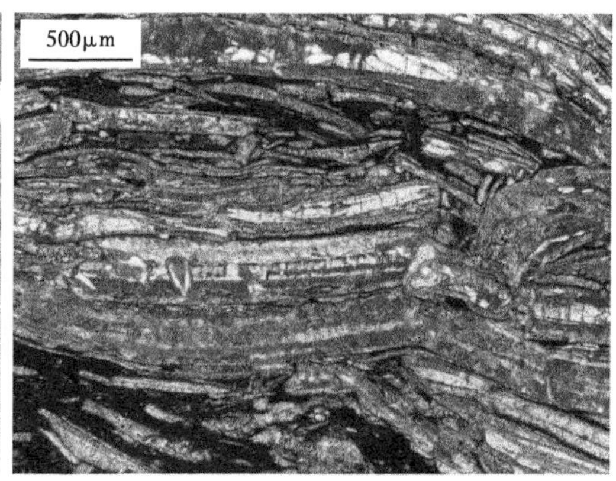

(b)聚5井，2757.82m，大一三亚段，泥质介壳灰岩，文石质壳体定向排列，溶蚀作用，压实作用(-)

(c)磨030-H31井，1400.75m，大一亚段，亮晶介壳灰岩，亮晶方解石胶结，介壳方解石重结晶(-)

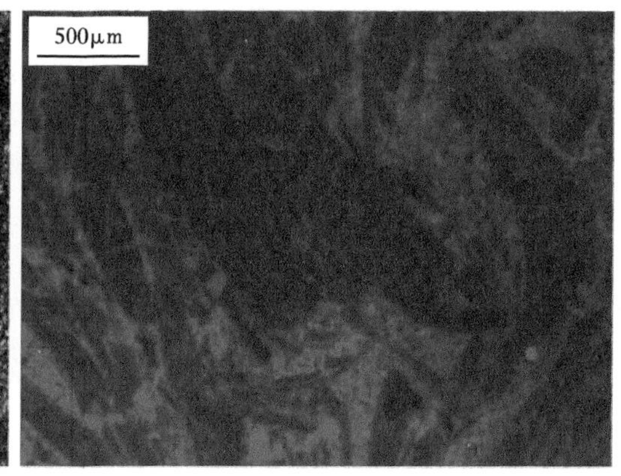

(d)磨030-H31井，1400.75m，大一亚段，亮晶介壳灰岩，亮晶方解石胶结，(阴极发光)

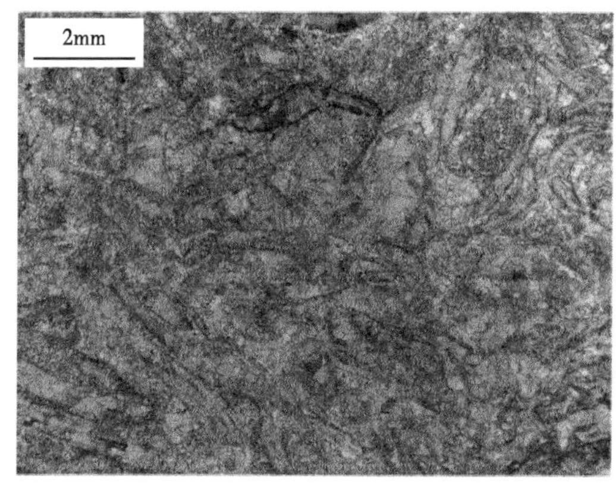

(e)磨030-H31井，1439.44m，大一二亚段，亮晶介壳灰岩，壳体杂乱堆积，亮晶方解石胶结，介壳方解石重结晶(-)

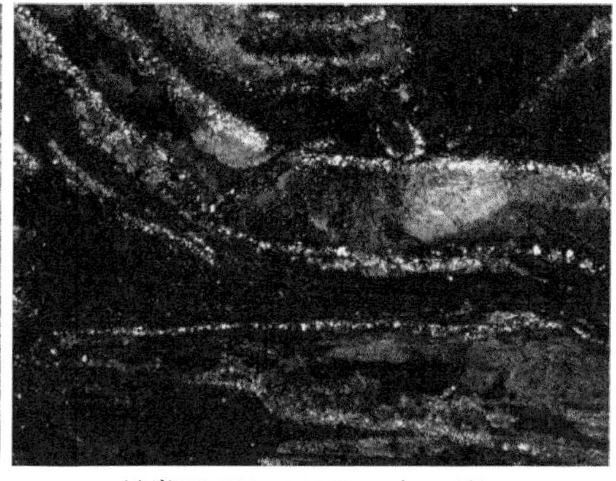

(f)磨030-H31，1408.33m，大一亚段，泥质介壳灰岩，介壳周围石英交代(+)

图 3-38　四川盆地侏罗系碳酸盐岩成岩作用岩矿照片

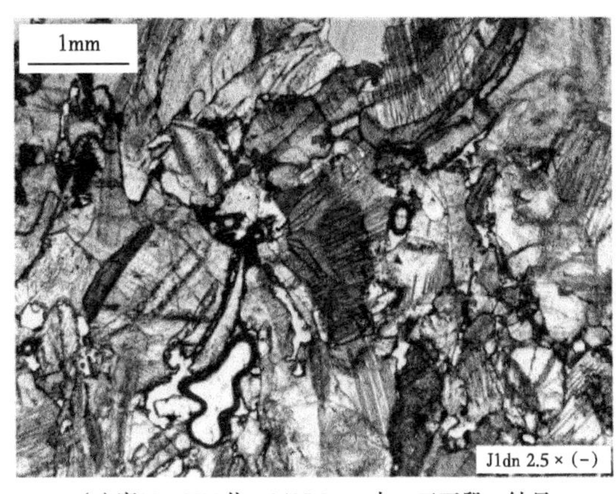

(g)磨030-H31井，1425.9m，大一三亚段，结晶灰岩，溶孔发育，ϕ=5.43，K=0.604mD(-) × 25

(h)磨030-H31井，1425.9m，大一三亚段，结晶灰岩，有机酸溶蚀，阴极发光

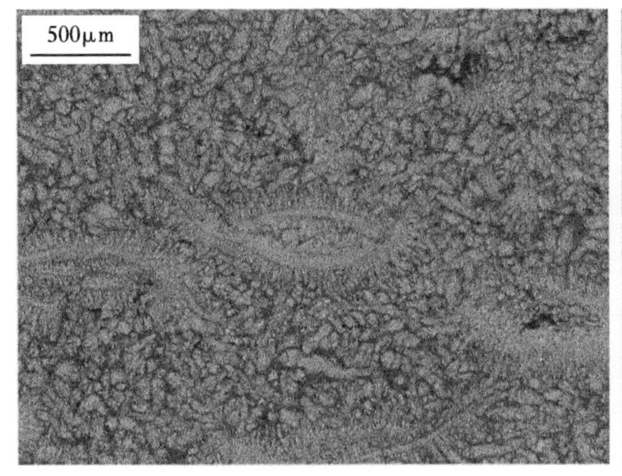

(i)小3井-61，1795.45m，微晶介壳灰岩，世代胶结，潜流带(-)

(j)磨030-H31，1425.8m，大一三亚段，亮晶介壳灰岩，介壳定向排列，破碎、重结晶强烈，(-)

图 3-38 四川盆地侏罗系碳酸盐岩成岩作用岩矿照片(续)

藏期的溶解作用有限；而较大范围的溶蚀主要集中发育于泥质介壳灰岩中，表现在显微镜下显孔常见，面孔率为 1%~3% 之间，扫描电镜下微孔普遍存在。

2. 成岩序列与孔隙演化

为了对大安寨段成岩作用有更深入的研究，进行了大量的岩心观察、采样及薄片观察，做了一系列的相关化学实验分析，主要包括全岩 X 射线衍射、包裹体、同位素等。通过对大量实验数据的分析，总结了不同岩性间成岩演化的差异性。

首先，从表 3-5 可以看出，介壳灰岩类的文石含量明显少于泥质(含泥)介壳灰岩类，这与其开始沉积时的流体环境有关，最初介壳灰岩类处于一个相对开放的体系，早期成岩流体作用较强，重结晶作用较强，而泥质(含泥)介壳灰岩由于泥质的封存处于相对封闭的体系，从而使得原始的文石质介壳得以保存。

其次，对大安寨段的各类岩性样品进行了碳氧同位素分析，发现不同岩性样品碳氧同位素特征各不相同(图 3-39)，总体上大安寨段 $\delta^{13}C$ 值均为正值，说明在成岩过程中没有经历大规模的外部流体的作用，只是由于成岩过程中自身成岩流体作用强度不同使得 $\delta^{18}O$ 略有差异。以 A 区泥晶灰岩的 $\delta^{13}C$、$\delta^{18}O$ 作为原始沉积的对比值，成岩流体作用越强重结晶就越强，$\delta^{18}O$ 值也越低，因此结晶灰岩及亮晶（泥晶）介壳灰岩均有较低的 $\delta^{18}O$ 值，而泥质（含泥）介壳灰岩 $\delta^{18}O$ 较高。结晶灰岩 $\delta^{13}C$ 值最高，可能反映了其重结晶过程中缺乏土壤 CO_2 或烃类流体的参与，结合磨 030-H31 井结晶灰岩岩心包裹体测试结果（图 3-40），包裹体成群分布，包裹体温度范围为 60.1~86.6℃，平均为 74.8℃，说明方解石形成时间为早成岩阶段，处于埋藏期，这个时期烃类还未生成，这就从另一个角度说明了磨溪地区大安寨段结晶灰岩是在成藏之前就开始致密化了。文石的碳同位素分馏系数高于（镁）方解石，因此泥质（含泥）介壳灰岩的 $\delta^{13}C$ 高于泥晶灰岩；而泥晶介壳灰岩受其中泥晶方解石的影响，$\delta^{13}C$ 值明显要比结晶介壳灰岩低。

表 3-5 侏罗系碳酸盐岩全岩 X 射线衍射数据

送样编号	井深（m）	岩性	矿物种类及含量（%）							
			方解石	文石	白云石	铁白云石	石英	斜长石	黄铁矿	黏土总量
M030-3-59	1425.56	结晶灰岩	98.3				1.2		0.5	
w9-6-74	2136.3	结晶介壳灰岩	94.7		4.7		0.6			
Q20-1-45	2867.14	结晶介壳灰岩	98.0			1.4	0.6			
M030-B1	1400.99	介壳灰岩	85.4		4.1		5.4		1.9	3.2
L001-B1	1757.43	介壳灰岩	78.1		0.9	2.2	10.3	0.6	2.4	5.5
L001-B2	1753.21	介壳灰岩	63.4		4.9		15.2	0.6	11.2	3.9
L16-1-68	2236.12	介壳灰岩	98.1			0.2	1.3		0.4	
J64-2-21	2657	亮晶介壳灰岩	92.8				4.3			2.9
w9-2-96	2060.8	亮晶介壳灰岩	95.1		3.4		1.4			0.1
ju5-5-37	2706.46	含泥结晶介壳灰岩	99.5		0.2		0.3			
J64-4-42	2706.5	含泥介壳灰岩	70.7	2.2	1.0		14.5	2.6	1.0	8.0
Q20-3-25	2818.43	含泥介壳灰岩	90.8				4.8	0.8	0.6	3.0
J64-2-75	2671.54	含泥介壳灰岩	92.5			0.4	4.3	0.8	0.5	1.5
pl10-2-138	2008.26	泥质介壳灰岩	29.2	6.1		0.8	27.2	1.0	3.5	30.0
pl10-2-115	2006.74	泥质介壳灰岩	8.4	3.0	0.9	0.7	35.7	2.6	5.4	43.3
L13-4-110	2167.34	泥岩夹介壳层	44.9	2.0		0.3	20.6	2.9	1.0	28.3
ju5-5-34	2735.98	泥质介壳灰岩	43.1	9.2	0.9		23.1	2.1	3.7	17.3
ju5-4-47	2757.82	泥质介壳灰岩	45.1	10.3	0.2		16.5	1.7	4.7	21.1
J64-4-10	2692.46	泥质介壳灰岩	69.4	12.8			7.6	1.9	4.2	4.1
L16-1-61	2233.8	泥质介壳灰岩	51.4	34.3			1.4	0.4	12.5	
x28-2	1964.9	泥质介壳灰岩	31.3	44.9	0.6		2.8		16.4	4.0
L16-2-28	2247.4	泥质介壳灰岩	70.7	4.7		0.6	11.1	0.7	2.0	10.2

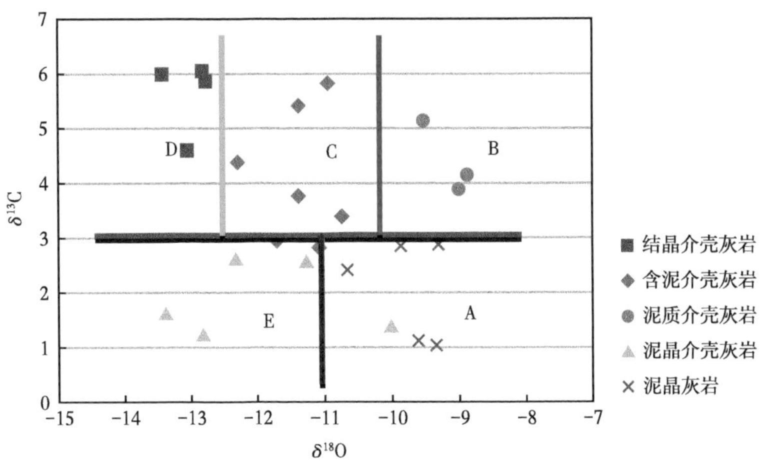

图 3-39　大安寨段碳氧同位素散点图

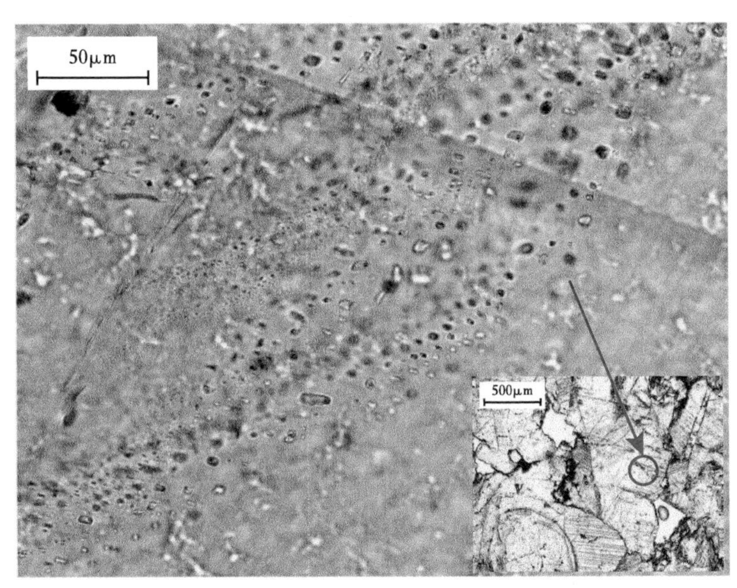

图 3-40　磨 030-H31 井岩心包裹体照片

磨 030-H31 井，1425.9m，结晶介壳灰岩，包裹体成群分布，包裹体温度范围为 60.1~86.6℃，平均 74.8℃

根据大安寨段介壳灰岩的成岩作用特点，结合埋藏史、热演化史、镜质组反射率（表 3-6）、薄片观察等资料，做出了大安寨段介壳灰岩的成岩作用序列（图 3-43）及成岩与孔隙演化史图（图 3-41，图 3-42）。从表 3-6、图 3-41、图 3-42 可以看出，四川盆地侏罗系大安寨段成岩演化程度在盆地的不同地区略有区别，盆地北部的泥岩 R_o 值明显高于盆地南部，说明北部热演化程度较高，图 3-41 和图 3-42 分别是盆地南北两边代表井的埋藏史图，结合碳氧同位素及包裹体数据分析，推测盆地南北两边有着不同的演化史，盆地南部先致密后成藏，而北部则可能成藏与致密化同时进行，但是由于致密化过程中生烃初期有机酸排量有限未能形成大规模的溶蚀孔洞。

表 3-6　川中地区大安寨段泥质岩样品 R_o 分析成果表

井号	深度（m）/ 块号	层位	岩性	均值	测点数	备注
仪 2	3203	大一亚段	泥岩	0.7300	—	—
仪 2	3205	大一亚段	暗色泥岩	1.1800	10	
仪 2	3194	大一亚段	暗色泥岩	1.1300	1	测点少，供参考
龙岗 001-8	3172.5	大一亚段	介壳灰岩	0.8300	—	—
鲜 5	4（26/42）	大一亚段	灰黑色页岩	0.6100	6	
秋 25	1（66/100）	大一亚段	深灰色泥页岩	0.8300	16	
莲 13	2187.62	大一三亚段	介壳灰岩	0.6529	11	—
李 001-X2	1729.37	大一三亚段	泥岩	0.7476	15	—
蓬莱 10	—	大一三亚段	泥岩	0.7721	5	—
平昌 1	3203.14	大一三亚段	暗色泥岩	1.2500	4	测点少，供参考
平昌 1	3212	大一三亚段	暗色泥岩	1.1900	8	测点少，供参考
小 3	4（75/78）	大一三亚段	泥页岩	0.7100	7	
聚 1	4（39/42）	大一三亚段	灰黑色泥页岩	0.6800	2	供参考
莲 13	3（69/97）	大一三亚段	灰黑色页岩	0.8600	16	
象 1	2（40/86）	大一三亚段	灰黑色页岩	0.8300	8	

综合以上研究成果，将大安寨段介壳灰岩的成岩作用划分为三个阶段，即同生成岩作用阶段、早成岩作用阶段和中成岩作用阶段。

1）同生成岩作用阶段

同生成岩作用阶段指沉积物沉积之后至被埋藏前所发生的作用和变化的时期。大安寨段介屑灰岩是由大量介壳和介屑堆积而成，它以软体动物的瓣鳃类介壳为主，其次为腹足类。当介屑沉积后，原始方解石胶结物一般呈泥晶、细粉晶粒状，或马牙状薄环边状，有时出现泥晶套、颗粒泥晶化现象，如小 3 井（图 3-38i、j）。当水体中钙离子浓度较高时可以析出少量的亮晶方解石胶结物。这个阶段岩石还未固结，原生孔隙十分发育，最高可达 20%~30%，但是这种孔隙会因后来的压实作用及胶结作用而消失殆尽。

2）早成岩作用阶段

有机质未成熟—半成熟，古温度为古常温至 85℃，R_o <（0.35%~0.5%）。随着成岩作用的发展，介壳灰岩类在这个阶段由于所处的体系相对开发，受成岩流体的影响较大，岩

石处于浅—中埋藏成岩环境中，方解石胶结物的晶粒会逐渐增大，发生重结晶作用，有些甚至连晶胶结，进一步充填同时期的孔隙、溶洞及裂缝，使岩石更加致密（图 3-38）。而泥质（含泥）介壳灰岩则由于泥质的包裹处于相对的封闭体系，介壳的重结晶作用较弱，从而使得介壳保存了文石质的特征，只有泥质含量相对较少的泥质（含泥）介壳灰岩会发生部分重结晶或者完全重结晶。此外，硅化物的充填作用、交代作用也在这一阶段开始形成，而这一阶段的大部分成岩作用对孔隙的演化都是负面的，原生孔隙消失殆尽，岩石孔隙度降到 3% 以下。

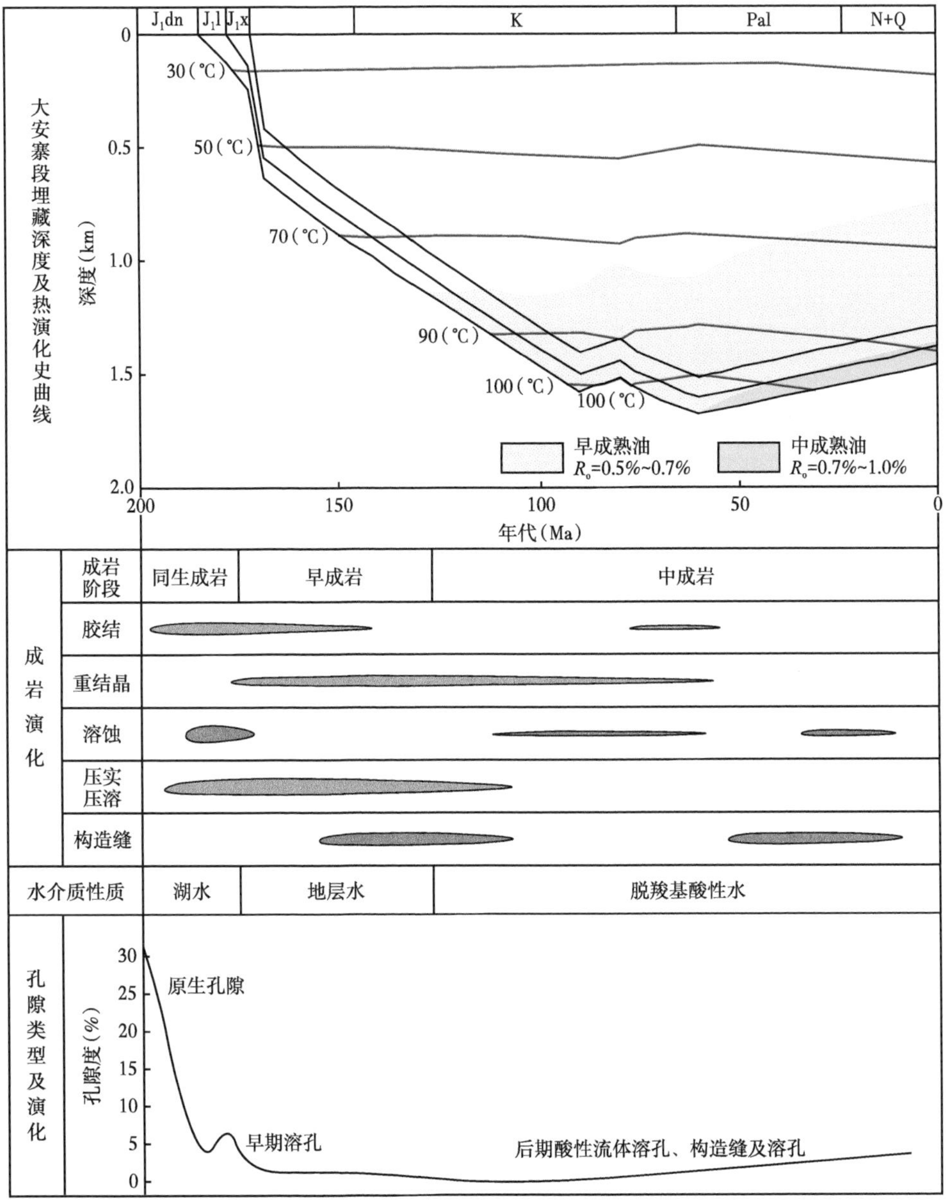

图 3-41　磨 030-H31 井大安寨段成岩及孔隙演化史图

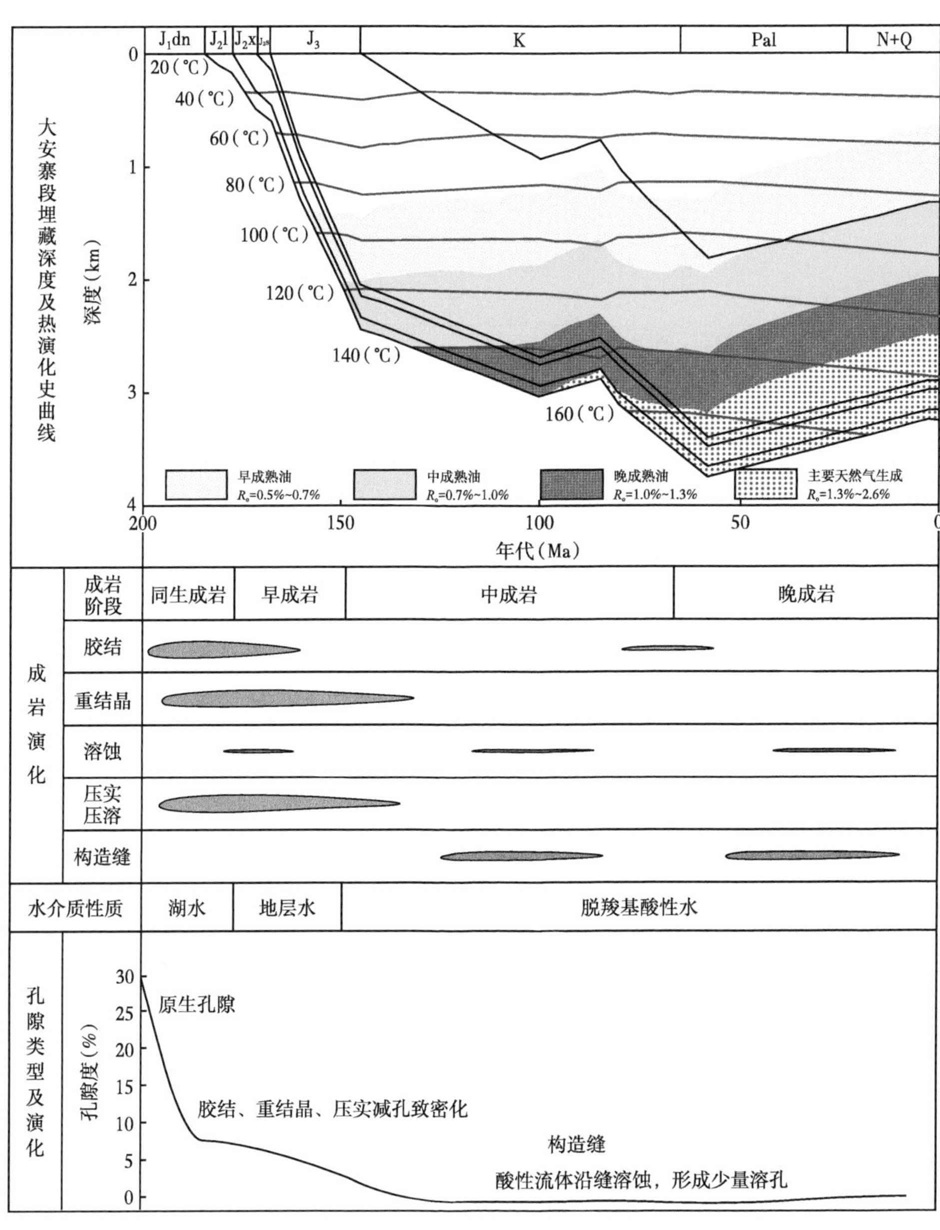

图 3-42　平昌 1 井大安寨段成岩及孔隙演化史图

3）中成岩作用阶段

处于中—深埋藏成岩环境，形成溶孔，为原油至凝析气形成阶段。有机质成熟度为成熟—高成熟，古温度>（85~175℃），R_o >（0.5%~2.0%）。缝合线有机质含量高，方解石胶结物为粒状，粗亮晶，镶嵌生长。该阶段有机酸或热液溶蚀形成溶蚀孔洞，在早成岩作用阶段得以幸存下来的微孔隙及微缝在中成岩作用阶段在有机酸的作用下可能会被溶蚀扩大而形成溶蚀孔洞。此外这个阶段由于频繁的构造运动，裂缝以构造缝为主，多被充填。

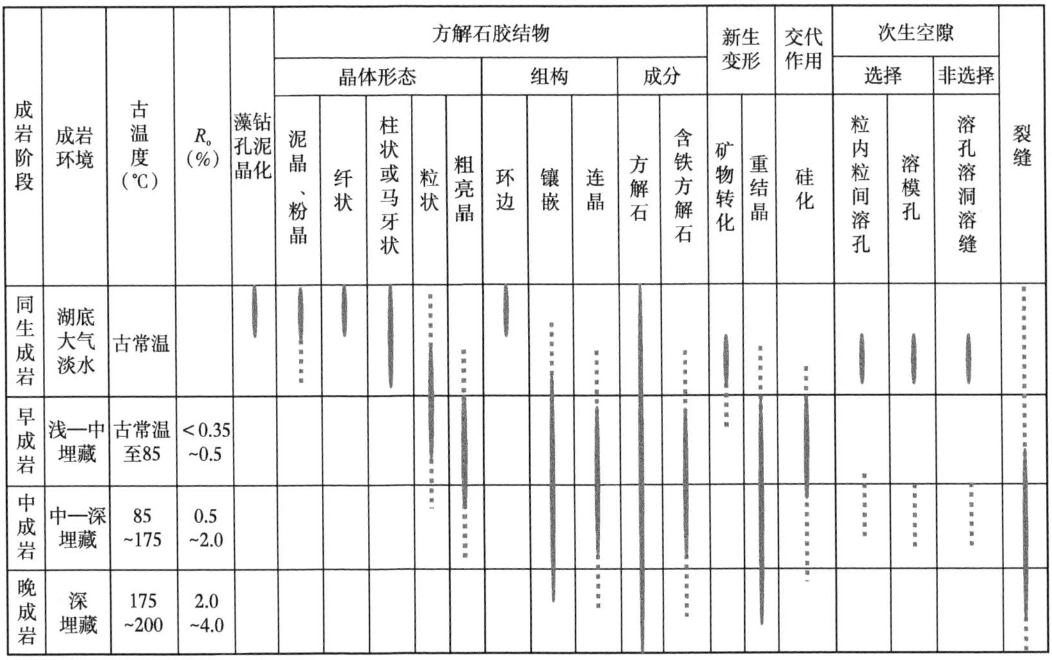

成岩阶段	成岩环境	古温度（℃）	R_o（%）	藻钻孔泥晶化	方解石胶结物										新生变形		交代作用	次生空隙			裂缝
					晶体形态					组构			成分					选择		非选择	
					泥晶、粉晶	纤状	柱状或马牙状	粒状	粗亮晶	环边	镶嵌	连晶	方解石	含铁方解石	矿物转化	重结晶	硅化	粒内粒间溶孔	溶模孔	溶孔溶洞溶缝	
同生成岩	湖底大气淡水	古常温																			
早成岩	浅—中埋藏	古常温至85	<0.35~0.5																		
中成岩	中—深埋藏	85~175	0.5~2.0																		
晚成岩	深埋藏	175~200	2.0~4.0																		

图 3-43　大安寨段成岩作用阶段划分和成岩演化序列

五、碳酸盐岩储层控制因素

从岩心和薄片观察中发现大安寨段储层性质的控制因素较为复杂，往往不是受单一因素控制的，而是各种控制因素综合起来共同控制的。总体来讲，大安寨段储层性质主要受岩性、沉积相、成岩作用等因素综合控制。

1. 岩性对裂缝、溶蚀孔洞及基质孔隙的控制

垂向上储层性质受岩性控制强。介壳灰岩由于其矿物成分较单一、性脆，其成岩作用基本上遵循碳酸盐岩的成岩作用规律，在成岩早期介壳层出于相对开放的体系，文石质或高镁方解石介壳便已经转化为较为稳定的低镁方解石（X 射线衍射数据还在测试当中）；加之早期重结晶作用较强，储层致密化强烈，距离烃源岩相对较远，后期受有机酸改造弱，基质孔隙不发育，易形成较致密的裂缝—孔洞型储层；而裂缝—孔洞的非均质性较强，规模较小，根据老井岩心及新井岩心观察统计，介壳灰岩单井裂缝密度仅约为 1.3 个 / 米，溶蚀孔洞大部分小于 4 个 / 米、最高 10 个 / 米（图 3-44），因此，此类储层虽容易高产，但是很难稳产。

而含泥、泥质介壳灰岩由于泥质的存在，既有碳酸盐颗粒（介壳）物质的存在，又有碎屑岩泥质成分的参与，因此成岩作用与纯的碳酸盐岩有所不同。在成岩早期，介壳由于泥质的包裹，体系相对封闭，据薄片观察介壳基本保持不稳定的文石质成分（图 3-38b），重结晶较弱，加上岩石整体上靠近烃源岩，孔隙水及有机酸更加丰富，更易形成基质孔隙储层，根据物性数据不难看出孔隙度高的样品多为含泥、泥质介壳灰岩（图 3-26）。

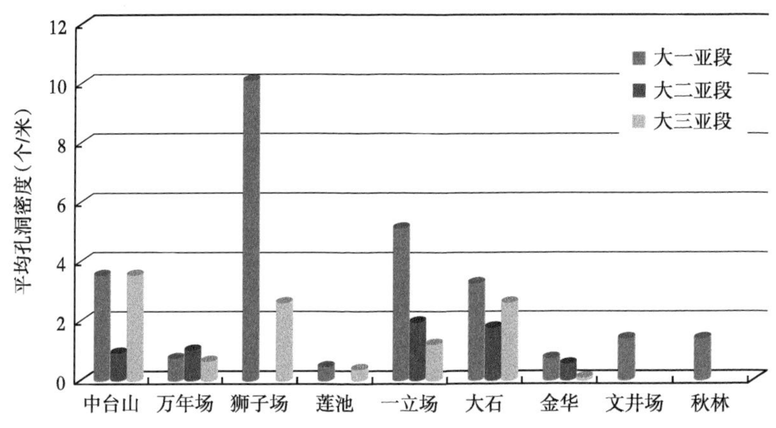

图 3-44　川中地区大安寨段岩心孔洞发育密度统计图

2. 成岩作用

成岩作用分破坏性成岩作用和建设性成岩作用两种。破坏性成岩作用如胶结作用、压实压溶作用、重结晶作用及交代作用的共同作用之下，形成了现今大安寨段介壳灰岩储层较致密的特点；而建设性成岩作用如溶解作用和构造破裂作用等又存在非常强的非均质性，局部孔洞或裂缝较为发育，因此形成大安寨段介壳灰岩储层高孔段发育较为集中，且规模较小的特征，如磨 030-H31 井、合川 125-17-H1 井；对于含泥、泥质介壳灰岩来讲，建设性成岩作用主要为溶解作用，早期保存下来的不稳定的文石质介壳在酸性流体的作用下容易形成溶孔，溶孔往往沿着文石质介壳生长的纹理发育，具一定的方向性，横向上有一定的规模，由于层薄而面广，更易形成稳产低产的储层。

3. 沉积相

平面上沉积相控制了大安寨段储层岩性的展布，因此对储层的有利区带平面展布起了很大的控制作用，平面上在高能介壳滩易形成裂缝—孔洞及裂缝型储层，而低能滩则易形成孔隙型及裂缝—孔隙型储层。

第三节　关于侏罗系致密油储层下限的讨论

结合物性、压汞数据，对四川盆地侏罗系各层位的试油资料做了大量的统计筛选，分别对大安寨段、凉高山组、沙溪庙组的储层物性及压汞数据与含油气性做了相关的对比分析，试图能总结出各层位致密油储层的下限规律。

大安寨储层下限一直以来是一个存有争议的问题，更多的专家学者认为大安寨段储层的下限是不存在的。单从孔隙度、渗透率与试油成果关系图来看（图 3-45），油层、气层的渗透率基本上在 0.01mD 以上，孔隙度在 1.2% 以上，但小于 1.2% 也有油层的存在。凉高山组孔隙度、渗透率与试油成果关系图与大安寨段有类似的特征（图 3-46），渗透率下限为 0.01mD，大部分油层孔隙度在 1.35% 以上，但是 1.35% 以下也有油层的存在。从中值孔喉半径、孔隙度、排驱压力与试油成果关系看（图 3-47 至图 3-49），大安寨段及凉高山组储层油层并不局限于孔喉半径下限（大安寨段为 0.0125μm，凉高山组为 0.01μm），且干层与油层的排驱压力的相关性较差，高排驱压力下也有油层的存在。

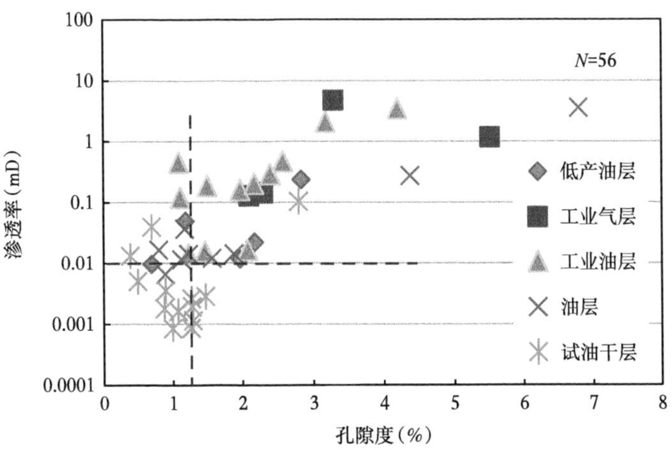

图 3-45 大安寨段储层试油段孔隙度—渗透率散点图

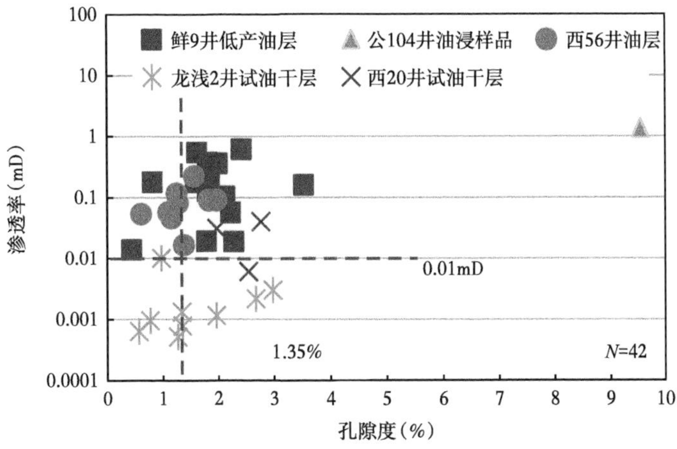

图 3-46 凉高山组储层试油段孔隙度—渗透率散点图

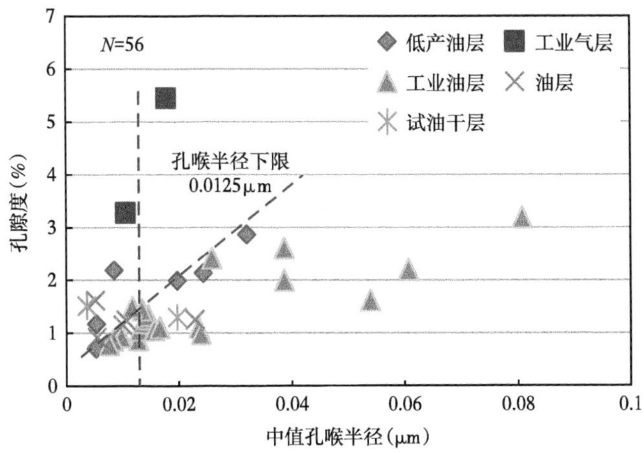

图 3-47 大安寨段储层中值孔喉半径—孔隙度散点图

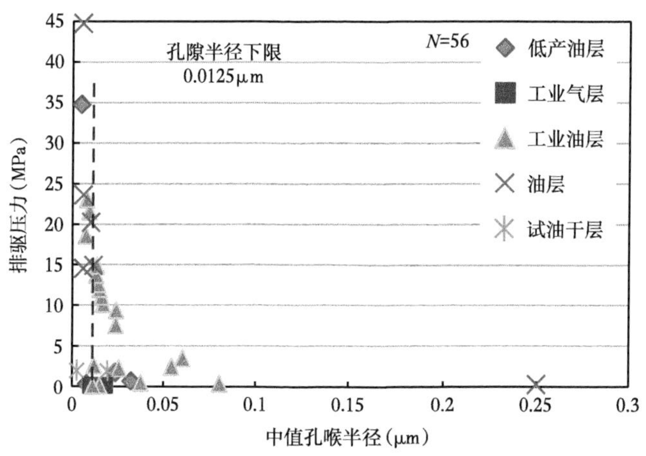

图 3-48　大安寨段储层中值孔喉半径—排驱压力散点图

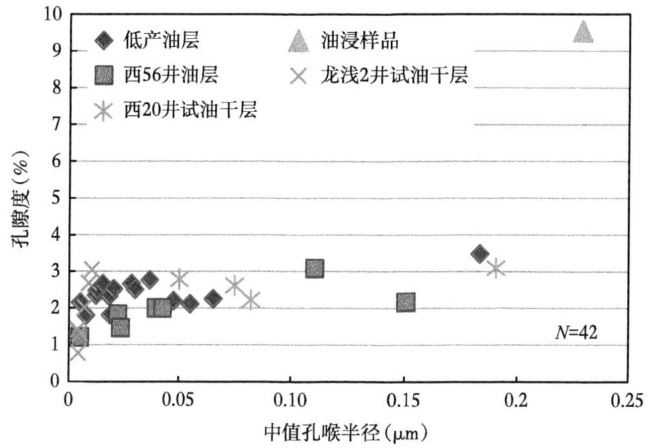

图 3-49　凉高山组储层中值孔喉半径—孔隙度散点图

综合考虑大安寨段、凉高山组储层孔隙结构、物性、压汞及试油特征，笔者认为渗透率对储层的产能影响至关重要，至少从目前的开采能力来讲，将大安寨段、凉高山组储层渗透率下限定为 0.01mD 是可行的；但是由于大安寨段、凉高山组储层并非单一的孔隙型或孔洞型储层，裂缝对这两个层系的储层性质也起着至关重要的影响，孔隙度对其含油性没有必然的约束，另一个角度也可以说大安寨段和凉高山组的储层无孔隙度的下限。

其中油层平均孔隙度为 1.46%，平均渗透率为 0.18mD，干层平均孔隙度为 2.1%，平均渗透率 0.07mD，从图 3-51，当渗透率小于 0.01mD 时，几乎全为干层，而孔隙度对含油性影响不大，因此将凉上段的储层渗透率下限定为 0.01mD。

相比之下，沙溪庙段储层的储集空间类型较为单一，表现为明显的孔隙型储层，中值孔喉半径中等，低排驱压力的特征，孔隙度—渗透率相关性较好（图 3-50 至图 3-53），几乎所有的油层孔隙度均在 3% 以上，渗透率在 0.01mD 以上，因此以 3% 作为孔隙度下限，0.01mD 作为渗透率下限，0.04μm 为孔喉半径下限。但是受制于烃源岩的分布，即使在储层下限之上也存在干层及低产层。

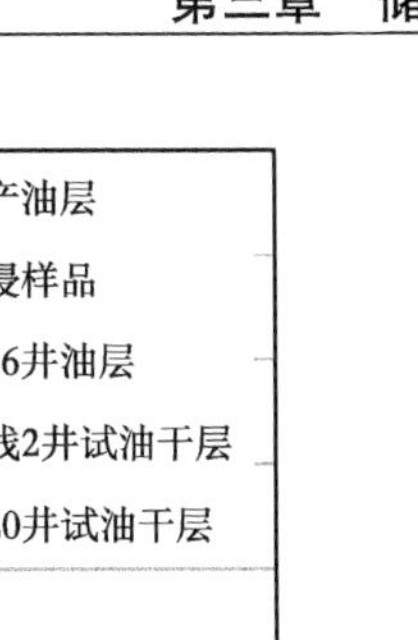

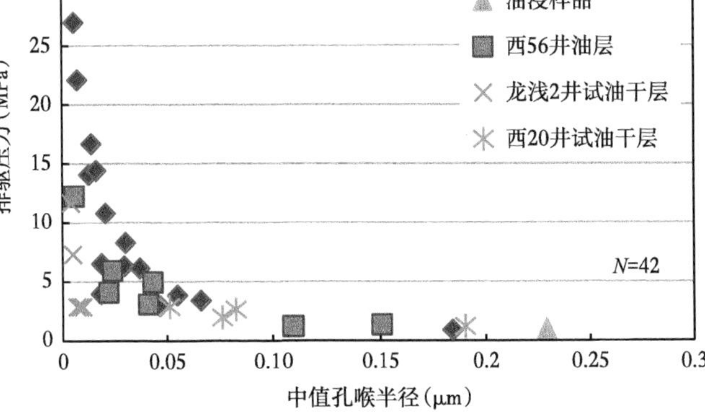

图 3-50　凉高山组储层中值孔喉半径—排驱压力散点图

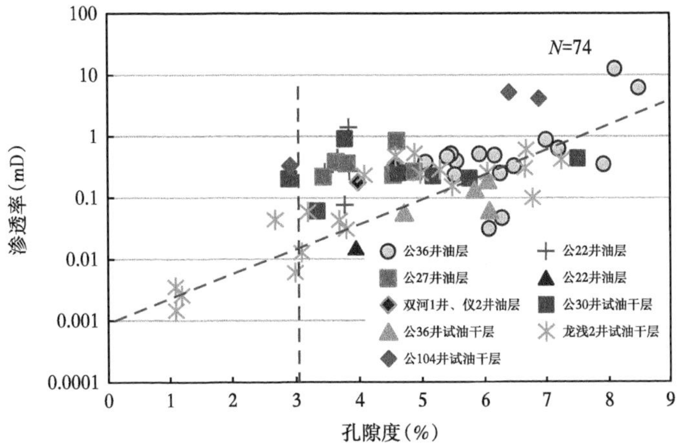

图 3-51　沙一段储层孔隙度—渗透率散点图

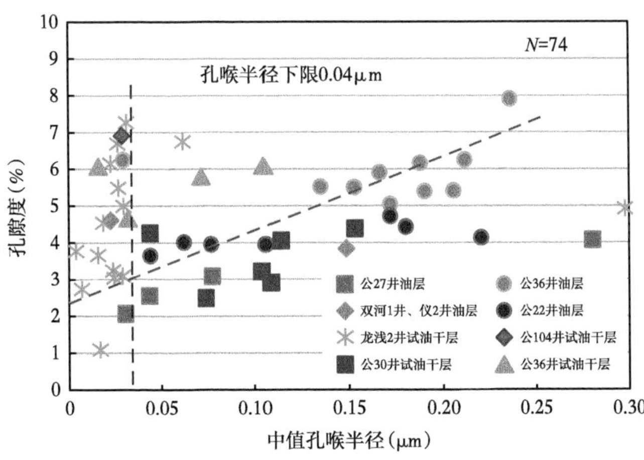

图 3-52　沙一段储层中值孔喉半径—孔隙度散点图

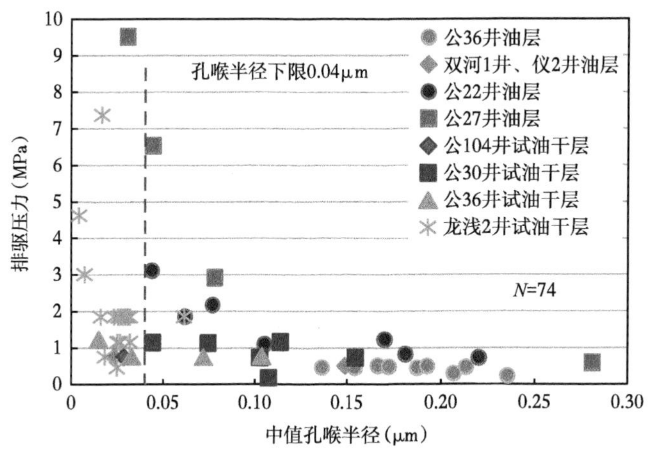

图 3-53　沙一段储层中值孔喉半径—排驱压力散点图

参考文献

胡宗全，童孝华，王允诚，1999. 川中大安寨段灰岩裂缝分形特征及孔隙结构模型［J］. 成都理工学院学报，26（1）：31-33.

寿建峰，等，2005. 砂岩动力成岩作用［M］. 北京：石油工业出版社 .

陶士振，邹才能，庞正炼，等，2012. 湖相碳酸盐岩致密油形成与聚集特点——以四川盆地中部侏罗系大安寨段为例［C］// 中国地球物理 2012.

朱如凯，邹才能，张鼐，等，2009. 致密砂岩气藏储层成岩流体演化与致密成因机理——以四川盆地上三叠统须家河组为例 . 中国科学地球科学，30（3）：327-339.

邹才能，朱如凯，吴松涛，等，2012. 常规与非常规油气聚集类型、特征、机理及展望——以中国致密油和致密气为例 . 石油学报，33（2）：173-187.

第四章　侏罗系致密油形成与分布

致密油是英文“tight oil”的中文译名，最初主要用于描述含油的致密砂岩，近几年来，致密油作为一个专门术语，代表一种非常规油气资源。国内外对致密油还没有统一规范、普遍认可的严格定义，但不同机构和学者在对致密油的含义进行描述都指出，致密油储层致密，渗透性极差，用常规的技术不能经济开发，需要利用水平钻井和多段水力压裂等技术才能经济开采。总体来说，致密油含义有广义与狭义之分，所谓广义致密油，是泛指蕴藏在具有低的孔隙度和渗透率的致密含油层中的石油资源，其开发需要使用水平井和水力压裂技术。狭义致密油与致密气（tight gas）对应，是指来自页岩之外的致密储层的石油资源，它不包括广义致密油中的狭义页岩油那部分。美国能源信息署（2005）认为致密油是从页岩中采出的石油；加拿大自然资源（2012）定义轻质致密油指在渗透率很低的沉积岩储层中发现的石油，致密油可以直接产自页岩，但多数来自低渗透的和烃源岩页岩相关的粉砂岩、砂岩、石灰岩和白云岩，需要借助包括水平井钻井和水力压裂在内的增产技术开采；中国石油贾承造、邹才能等（2012）认为致密油是指以吸附或游离状态赋存于生油岩中，或与生油岩互层、紧邻的致密砂岩、致密碳酸盐岩等储集岩中，未经过大规模长距离运移的石油聚集，并据此基础提出了 10 项评价致密油的关键指标；中国石油赵政璋、杜金虎等（2012）则在引入国外致密油气的基本概念的基础上，结合国内勘探实践和研究认识，认为致密油一般无自然产能，需通过大规模压裂才能形成工业产能，并提出致密油在储集体与运聚机理等方面与页岩油气的差别；中国石化、中国石油大学等学者（2012）则认为致密油包括页岩油，页岩油也是致密油，与国外含义相一致。

自 20 世纪末美国 Bakken 组中段致密储层获得日产油 7000t 的高产以来，致密油获得了长足发展。致密油已成为全球非常规石油勘探新亮点，北美地区表现尤为突出，美国是致密油资源开发最多和最成功的国家。我国的致密油资源潜力也很大，在松辽盆地、鄂尔多斯盆地、四川盆地等地广泛分布，但总体勘探开发和相关研究仍处于准备阶段。张威等（2013 年）通过调研指出，中国致密灰岩与砂岩油分布广阔，有利面积超过 $20\times10^4km^2$；资源潜力巨大，总地质资源量达（70~90）$\times10^8t$，已经在鄂尔多斯盆地中生界致密砂岩、四川盆地川中侏罗系、准噶尔盆地二叠系云质岩、松辽盆地中深层、渤海湾沙河街湖相碳酸盐岩、酒泉盆地白垩系泥灰岩等地区发现致密油气资源，其中鄂尔多斯盆地中生界致密砂岩、四川盆地川中侏罗系已获得工业发现，地质资源量均超过 10×10^8t。

第一节　致密油形成条件

致密油的形成需要具备三个关键条件：（1）广覆式分布的腐泥型较高成熟度的优质生油层；（2）大面积分布的致密储层；（3）连续型分布的致密储层与生油岩紧密接触的共生

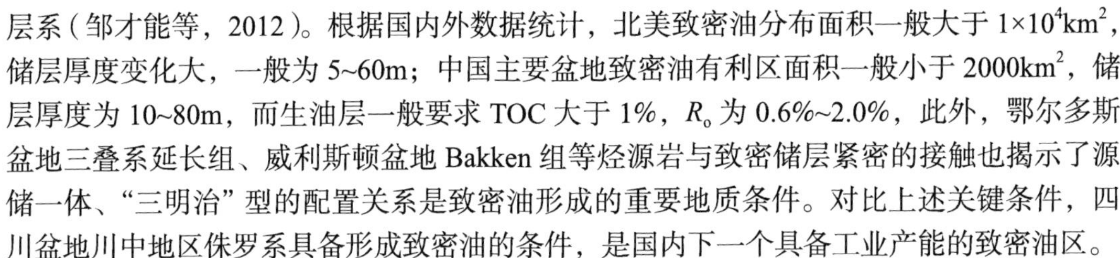

层系（邹才能等，2012）。根据国内外数据统计，北美致密油分布面积一般大于$1\times10^4km^2$，储层厚度变化大，一般为5~60m；中国主要盆地致密油有利区面积一般小于$2000km^2$，储层厚度为10~80m，而生油层一般要求TOC大于1%，R_o为0.6%~2.0%，此外，鄂尔多斯盆地三叠系延长组、威利斯顿盆地Bakken组等烃源岩与致密储层紧密的接触也揭示了源储一体、“三明治”型的配置关系是致密油形成的重要地质条件。对比上述关键条件，四川盆地川中地区侏罗系具备形成致密油的条件，是国内下一个具备工业产能的致密油区。

一、构造及沉积环境条件

1. 陆相湖盆稳定宽缓的坳陷—斜坡区

作为非常规油气藏的一种，致密油气藏具有与常规油气藏不同的地质条件特征，邹才能等（2012）指出常规油气藏主要发育在断陷盆地大型构造带、前陆冲断带大型构造、被动大陆边缘以及克拉通大型隆起等正向构造单元中，具有常规二级构造单元控制油气分布的特征；非常规油气主要分布于前陆盆地坳陷—斜坡、坳陷盆地中心及克拉通向斜部位等负向构造单元，油气并不局限于二级构造单元，而是大面积连续或准连续分布于盆地斜坡或中心，圈闭界限不明显。而现今国内外所发现的致密油气区也都具有稳定宽缓的构造背景，例如威利斯顿盆地Bakken组致密油具有宽广的海相—海陆过渡相沉积环境与稳定的沉降的构造背景；鄂尔多斯盆地苏里格致密气具有宽缓稳定的斜坡背景；吉木萨尔凹陷二叠系芦草沟组致密油则连续分布在准噶尔盆地东部西倾东抬的斜坡带上。

晚三叠世须家河组沉积期，四川盆地西缘由于松潘—甘孜造山带的隆升，形成川西前陆盆地，并在龙门山前形成川西坳陷；到早—中侏罗世盆地北部秦岭造山带向盆内仰冲，在川西前陆盆地基础上，叠加形成川北大巴山前陆盆地，在盆地东北部形成川东北坳陷；晚侏罗世盆地南缘雪峰山逆冲推覆，形成川东南坳陷。而川中低隆区处于上扬子克拉通盆地的核心区，其上盖层变形相对微弱，从而使得川中低隆区成为川西坳陷、川东北坳陷和川东南坳陷共同具有的前陆隆起，并自南东向北西逐渐倾伏，总体构造宽平，断裂少，最终形成南高北低的平缓单斜。四川盆地这种周缘坳陷环绕川中低隆区这一构造特征对侏罗系致密油的形成具有重要的意义，首先有利于湖相泥质烃源岩由坳陷区至隆起区的斜坡带大面积稳定发育；其次是川中低隆区至平缓斜坡带既有利于凉高山组沉积期和沙一段沉积早期浅水三角洲—湖相砂体呈大面积席状分布，也有利于大安寨段沉积期生物介壳滩体大面积环带状发育；再者川中平缓褶皱带地层变形弱，大断裂少，但受周缘复合造山运动的影响，在多组区域应力作用下有利于发育网状裂缝。上述表明，这种陆相湖盆稳定宽缓的坳陷—斜坡区构造背景为川中—川北地区侏罗系致密油的形成提供了良好的构造地质条件。

2. 发育稳定陆相湖盆沉积环境

大面积分布的优质烃源岩、致密储层和源储共生关系是致密油气形成的三个重要地质条件，而沉积环境及其演化则作为致密油气形成的基础地质条件控制了致密油气形成的烃源岩、致密储层和源储共生关系。

四川盆地中—下侏罗统经历过五次湖侵，即珍珠冲段沉积中期、东岳庙段沉积期、大安寨段大一三亚段沉积期、凉高山组凉上Ⅰ-Ⅱ亚段沉积期、下沙溪庙组叶肢介页岩层沉积期，构成长期旋回的退积—进积—退积或退积—进积的沉积演化序列，其中除珍珠冲段沉积期湖侵规模相对较小外，东岳庙段沉积期、大安寨段沉积期、凉高山组沉积期湖侵规

模较大，由此可知，东岳庙段沉积期、大安寨段沉积期、凉高山组沉积期（包括沙一段沉积早期）和珍珠冲段沉积期湖盆沉积环境有利于致密油气的形成。

具体而言，早侏罗世受龙门与秦岭造山带造山活动的应力场调整作用影响，盆地沉降与沉积中心逐渐由川西龙门山山前转移至川北大巴山山前，盆地地形地貌逐渐由“西低东高”转化为“北低南高”态势。在此沉积环境背景下，珍珠冲段沉积期盆地西缘和北缘沉积物粒度相对较粗，沉积体系多表现为冲积扇、滨湖—三角洲平原相；盆地中部以德阳—遂宁—重庆一线以北大面积发育滨浅湖相三角洲前缘席状砂；盆地中北部前陆坳陷区中台山到川东北达州一带发育多个凹陷中心，以浅湖—半深湖相泥页岩、砂质页岩和席状砂体为主；因此珍珠冲段沉积期，仅在四川盆地中北部斜坡带沿凹陷周缘发育的滨浅湖席状砂体分布区是有利的致密油区。而东岳庙段沉积期湖泛达到最大期，除盆地周缘发育零星三角洲砂体外，该期盆地内主要发育湖泊相沉积，以广泛发育的介壳滩灰岩、页岩为特点，尤其是川中低隆区泥质烃源岩和介壳灰岩储层均有分布，源储配置关系好，有利于致密油气的形成，但由于湖泊高位期时间短、湖退速率较快，烃源岩层、储层厚度均薄。

马鞍山段沉积晚期—大安寨段沉积期自下而上为一套退积—进积的沉积旋回，具有完整的快速湖进—快速湖退的水体升降过程。马鞍山主要发育洪泛湖泊沉积，至大安寨段沉积早期演化为滨浅湖—半深湖，发育介壳滩灰岩、页岩，浅湖相由龙岗—营山一线逐渐向南扩展至射洪—充西—广安一线；至大一三亚段沉积期湖泛达到最大期，湖泊相大面积分布，川中地区浅湖继续向南扩展至资阳—荣昌一线，发育黑色页岩夹介壳灰岩或石灰岩与页岩互层；大安寨段沉积晚期，开始快速湖退，发育滨浅湖介壳滩灰岩、页岩沉积，由于波浪改造强烈发育高能介壳滩沉积，并且介壳滩灰岩介屑粒度粗、滩体厚度大、泥质含量低，成为良好的碳酸盐岩储集体。相较珍珠冲段沉积期和东岳庙段沉积期，大安寨段沉积期由于滩体规模大、烃源岩层发育，介壳滩油气聚集条件好。

凉高山组沉积期—沙溪庙组沉积早期自下而上为一套退积—强进积的沉积旋回，表现为较大规模的完整的湖进—湖退的水体变化过程。凉下段在继承早期浅水湖泊基础上，主要发育滨湖沉积环境和长距离分流河道为特点的三角洲沉积体系，烃源岩不发育，且砂体厚度一般较薄。自凉上段沉积早期开始快速湖进，发育退积或水进型三角洲沉积，并且由于受湖浪改造作用，砂体连续性好；至凉上Ⅰ-Ⅱ亚段沉积期湖泛达到最大期，湖泊相大面积分布，凹陷中心位于达州—万县一带，川中地区沿凹陷边缘砂体普遍较薄、粒度细，但在华蓥山西部地区，由于古断裂作用引发的限制性古水流作用和物源丰度较高，发育呈南北向展布的三角洲沉积体系，单砂体厚度、砂岩粒度也有由南向北增大的趋势；至凉上Ⅰ亚段沉积期逐步开始缓慢湖退，发育进积型三角洲沉积；沙溪庙组沉积早期，随西北方向中近距离的物源、东南方向远距离的物源逐步向川中地区推进，进积型三角洲于公山庙、南充一带汇合连片，湖泊开始大幅度萎缩，半深湖相消亡，该期砂体厚度增大、粒度变粗，与下伏凉高山组沉积期大面积分布的优质烃源岩共同为致密油形成奠定了良好的沉积背景。

总体上，紧邻川北、川东南沉积中心的宽广的川中低隆区自中—下侏罗统珍珠冲段沉积期至下沙溪庙组沉积期持续发育稳定的陆相湖盆沉积环境，在此沉积背景下，尤其是在东岳庙段沉积期和大安寨段沉积期，陆源碎屑输入量减小，沉积速率明显变小，湖平面处于上升阶段并达到高峰，滨浅湖环境中出现相对高地或隆起区，形成湖水面相对稳定、含氧充足的清水环境，促进了碳酸盐岩的发育，因此既发育广覆式分布的烃源岩也发育大面积的致密灰岩储层；凉高山组沉积中晚期物源主要来自北部大巴山，盆地东北部三角洲分流河道砂体发育，而川中地区则大面积发育滨浅湖席状砂体和泥质烃源岩；沙一段底部席状砂体在川中大面积分布，虽自身烃源岩有限，但下伏紧邻凉上段优质烃源岩；而珍珠冲段沉积期也具有致密油的沉积背景条件，但湖盆分布面积相对有限。

二、烃源岩条件

四川盆地川中地区纵向上主要发育珍珠冲段、东岳庙段、大安寨段和凉高山组四套烃源岩，其中东岳庙段、大安寨段和凉高山组分布面积较广，厚度大，而珍珠冲段烃源岩分布较为局限。三轮资源评价（2004 年）统计，下侏罗统深灰色、黑色泥质岩有机碳含量多分布在 0.55% 以上，一般变化在 0.4%~1.2% 之间，高者可达 6.3%，有机质类型以Ⅰ型和Ⅱ型为主；根据川东—川北地区烃源岩实测 R_o 值统计，下侏罗统烃源岩已达到成熟—高成熟阶段，R_o 为 1%~1.87%，以通江—宣汉—开县一带热演化程度相对较高，以生成凝析油和湿气为主，川中地区 R_o 多为 1% 左右，正处于成熟阶段，以生成原油为主，川中的侏罗系地质资源量仅为 2.11×10^8t。卢文忠等 2006 年对川中侏罗系烃源岩做了进一步研究，分析认为大安寨段、凉高山组烃源岩 TOC 为 0.62%~3.98%，一般均在 1.0%~2.0% 之间，有机质类型以Ⅱ型为主，有机碳丰度高、类型较好。将东岳庙段烃源岩作为次要烃源岩，认为其分布广，厚度也较大，一般为 10~40m，为黑色、深灰色页岩，TOC=0.62%~2.32%，川中地区 R_o 为 0.63%~1.8%，推测其具有多个烃源岩发育中心，估算川中总资源量约 10×10^8t，梁狄刚等（2011）认为过去未计算珍珠冲段和东岳庙段资源量，并将四川盆地侏罗系与鄂尔多斯盆地上三叠统延长组湖相烃源岩生烃条件进行比较（表 4-1），认为两个盆地的两套湖相烃源岩，分布面积、厚度和生油指标都相近，四川盆地侏罗系石油应该和鄂尔多斯盆地延长组一样，是一种大面积、非常规致密油聚集，由此提出四川盆地中北部侏罗系大面积非常规石油勘探潜力的再认识，并认为四川盆地侏罗系的石油资源量可能更为丰富。

表 4-1　四川盆地与鄂尔多斯盆地湖相烃源岩生烃条件比较（梁狄刚等，2011）

生烃参数	四川盆地下侏罗统	鄂尔多斯盆地上三叠统延长组
烃源岩厚度（m）	40~160	40~160
分布面积（10^4km^2）	8.3	8.0
TOC（%）	1.13~2.41	1.56~1.87
氯仿沥青“A”（%）	0.10~0.26	0.14~0.20
总烃（μg/g）	1.364~2.628	773~1189
母质类型	Ⅱ型	Ⅱ型
R_o（%）	0.9~1.3	0.75~1.22
生烃强度（$10^4t/km^2$）	20~200	100~400

1. 凉高山组烃源岩特征和分布

1）烃源岩分布

凉高山组烃源岩以黑色、深灰色泥页岩为主，可见薄层的泥质介壳层，含淡水双壳类化石。泥质烃源岩分布具有明显的分带性，盆地东部—中部以浅—半深湖相黑色页岩沉积为主，普遍含分散状黄铁矿，沉积环境具有较强的还原性，向西部逐渐相变为灰色泥岩、灰绿色、紫红色泥岩，逐渐过渡为弱氧化、氧化环境，也表明盆地中东部地区是较有利的烃源岩发育地区，有利于油气生成和成熟。剖面上，泥页岩单层厚度为 2~20m，累计厚度为 20~200m，主要分布于凉高山组上部，局部地区在凉高山组下部也有分布，如金华构造以西地区、南部—巴中地区、界牌 1 井地区，具有多湖盆中心的特点。平面上，一般厚 10~100m，元坝—蓬安—广安一线以东北地区，厚 50~180m，江油—遂宁—赤水一线以西，厚度小于 10m。此外，重庆—綦江一带以东地区烃源岩发育条件较好，厚 50~80m，达州—梁平为主要的湖盆中心，涪陵—南川可能存在一个次级湖盆中心，暗色泥页岩分布明显受沉积相带控制（图 4-1）。

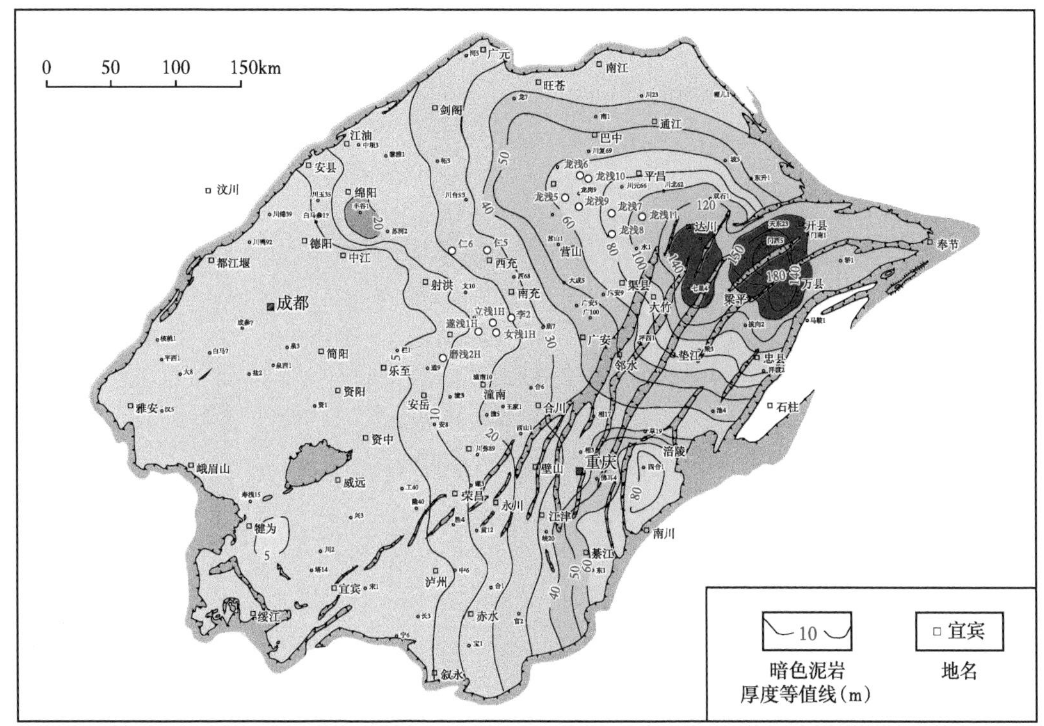

图 4-1 四川盆地凉高山组烃源岩分布图

致密油勘探实践和研究表明，大面积分布的优质烃源岩是致密油气形成的重要物质基础，张斌等（2015）通过对四川盆地烃源岩和石油的对比研究发现，四川盆地侏罗系获得的工业性油流，也主要来自有机质丰度较高的烃源岩，即 TOC＞1%、S_1+S_2＞2mg/g 的暗色泥岩，是对原油具有实质贡献的优质烃源岩，但并未否定 TOC 为 0.5%~1.0% 这一部分暗色泥岩对致密油的贡献，并依此烃源岩评价指标，认为凉上段烃源岩主要分布在四川盆地东部，分布面积为 $10.8\times10^4km^2$，TOC 为 0.5%~1.0% 的烃源岩厚度一般在 40~80m，在川东地区达州—梁平一带厚度最大，可达 100m。TOC＞1% 的烃源岩厚度一般在 20~40m，达州—梁平一带厚度最大不超过 50m。而绵阳—遂宁—泸州一带以西，不发育凉高山组烃源岩（图 4-2）。因此从凉高山组优质烃源岩（TOC＞1.0%）的分布面积看，其分布范围与湖盆大小相关，占据了四川盆地面积的一半以上，具备致密油形成所需要的大面积分布的烃源条件，但从优质烃源岩的厚度来看，相比鄂尔多斯盆地延长组烃源岩要薄。

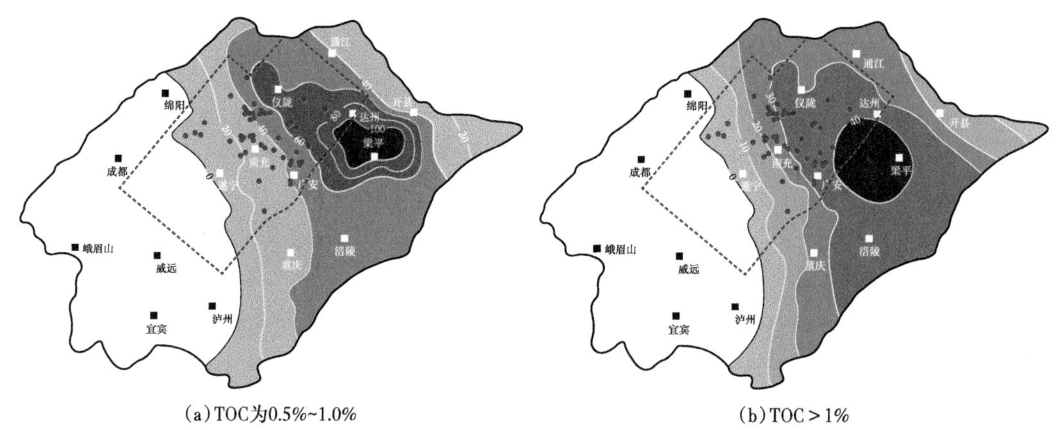

图 4-2 凉高山组烃源岩厚度等值线图（据张斌等，2015）

2）有机碳丰度

与常规油气相比，致密油气对烃源条件的要求更加强调大面积分布和高丰度，例如北美的 Bakken 组海相页岩，有机碳含量达到了 10%~14%；我国的松辽盆地青山口组一段的湖相泥质烃源岩有机碳含量平均为 2.2%，有效烃源面积达 $6.5\times10^4km^2$。对比来看，四川盆地侏罗系凉高山组烃源岩有机碳丰度虽然偏低但分布面积大，对暗色泥页岩厚度 30m 线以西的西 56 井、平昌 1 井、大成 5 井、广 100 井等的凉高山组烃源岩采样实验分析表明，总有机碳含量为 0.98%~3.98%（表 4-2），从这些井的平面看，位于浅—半深湖相区的井（鲜 5 井、公 30 井、西 56 井等）有机碳含量较高，往西部至滨浅湖地区的井（角 95 井）有机碳含量降低，明显呈现“西低东高”的特点，同样受沉积相带控制。

表 4-2 川中地区凉高山组烃源岩有机碳含量实测数据表

地层	井号	层位	岩性	总有机碳含量（%）
凉高山组	西 56	凉上Ⅰ亚段	灰黑色泥页岩	2.52
	西 56	凉上Ⅰ亚段	灰黑色页岩	2.22
	广 100	凉上Ⅰ-Ⅱ亚段	灰黑色页岩	2.04
	广 100	凉上Ⅱ亚段	深灰色泥页岩	0.98
	公 30	凉上段	深灰色泥页岩	1.47
	公 30	凉上段	深灰色泥岩	2.26
	公 31	凉上Ⅰ亚段	深灰色泥页岩	2.81
	鲜 5	凉上Ⅰ亚段	灰黑色页岩	3.98
	大成 5	凉上Ⅱ亚段	灰黑色页岩	1.70
	角 95	凉上段	深灰色泥页岩	1.05

区域上，川东、川北和川中—中下侏罗统深灰色泥质岩有机碳丰度平均值分别达到1.13%、1.29%和1.19%（杜敏等，2005），其中的凉高山组烃源岩的有机碳丰度相对较高，在公山庙、西充、龙岗以及鲜渡—广安等地区的凉高山组烃源岩的有机质的丰度基本相近，一般分布在0.5%~2.0%，以较好—好的烃源岩为主，略低于国内多数大型陆相湖盆，但有20%左右的优质烃源岩（张斌等，2015）。烃源岩有机质丰度与工业性油流井密切相关，高产井多分布在TOC＞1.0%的区域，即TOC控制了石油的富集和高产，这也进一步表明凉高山组致密油分布受大面积分布的优质烃源岩的控制（图4-3）。

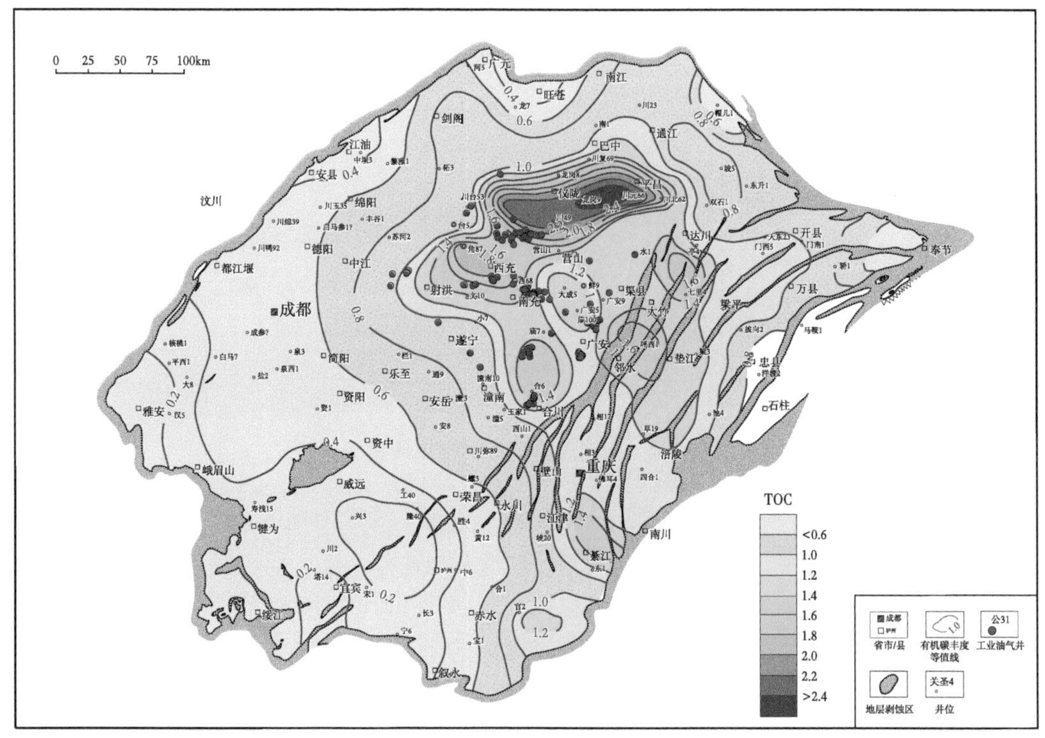

图4-3　凉高山组烃源岩有机碳分布图

3）有机质类型

有机质显微组成是判断有机质类型的直接证据，以氢指数（HI）—T_{max}（℃）图版判断四川盆地侏罗系有机质类型为Ⅱ-Ⅲ型。其中，川中地区凉高山组烃源岩以Ⅱ型、Ⅰ型为主，Ⅲ型较少，Ⅱ型、Ⅰ型烃源岩大致分布在八角场—射洪—潼南一线以西地区；张水昌、张斌（2013）依据公山庙和充西等地区的有机质显微组成和岩石热解分析也表明（图4-4），公山庙、西充地区有机质多为$Ⅱ_1$型，鲜渡河—广安—合川等地区以$Ⅱ_1$—$Ⅱ_2$型有机质为主，龙岗地区因有机质成熟度较高，T_{max}值较高，不易判断其类型，因此综合判断川中地区烃源岩主要为$Ⅱ_1$—$Ⅱ_2$型，以生油为主。

4）有机质成熟度

四川盆地凉高山组有机质热演化特征明显受烃源岩分布特征影响，具有明显分带性，一般处于低成熟—高成熟阶段，R_o为0.68%~1.4%，呈“西低东高”特点。仪陇—平昌地区

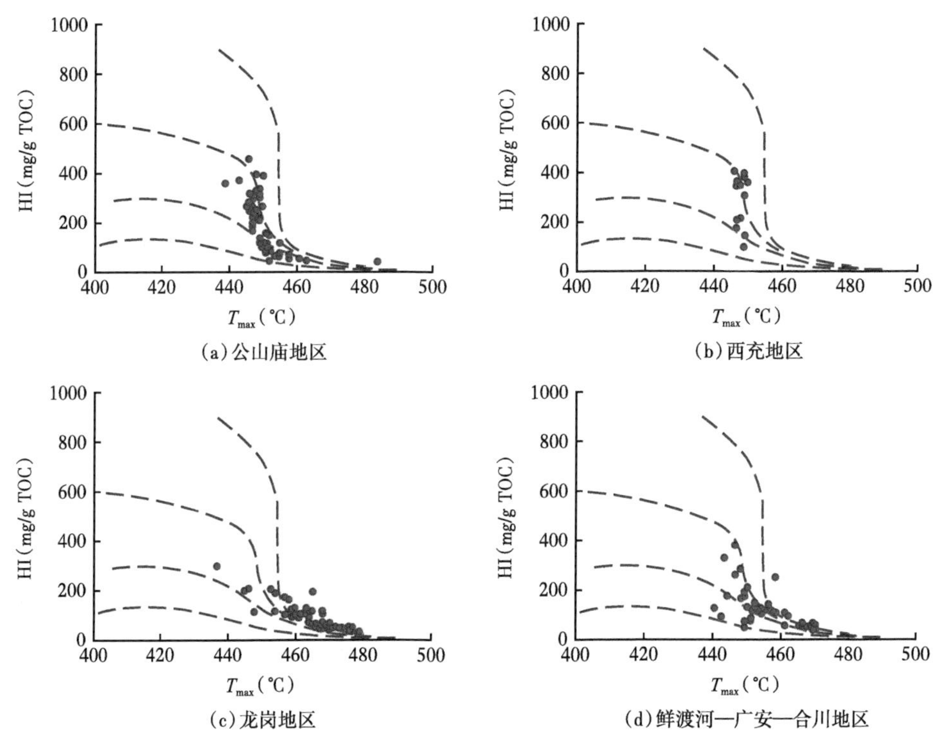

图 4-4　凉高山组烃源岩有机质类型

的 R_o 一般＞1%，已进入生油高峰期；八角场—潼南一线以西地区，R_o 一般＜0.6%，处于刚进入生油门限阶段；低成熟区大致相当于包括南充、龙女寺、合川、广安等构造，R_o 一般为 0.7%~0.9%，所以川中大部分地区有机质演化处于低成熟阶段，而仪陇—平昌地区和以北的川北地区处于成熟—高成熟阶段。张斌等（2013）根据近 30 口井的岩石热解数据分析认为，凉高山组有机质热演化特征可能更为复杂，其烃源岩总体处于生油窗内，R_o 值总体在 0.8%~1.3% 之间，龙岗地区成熟度最高，可达 1.3% 以上。广安地区烃源岩 R_o 在 1.0%~1.1%，与原油的成熟度基本一致。莲池地区 R_o 值处于 0.9%~1.0% 之间，公山庙地区 R_o 值处于 1.0%~1.1% 之间，似乎呈"北高南低"的特点（图 4-5）。虽然有机质成熟度分布特征略有差异，但凉高山组烃源岩总体处于生油高峰早期阶段的结论是基本一致的。

2. 大安寨段烃源岩特征和分布

1）烃源岩分布

大安寨段烃源岩是四川盆地侏罗系最为重要的生油岩，以黑色、深灰色泥页岩为主，页岩颜色深、质纯、页理发育，普遍含黄铁矿，局部可见薄层的灰色泥晶白云岩等，为强还原性的浅湖—半深湖沉积环境。剖面上泥质烃源岩总厚度为 10~60m，主要分布于大安寨段中部的大一三亚段，这与大一三亚段沉积期间湖盆面积最大、水体最深有关，而大一亚段沉积期和大三亚段沉积期间，以滨浅湖环境为主，主要发育了介壳灰岩。平面上与凉高山组相比，大安寨段烃源岩分布范围更广，广泛分布于川中地区，约 $12.8\times10^4km^2$，呈近"东西向"展布，主要分布于金华—营山至川东达州—万州一线（图 4-6）。

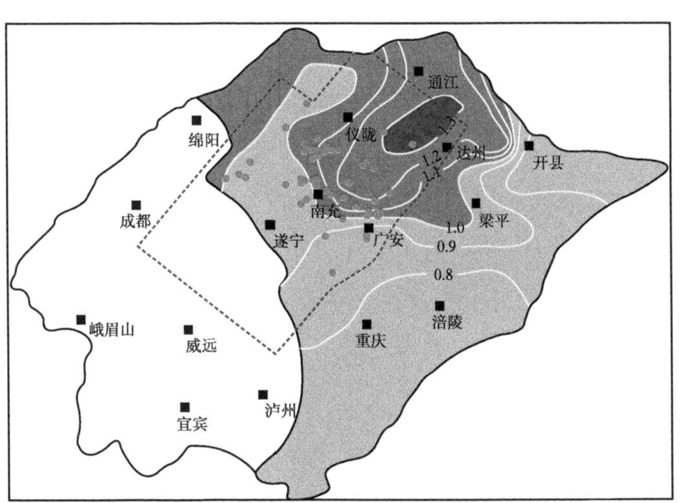

图 4-5 四川盆地侏罗系凉高山组烃源岩 R_o 等值线图（据张斌等，2013）

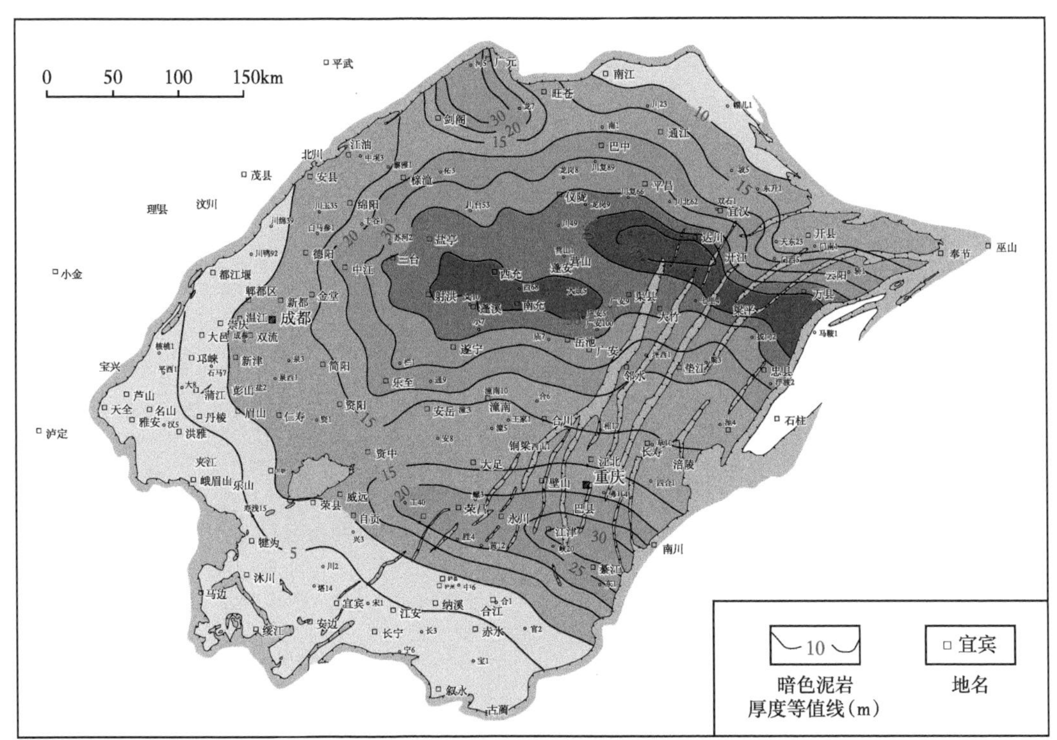

图 4-6 四川盆地大安寨段烃源岩分布图

大安寨段的储层主要是位于顶底两段的大一亚段、大三亚段的致密介壳灰岩，包括烃源岩发育的大一三亚段所夹的中薄层致密介壳灰岩，因此该段优质烃源岩的分布为致密油气的形成提供了充足的资源基础。目前大安寨段提交探明储量的五个油田的分布并非位于烃源岩最厚的地区，而是在盆地中部烃源岩厚度为 30~40m（TOC＞0.5%）或 20~30m（TOC＞1%）的区域（图 4-7），这与优质烃源岩与致密灰岩储层的分布密切相关。

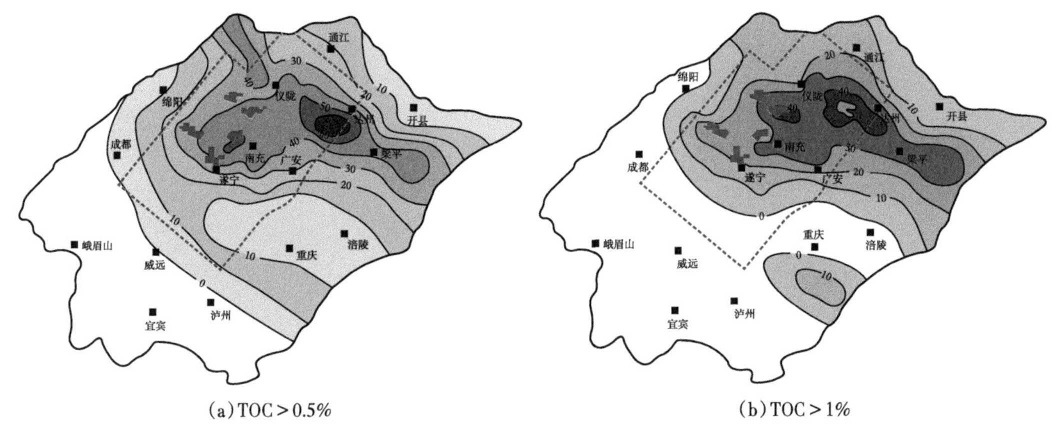

(a) TOC＞0.5%　　(b) TOC＞1%

图 4-7　大安寨段烃源岩厚度等值线图（据张斌等，2015）

2）有机碳丰度

大安寨段烃源岩有机质丰度与凉高山组基本相当，有机碳含量主要分布在 0.62%~2.30%，大部分样品均大于 1.2%，以较好—好的烃源岩为主，并有少量 TOC＞2% 的优质烃源岩和 TOC＜0.5% 的非烃源岩（表 4-3）。不同地区有机质丰度有所差异，张水昌等（2013）对川中金华、公山庙、磨溪—李渡、蓬莱—西充、龙岗以及鲜渡河地区的有机质丰度进行了系统的对比研究，金华地区 TOC＞0.5% 的暗色泥岩占 85%，TOC＞1% 的好烃源岩占 54%，TOC＞2% 的优质烃源岩占 11%；公山庙地区 TOC＞0.5% 的暗色泥岩占 75%，TOC＞1% 的好烃源岩占 40%，优质烃源岩占 13%；磨溪—李渡—合川地区 TOC＞0.5% 的暗色泥岩占 93%，TOC＞1% 的好烃源岩占 48%，优质烃源岩占 17%；蓬莱—西充地区 TOC＞0.5% 的暗色泥岩占 80%，TOC＞1% 的好烃源岩占 40%，优质烃源岩占 13%；龙岗地区 TOC＞0.5% 的暗色泥岩占 77%，TOC＞1% 的好烃源岩占 48%，不含优质烃源岩；鲜渡河地区 TOC＞0.5% 的暗色泥岩占 90%，TOC＞1% 的好烃源岩占 47%，优质烃源岩占 5%。同一地区烃源岩丰度有较大的变化，这与沉积环境的变化有关，但总体上川中地区大安寨段烃源岩有机质丰度差异不大，中西部地区较东部烃源岩丰度要略高。

表 4-3　川中地区大安寨段烃源岩有机碳含量实测数据表

井号	层位	岩性	总有机碳含量（%）
聚 1	大一三亚段	灰黑色泥页岩	1.55
仪 2	大一亚段	灰黑色页岩	1.39
鲜 5	大一亚段	灰黑色页岩	1.19
莲 13	大一三亚段	灰黑色页岩	1.20
秋 25	大一亚段	深灰色泥页岩	0.62

续表

井号	层位	岩性	总有机碳含量（%）
象 1	大一三亚段	灰黑色页岩	1.32
象 3	大三亚段	深灰色泥页岩	0.91
西 20	大一三亚段	灰黑色页岩	1.63
西 39	大一亚段	灰色泥岩	0.429
平昌 1	大一三亚段	灰黑色含介屑页岩	1.27
平昌 1	大一三亚段	灰黑色含介屑页岩	1.33
小 3	大二亚段	灰黑色含介屑泥页岩	0.69
蓬莱 10	大一三亚段	灰黑色页岩	2.30
蓬莱 10	大一三亚段	灰黑色页岩	1.72
李 001-x1	大一三亚段	灰黑色页岩	1.10

平面上看，川中地区 TOC 平均值总体处于 0.8%~1.4%（TOC＞0.5%）或 1.0%~1.6%（TOC＞1%）之间，蓬莱—莲池—公山庙一带是 TOC 的高值区，平均值均大于 1.6%，五大油田均位于 TOC=1.6% 等值线内或其边缘。与凉高山组烃源岩相似，说明大安寨段烃源岩的 TOC、而不是厚度，控制了主要工业性油流井的分布（图 4-8）。

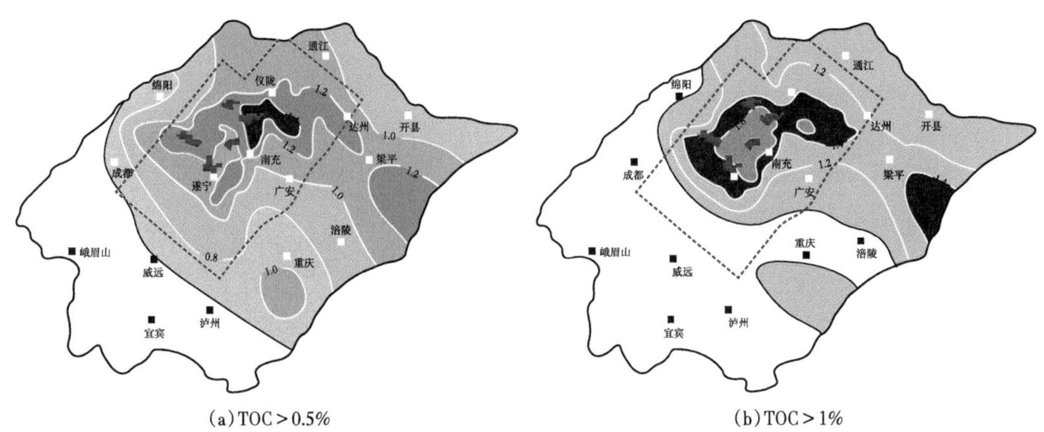

图 4-8　大安寨段烃源岩 TOC 等值线图（据张斌等，2013）

3）有机质类型

干酪根显微组分分析表明，大安寨段烃源岩有机质以壳质组为主，含量可达 60%~80%，个别井样品可达 90%，并以腐殖无定形体为主；其次是腐泥组和镜质组，含量一般在 20% 左右；惰质组含量相对较低，一般不到 10%。少量烃源岩有机质腐泥组含量为 50%~60%，其壳质组含量低，惰质组相对含量较高，为 30%~40%。通过类型指数计算，有机质类型多为 II_2 型，少数为 II_1 型（表 4-4）。

表 4-4　四川盆地大安寨段有机质显微组成

井号、样品号	层位	岩性	腐泥组（%）	壳质组（%）	镜质组（%）	惰质组（%）	干酪根类型
Penglai11-2	大安寨段	泥质介壳层	53.33	0.00	7.33	39.33	$Ⅱ_2$
Penglai11-3	大安寨段	泥岩	54.00	0.00	6.00	40.00	$Ⅱ_2$
QLX-2★	大安寨段	泥岩	51.67	0.00	8.67	39.67	$Ⅱ_2$
QLX-5★	大安寨段	泥岩	1.67	5.67	22.33	70.33	Ⅲ
Penglai10-1*	大安寨段	泥岩	20	60	13	7	$Ⅱ_2$
Penglai10-2*	大安寨段	泥岩	30	57	9	4	$Ⅱ_1$
Penglai10-3*	大安寨段	泥岩	10	67	15	8	$Ⅱ_2$
Penglai10-4*	大安寨段	泥岩	20	60	13	7	$Ⅱ_2$
Penglai10-5*	大安寨段	泥岩	10	72	11	7	$Ⅱ_2$
Psh-1★	大安寨段	泥岩	62	0.7	36.7	0.6	$Ⅱ_2$
Yi2-1	大安寨段	泥岩	10	84	4	2	$Ⅱ_1$
Xi39-1	大安寨段	泥岩	0	93	2	5	$Ⅱ_2$

注：* 数据来源于中国石油勘探开发研究院，2013；★ 数据源于野外剖面样品。

4）有机质成熟度

大安寨段烃源岩实测 R_o 值一般在 0.6%~1.16% 之间（表 4-5），处于生油高峰早期阶段—成熟阶段。部分样品干酪根中镜质体含量少，测点数未能达到要求，测试结果可靠性不高，不能真实反映有机质的成熟度。另外，大安寨段发育浅湖相的泥质介壳灰岩、介壳灰岩，有机质含量较为丰富，前人研究表明，其平均 R_o 值为 0.48%。主要分布于大一亚段、大三亚段，平面上围绕金华—达县一带的沉积中心呈“环带状”分布，最厚约 50m，是大安寨段内部次要烃源岩类型。

表 4-5　四川盆地大安寨段烃源岩镜质组反射率（R_o）实测数据表

井号	层位	岩性	R_o（%）	测定点数	标准离差	备注
平昌 1	大一三亚段	灰黑色含介屑页岩	1.02	10	0.054	
平昌 1	大一三亚段	灰黑色含介屑页岩	0.85	8	0.039	
小 3	大二亚段	灰黑色含介屑泥页岩	0.71	7	0.020	
聚 1	大一三亚段	灰黑色泥页岩	0.68	2	0.035	供参考
仪 2	大一亚段	灰黑色页岩	0.72	4	0.017	供参考
仪 2	大一亚段	灰黑色页岩	1.18	10	0.08	
鲜 5	大一亚段	灰黑色页岩	0.61	6	0.012	
莲 13	大一三亚段	灰黑色页岩	0.86	16	0.046	
莲 13	大一三亚段	灰黑色页岩	0.6808	4	0.0508	仅供参考
秋 25	大一亚段	深灰色泥页岩	0.83	16	0.053	
象 1	大一三亚段	灰黑色页岩	0.83	8	0.039	
象 3	大三亚段	深灰色泥页岩	1.16	18	0.065	
李 001-x1	大一三亚段	灰黑色页岩	0.7476	15	0.0610	

依据张斌等（2013）对大安寨段样品岩石热解数据分析来看，多数样品热解 T_{max} 值一般在 445~460℃之间，不同地区略有差异。其中蓬莱—西充地区最低，为 447℃左右，其次是金华及南环带，为 450℃左右，公山庙地区烃源岩的 T_{max} 值略高，在 453℃左右，龙岗及鲜渡河地区 T_{max} 值达到 457℃。上述地区对应的 R_o 值分别为 0.95%、1.05%、1.20% 和 1.35%。总体上大安寨段烃源岩 R_o 分布趋势与凉高山组基本相当，川中地区 R_o 位于 0.9%~1.4% 范围内。大安寨段主要的油气田对应的 R_o 值一般在 1.0%~1.2%，为生烃高峰的后期，原油中含有较高的天然气，这有利于地层能量的补充和石油的开发。

3. 东岳庙段烃源岩特征和分布

本区东岳庙段烃源岩以黑色、深灰色泥页岩夹灰色泥灰岩、生物灰岩为主，富含淡水双壳类化石，一般泥页岩烃源岩厚 10~40m，分布面积约 $6.89\times10^4km^2$，约为大安寨段烃源岩面积的一半（图 4-9），广泛分布于川中—川东地区，以女深 1 井为例，地层厚度 35m，烃源岩总厚度为 30m，占地层总厚的 85%；其中黑色页岩厚度为 24m，占地层厚度的 68%。

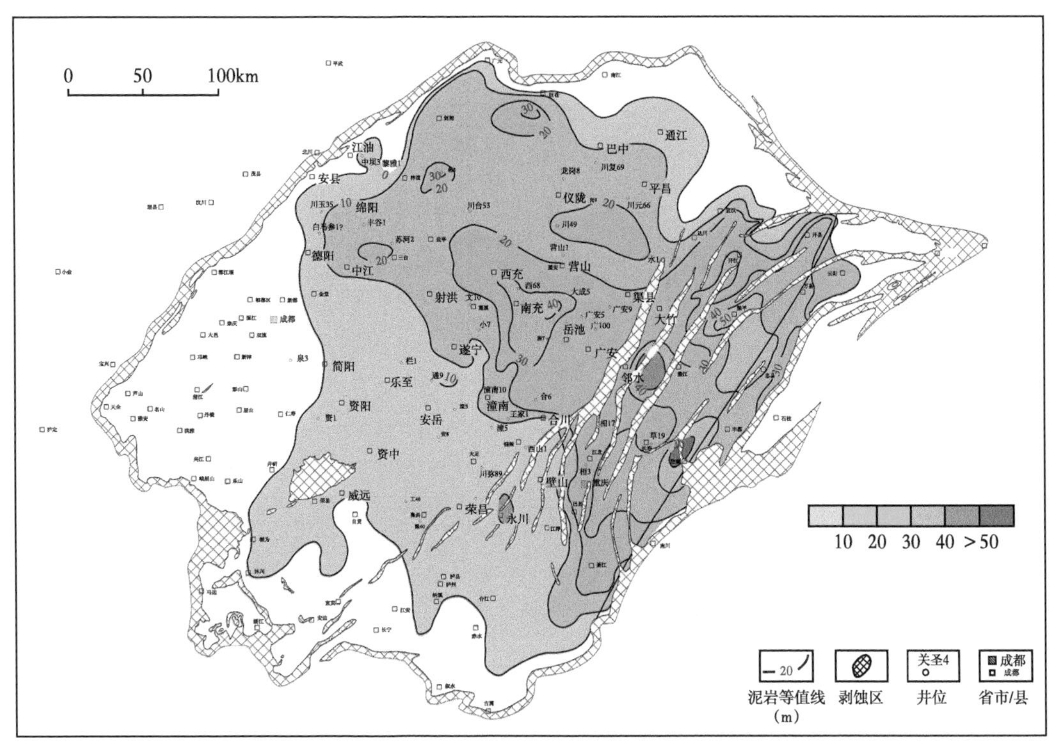

图 4-9　四川盆地东岳庙段烃源岩厚度等值线图

区域上，川中地区黑色泥页岩烃源岩主要以西充—南充为中心呈“环带状”分布，泥页岩烃源岩厚 20~45m，实测 R_o 为 0.91%~0.98%（表 4-6），烃源岩有机质类型以 $Ⅱ_1$ 型为主，是本区最主要的烃源岩之一，尤其南部县—达县一带的“黑色页岩相区”，厚度可达 40~50m。以平昌 1 井为例，实测 R_o 为 1.8%，有机质类型以 $Ⅱ_1$ 为主，川中北部仪陇—平昌地区已经处于高成熟阶段。

表 4–6　川中地区东岳庙段烃源岩特征表

井号	岩性	TOC（%）	R_o（%）	T_{max}（℃）	HI（mg/gTOC）	类型
桂 257*	黑色页岩	—	0.91	445	340	$Ⅱ_1$
平昌 1*	黑色页岩	—	1.8	475	20	$Ⅱ_1$
桂 257 井	深灰色页岩	1.62	0.98	438	182.73	Ⅱ
角 33 井	灰黑色页岩	2.32	0.60**	443	206.47	Ⅱ
遂 52 井	深灰色泥岩	0.63	0.66**	455	61.90	Ⅱ
广安前锋★	黑色页岩	2.59	—	440	199.61	Ⅰ
广安前锋★	黑色页岩	4.27	—	438	436.07	Ⅰ

注：* 数据来源于中国石油勘探开发研究院，2002；** 数据测点数低于 8 个；★ 数据源于野外剖面样品，2013。

东岳庙段烃源岩 TOC 含量与大安寨段、凉高山组烃源岩基本相近，据张斌等（2013）对川中中台山地区、龙岗地区、合川地区、磨溪地区、营山地区 5 个地区的 TOC 实测统计，东岳庙段以 0.5%~2.0% 的较好—好烃源岩为主，部分样品＞2.0%（图 4–10）。在磨溪地区发现了来自东岳庙段烃源岩的工业性油流，该地区烃源岩厚 10~20m（图 4–9），而张斌等（2013）研究认为该地区 TOC＞1% 的烃源岩厚度仅仅有 5m，但是丰度高，这也进一步证实，烃源岩不一定非得有多厚，只要有机质丰度较高，同样可以形成工业油流。

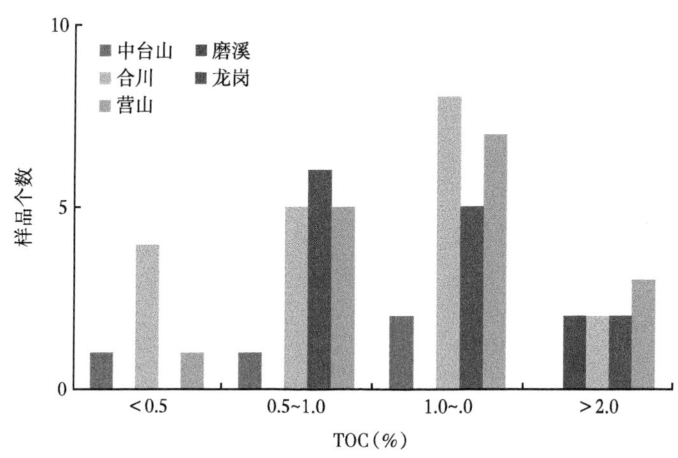

图 4–10　东岳庙段烃源岩 TOC 频率分布图

此外，川东以及川东北部地区东岳庙段烃源岩研究较薄弱，资料较少，但依据东岳庙段沉积期盆地性质、沉积特征，推测在川东至川东北部地区有多个生烃凹陷区，大致位置于涪陵以及平昌—达县一带，分布面积约 $1.62×10^4km^2$，可能是东岳庙段烃源岩主要的分布区之一，该地区烃源岩厚度更大，有机质丰度高，成熟度高，平昌—广安一线以东地区可能已进入过成熟阶段，在广安前锋镇野外剖面 TOC 最高可达 4.27%，有机质类型 Ⅰ 型腐泥质（表 4–6），梁平等地获得较高产量的页岩气井，也证实了该地区烃源岩进入过成熟

阶段生气阶段。

4. 珍珠冲段烃源岩特征和分布

珍珠冲段烃源岩在四川盆地北部地区的大巴山前缘是一套重要的烃源岩系，其分布范围要远小于上述三套烃源岩，厚度大于 10m 的烃源岩仅仅零星分布，主要分布在四川盆地西北部柘坝场—旺苍和川东北渠县—达州一带（图 4-11），面积约 $0.83\times10^4km^2$，根据前人在川东北地区七里峡、樊哙剖面上的观察实测，烃源岩以黑色页岩、深灰色泥岩夹薄层灰色砂岩透镜体为主，厚 11~40.5m，川东北地区 R_o 一般为 1.18%~1.42%，TOC 一般为 0.74%~1.42%，而通江—宣汉一带 R_o 可达 1.6%~1.8%，有机质类型以Ⅱ型、Ⅲ型为主（涂涛等，2001）。

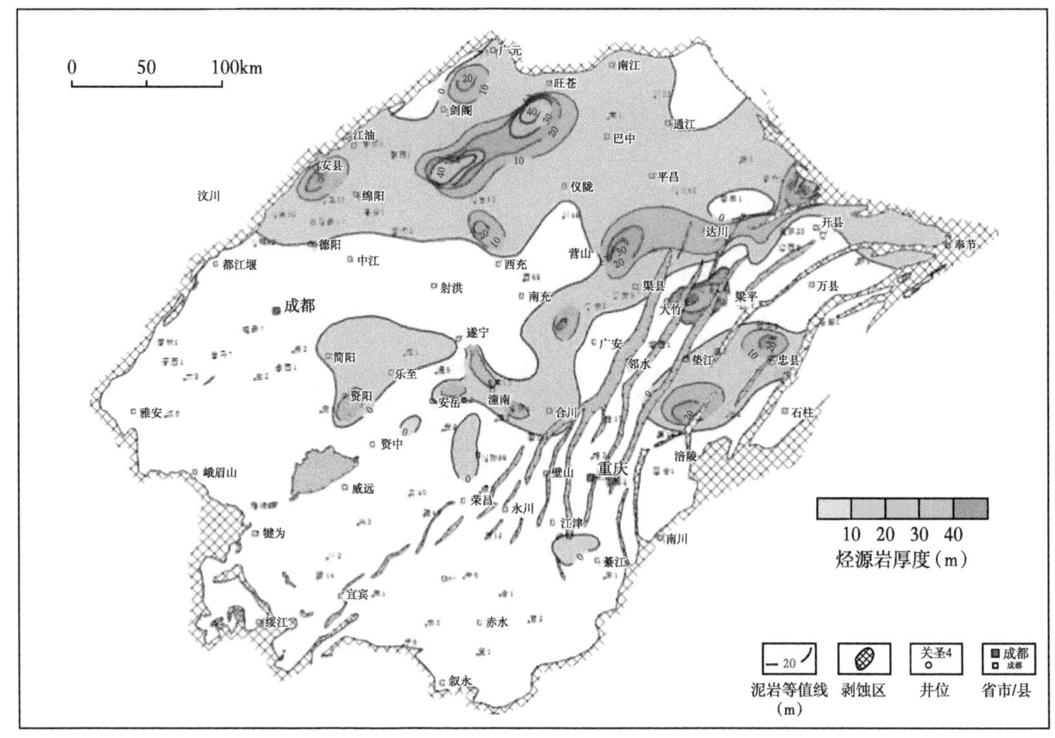

图 4-11　四川盆地珍珠冲段烃源岩厚度等值线图

厚度小于 10m 的烃源岩分布相对较广，主要在四川盆地川中北部地区至大巴山前缘一带分布，川中八角场—遂南—合川—广安一带也有分布，总面积约 $6.32\times10^4km^2$（图 4-11）。而在川中地区珍珠冲段烃源岩以灰色、深灰色泥页岩为主，珍珠冲段烃源岩主要分布于八角场—营山一带以北地区，由于缺乏取心资料，该套烃源岩特征尚不清楚。以角 33 井为例，暗色泥页岩主要发育于珍珠冲段中段，井深 2705~2334m，其中累计暗色泥页岩厚度小于 5m，实测 R_o 在 1% 左右，TOC 约为 0.44%，尽管其代表性差，也可以间接反映该套烃源岩在仪陇—平昌地区有分布，是一套成熟烃源岩系，尽管没有岩心样品开展有机质显微组分和干酪根元素分析，张斌等（2013）利用岩石热解参数 T_{max} 值分析，多数样品 T_{max} 值达到 455℃ 以上（图 4-12），表明烃源岩已经达到高成熟演化阶段。

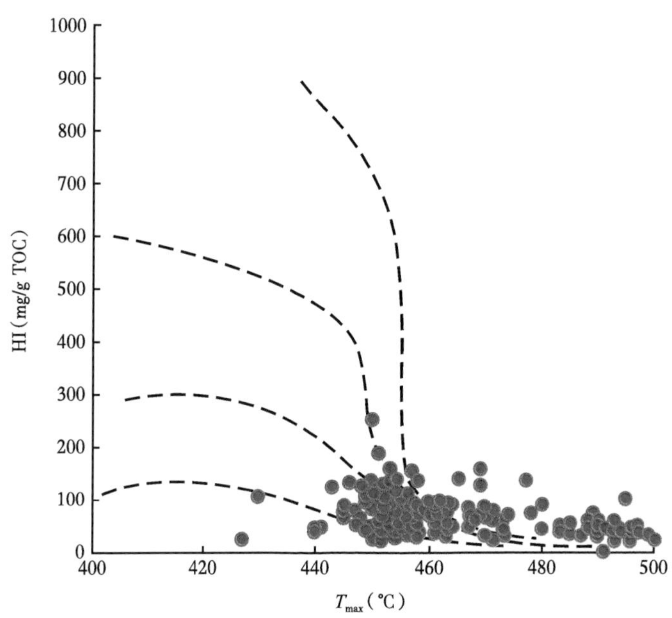

图 4-12　应用 T_{max}-HI 图版判断珍珠冲段烃源岩有机质类型

综上所述，四川盆地四套烃源岩系中，除珍珠冲段烃源岩分布较为局限外，其余三套烃源岩几乎覆盖川中、川北、川东大部分地区。实验结果表明，四套烃源岩均是成熟的烃源岩系，处于成熟—高成熟阶段，在有机碳含量、生烃潜量、氢指数等地化特征方面均相差不大（张斌等，2013），整体为较好的陆相烃源岩，而且有效的优质烃源岩分布范围广，烃源岩均达到成熟—高成熟阶段，为致密油勘探奠定了良好的物质基础。

三、储层条件

非均质致密储层的大面积分布是致密油气藏的根本特征和基本条件之一，四川盆地侏罗系储层主要有两大类，分别是大安寨段与东岳庙段的湖相致密介壳灰岩，沙一段底部、凉上段和珍珠冲段的湖泊、河流和三角洲相的致密粉—细砂岩，都具备大面积分布的特征和条件。尤其是川中地区沙一段底部、凉上段砂岩，大安寨段介壳灰岩为侏罗系目前的主要产层，其油气井呈大面积连续型分布在盆地中心、斜坡区，这一勘探现状也表明上述三套储层在平面上形成大规模连片分布的格局。

与常规储层不同，致密油区的储层物性普遍较差，多位学者对四川盆地侏罗系的致密储层特征和条件开展了研究，廖群山等（2011）根据岩心、薄片、扫描电镜等观察结果研究认为，无论是砂岩储层还是介壳灰岩储层，均表现为裂缝＋孔隙双重介质特征，储集空间非单一的裂缝，基质孔隙都是含油的；陶士振等（2012）提出四川盆地大安寨段介壳灰岩段发育多级孔喉，基质以微米—纳米级孔喉为主体，多数分布于 100nm~1μm 之间，大安寨段介壳灰岩为裂缝—孔隙型双重介质储层；倪超等（2012）通过 CT、扫描电镜、薄片观察及大量试油数据的统计认为，夹于烃源岩或与其薄互层共生的浅湖—半深湖相大安寨段含泥（泥质）介壳灰岩呈大面积分布，其壳间缝、层间缝及溶蚀微孔发育，可以作为有

效的储层，且有机质含量高，更有利于致密油气成藏。赵政璋等（2014）则通过对比国内外致密油储层的研究总结提出致密油储层的物性、脆性、厚度和分布面积是致密油气富集高产的重要因素。

1. 致密砂岩储层

四川盆地侏罗系砂岩致密化主要受沉积作用、成岩作用和构造作用三大因素控制。刘占国等（2011）依据砂岩动力成岩作用理论研究方法将碎屑岩的成岩作用置于整个盆地的动力学环境中，认为四川盆地中—下侏罗统砂岩储层致密主要是压实（压溶）作用的结果。前已述及四川盆地沙一段储集岩岩性以长石岩屑砂岩与岩屑长石砂岩为主，凉高山组储集岩主要为长石岩屑砂岩，其结构和成分成熟度低，杂基含量高，这些因素是砂岩储层致密的原始条件，尤其是主产油层沙一段底部和凉上段的薄层席状砂岩，横向稳定性较好，但粒度细，抗压实能力弱，胶结作用、压实作用和充填作用等破坏性成岩作用导致大量原生孔隙消失殆尽，加之本区次生孔隙欠发育，这些都是储层致密的重要因素。

1）致密砂岩储层大面积叠置，稳定分布

国外威利斯顿盆地 Bakken 组致密储层分布面积为 $7\times10^4km^2$，单层厚度为 0.5~15m；Eagle ford 致密油区储层分布面积为 $4\times10^4km^2$，油层厚度为 40~60m。相较而言，川中地区沙一段底部和凉上段滨浅湖相砂岩分布面积较小，有利砂岩储层分布面积分别为 $3.57\times10^4km^2$ 和 $4.35\times10^4km^2$，但累计厚度达 10~60m。这些致密储层在空间上的大面积分布，为致密油的大规模分布形成提供了充足的聚集和运移场所（图 4-13）。

纵向上，凉高山组致密砂岩主要发育在凉上段，单层砂层厚度较薄，一般为 2~4m，但多层砂体叠置，一般累计厚度为 10~35m。平面上，叠置的沉积砂体大面积席状分布，砂岩厚度分布具有由西南向东北逐渐增厚的趋势，盆地东部、北部为砂岩发育区，合川东端—罗渡—广安—鲜渡河—龙岗一带砂岩厚度普遍在 20m 以上，龙岗东端凉上段砂岩厚度可达到 45m 以上，川中中部和西部凉上段砂岩厚度较薄，中部、西部砂岩厚度多在 10m 以下。因此，四川盆地中部至东北部纵横叠置连片分布的致密砂岩为侏罗系凉高山组致密油的大面积形成提供了良好的储集条件。

沙一段主要发育滨湖—三角洲—洪泛湖泊沉积环境，自身缺乏有效的烃源岩，因此仅有沙一段底部紧覆在凉上段烃源岩的席状砂体可以作为致密油储层，厚度相对较薄，一般厚 3~7m，局部的滩坝砂体较厚，厚度可达 5~10m。平面上，沙一段底部砂岩大面积分布，厚度由川中四周向中心逐渐减薄，在川中地区东北部主要分布在广安—渠县一带，北部营山及龙岗以及中西部公山庙厚度较大，累计厚度常大于 10m，而川中南部砂体分布虽广，但储层累计厚度较薄，通常在 2~5m 之间。

2）发育基质微（纳）米孔和（微）裂缝相组合的特殊储集空间类型

前面已经对致密砂岩储层的基本特征和成因做了详细的阐述，根据中国石油西南油气田分公司样品物性数据统计，沙一段底部湖相砂岩无缝样的基质孔隙度区间较大，为 0.30%~6.97%，平均为 3.4%，渗透率在 0.0000136~2.08mD 之间，平均为 0.23mD；凉高山组砂岩孔隙度为 0.13%~5.14%，平均为 1.52%；渗透率在 0.0001~33.5mD 之间，平均为 0.3218mD。从常规碎屑岩储层的评价标准来看，均属于特低孔隙度特低渗透率储层，相比国内外其他盆地致密油储层物性也具有差距，例如 Bakken 组致密油储层孔隙度平均为 4.9%，渗透率平均为 0.05mD；鄂尔多斯盆地长 7 段储层平均孔隙度为 7.2%，平均渗透率

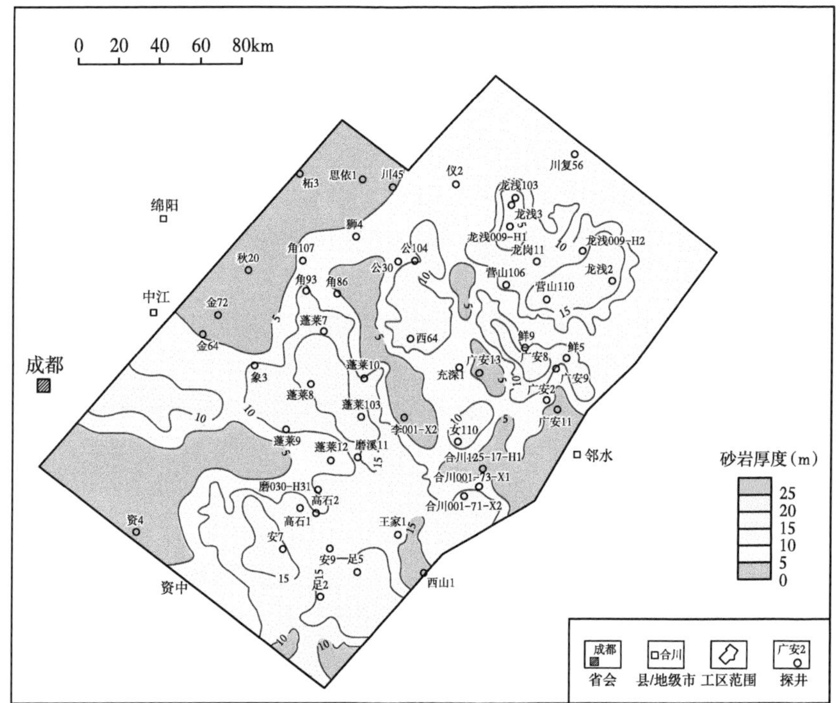

(a)凉上Ⅱ亚段砂岩厚度分布图

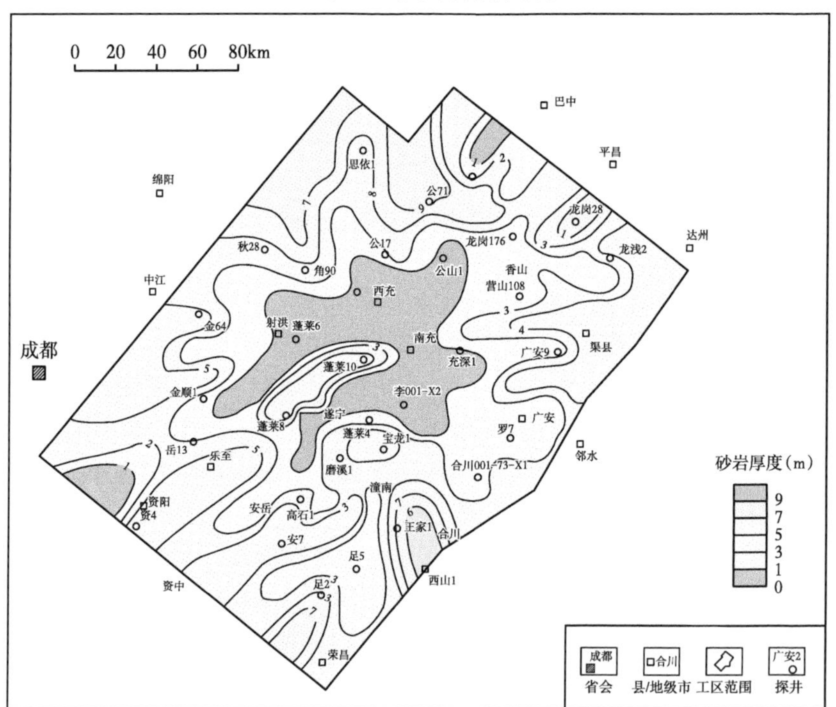

(b)沙一段底部砂岩厚度分布图

图4-13　四川盆地川中地区有利砂岩分布图

为 0.18mD。虽然如此，川中地区工业油层在凉高山组和沙一段均有分布，且表现出大面积连续分布的特征。研究分析表明，由于受沉积相、岩相和成岩作用控制，除在相对优质的储层段（甜点区）发育残余原生粒间孔和粒内溶孔和少量的铸模孔、粒间溶孔等常规孔外，整体上凉高山组和沙一段储层非常致密，基质孔隙主要以微米孔及纳米孔为主，这些微纳米级的孔隙虽然尺度很小，在普通光学镜下难以识别，但在场发射扫描电镜下和纳米 CT 等新技术的应用下，普遍可见，主要包括黏土矿物晶间纳米级孔和粒内溶蚀（微）纳米孔，尤其在凉高山组和沙一段发育的湖相滩坝砂和席状砂体中，电镜下观察这类微孔隙主要以泥基重结晶和自生伊利石、绿泥石以及高岭石黏土的晶间微孔组成，且连通性较好（图 4-14a、b），虽然黏土对原始孔隙具有充填堵塞破坏的作用，但黏土矿物本身具有这类丰富的微孔隙，因而对储层的物性又具有积极的作用，这类孔隙对储层的贡献甚为重要，是凉高山组、沙一段储层的主要孔隙类型。粒内溶蚀纳米孔主要由长石颗粒表面被溶蚀形成，大量分布，且常形成微米级孔，而石英颗粒表面也偶有溶蚀作用形成的溶孔，但程度较低（图 4-14c、d）。

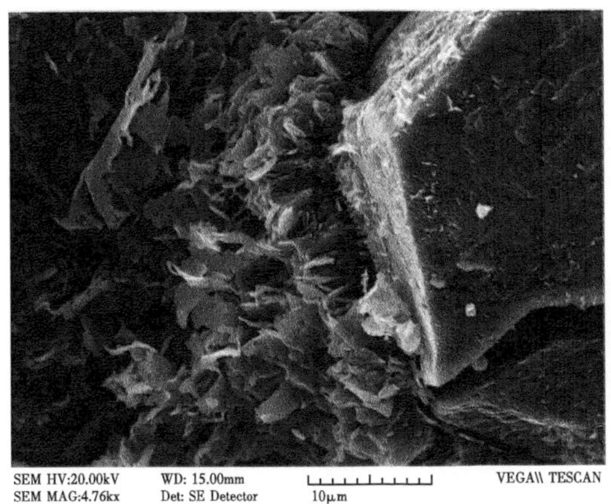

（a）公27井，2466.4m，沙一段，细砂岩，
粒间叶片状绿泥石和伊利石晶间孔

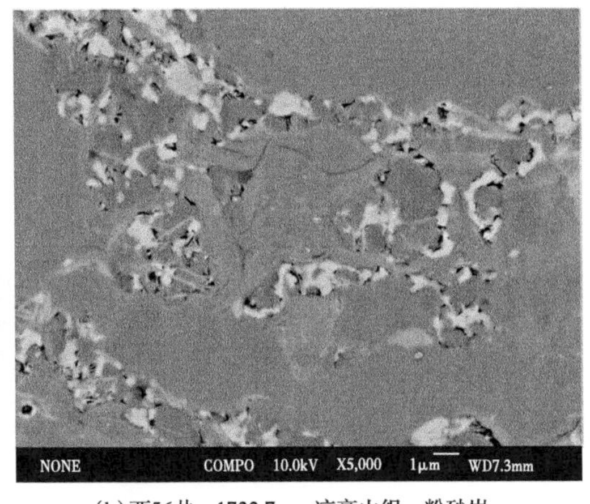

（b）西56井，1722.7m，凉高山组，粉砂岩，
粒间黏土矿物晶间纳米级孔

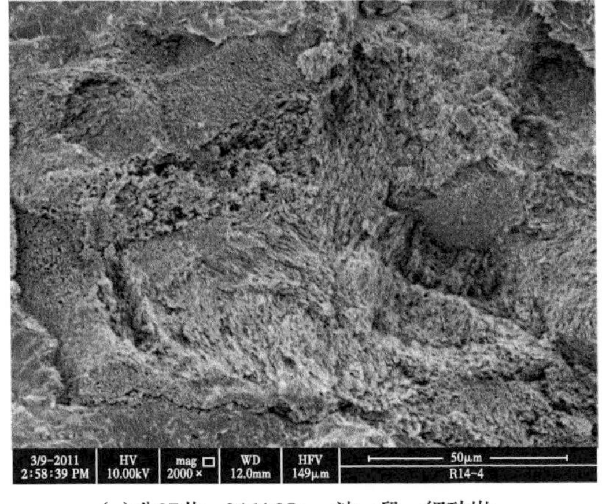

（c）公27井，2464.95m，沙一段，细砂岩，
长石表面溶蚀形成大量微纳米孔

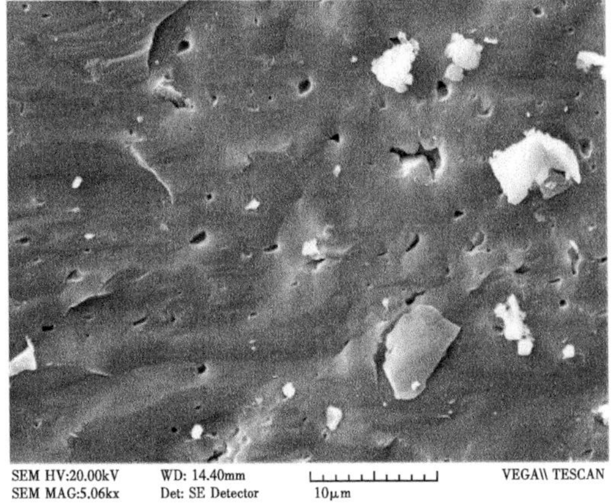

（d）公17井，2511.3m，凉高山组，细砂岩，
石英颗粒表面少量纳米级溶孔

图 4-14　四川盆地致密砂岩储层微纳米级孔隙特征

除了上述的微纳米级的基质孔隙外，多尺度的裂缝发育也是侏罗系致密油的重要储集条件。前人对宏观的构造缝和成岩缝做过系统的研究和统计，认为凉高山组、沙一段砂岩原生裂缝极少，川中大部分地区多发育构造低角度缝、水平缝，裂缝规模以中、小缝为主，构造缝长度一般为5~10mm，缝宽一般在0.02mm以下，个别达0.03~0.05mm，切割颗粒或沿颗粒延伸；川东地区以及川中构造主体附近则主要发育斜缝和垂直缝（唐大海，2000），同时认为裂缝的发育大大改善了储层的渗滤能力，在致密砂岩储层中起重要作用，但对裂缝的储集能力的重视不够。随着研究的深入，尤其是致密油勘探发展以来，发现裂缝对储集性能的贡献，尤其是微裂缝的储集和渗滤能力尤为重要，通过统计，沙一段和凉高山组湖相砂岩有缝样的孔隙度和渗透率都明显大于无缝样。进一步通过川中地区岩心和显微薄片观察结果分析，凉高山组和沙一段砂岩储层中可见两组构造微裂缝—垂直缝和低角度斜交缝，缝宽一般为1~5μm（图4-15，图4-16）。在岩心和普通光学镜下这类微裂缝虽然少见，但并不能由此认为川中地区碎屑岩中微裂缝不发育，也可能与岩心和镜下观察的局限性有一定关系。陶士振等（2012）在场发射扫描电镜下发现砂岩中纳米级裂缝发育，主要分布在碎屑颗粒周围，偶与黏土矿物晶间孔伴生（图4-17），虽然发育程度远比石灰岩低，但并不少见。此外，中国石油西南油气田分公司研究人员在研究储层孔喉结构时发现川中致密油储层喉道以微米级喉道为主，呈现“微米缝”形态特点（图4-18），且微米级喉道宽度明显具有储集能力，由此认为这种特殊的喉道既是重要的储集空间，也是渗流通道。

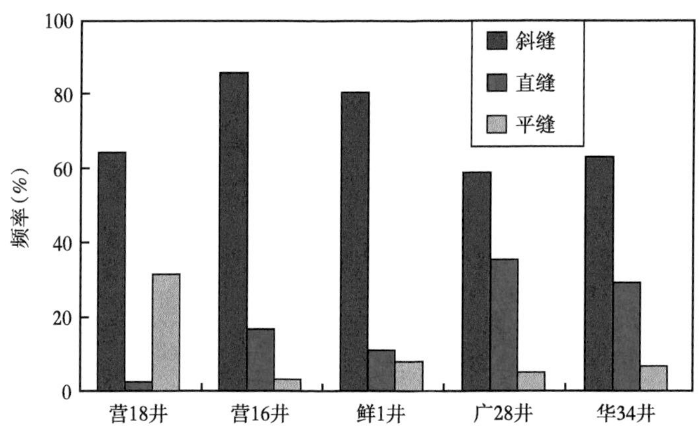

图4-15　凉高山组裂缝类型频率图

图4-16　鲜9井，1844.6m，沙一段，细中粒长石岩屑砂岩，微裂缝切割部分颗粒

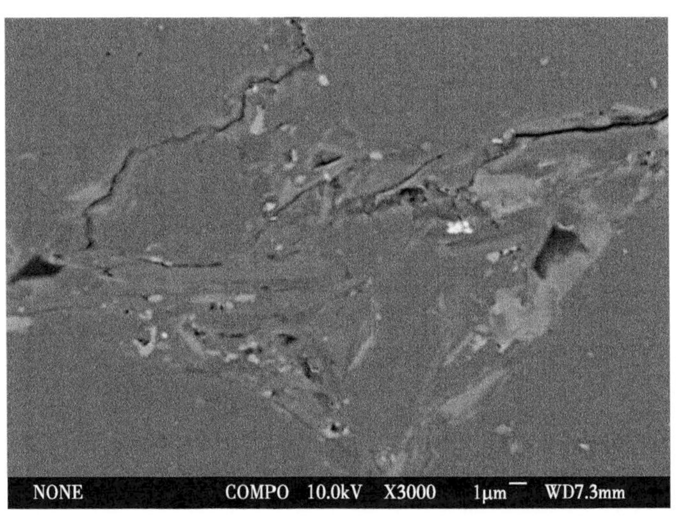

图 4-17　西 56 井，1722.7m，凉高山组，粉砂岩，粒边纳米缝与黏土矿物晶间孔伴生

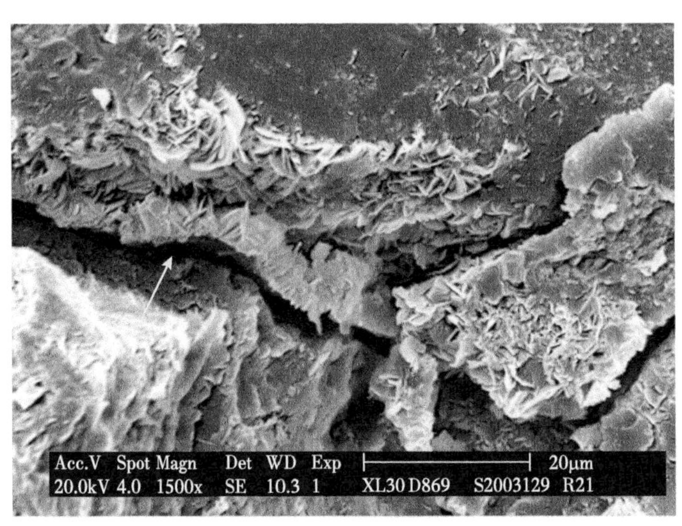

图 4-18　公 22 井，2191.18m，沙一段，砂岩，弯片状孔喉，喉道约 10μm，“微米缝”

综上所述，川中沙一段和凉高山组广泛发育的以矿物颗粒的粒内溶孔、晶间孔为主的基质微（纳）米孔是致密油砂岩储层的不可忽略的重要孔隙类型，同时由于具有储集性能的呈“微米缝”形态的喉道具有特殊的弯片状特征，较一般的管状喉道而言，即使少量的“微米缝”喉道，沿其“缝”两面可与大量基质微（纳）米级孔连通，从而形成一种有效的孔喉网络。这种普遍发育的孔喉网络与储层“甜点”区发育的常规残余原生孔、粒间、粒内溶孔以及各尺度构造裂缝，在空间上相互沟通共同组成了川中致密油储层特殊的储渗系统。

2. 致密碳酸盐岩储层

1）致密灰岩储层多层叠置大面积分布

大安寨段主要为黑色页岩夹介壳灰岩，也是侏罗系的主力产油层。本书将介壳灰岩分为三大类（表 3-3），分别为介壳灰岩、泥质介壳灰岩、含泥介壳灰岩，不同类型石灰岩其孔隙类型和储集性能不同，但均可以作为储层，这也是大安寨段致密灰岩发育致密油的关键因素之一。前已述及大安寨段介壳灰岩的发育和分布主要受沉积微相的控制，尤其是受介壳滩相控制的介壳灰岩分布具有“剖面上分段、平面上分带”的特点。平面上，不同沉积相带灰岩发育层段及厚度有明显差异，介壳滩体发育呈南北两个环带分布，包括“北环带”和“南环带”，南环带较北环带宽。可进一步分为三个地区，（1）北环带：包括秋 3 井—川 45 井—川复 69 井—川复 56 井一线，介壳滩灰岩总厚度为 25~40m，以高能介壳滩灰岩夹中低能介壳滩为主。（2）南环带：包括安平 1 井—女深 1 井—罗 7 井一线和以南地区，介壳滩灰岩总厚度为 30~45m，金华地区厚度对最大，以高能介壳滩灰岩主，局部可见白云化现象，白云化作用主要发育于重庆地区的老拱桥剖面的大一亚段，在龙女寺—磨溪—高石梯一带的大一二亚段也有泥粉晶白云岩薄层状分布，表明该高能滩主滩体常夹滩后潟湖的低能环境沉积物，局部发育高能滩缘白云岩化。（3）中部地区：属于南环带北部滩缘，包括柳 17 井—莲 54 井—大成 3 井一带，介壳滩灰岩总厚度为 20~25m，以中—低能介壳滩为主，夹高能介壳滩灰岩沉积（图 4-19）。

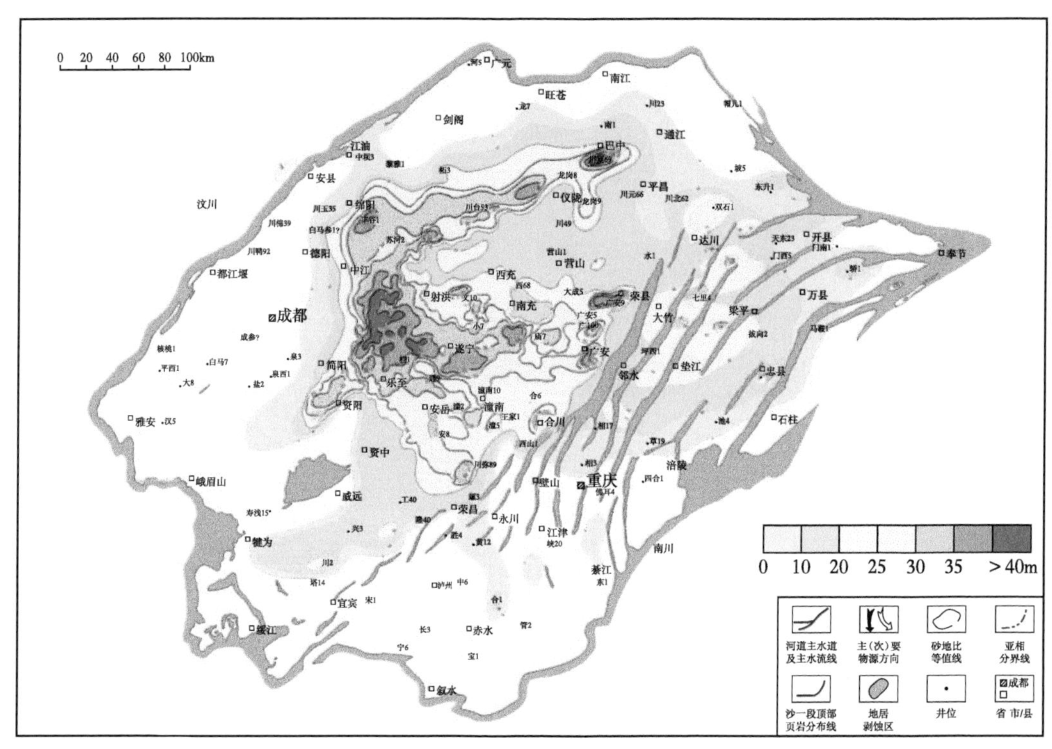

图 4-19　四川盆地大安寨段介壳灰岩分布图

剖面上介壳灰岩分段明显，介壳灰岩主要发育大一亚段和大三亚段，一般单层厚度较大；大一三亚段介壳滩灰岩一般单层厚度较小，以发育低能泥质介壳灰岩和半深湖低能泥灰岩（或泥晶灰岩）类为主，但川中南部的桂花、高磨、合川至川东广安等局部区块厚层介壳灰岩（大二亚段）也有发育（图 4-20）。其中大一亚段介壳灰岩在整个川中地区可连续

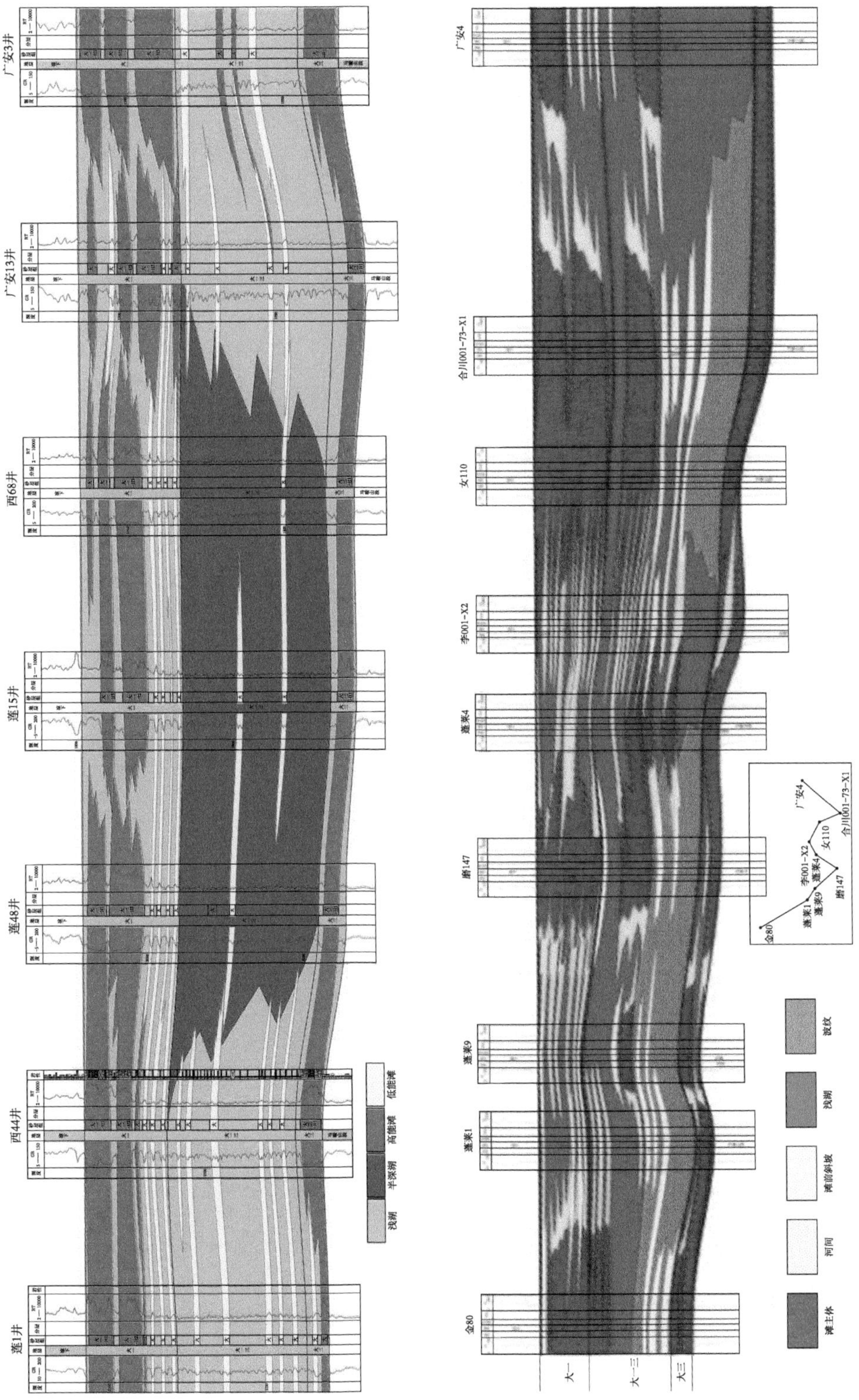

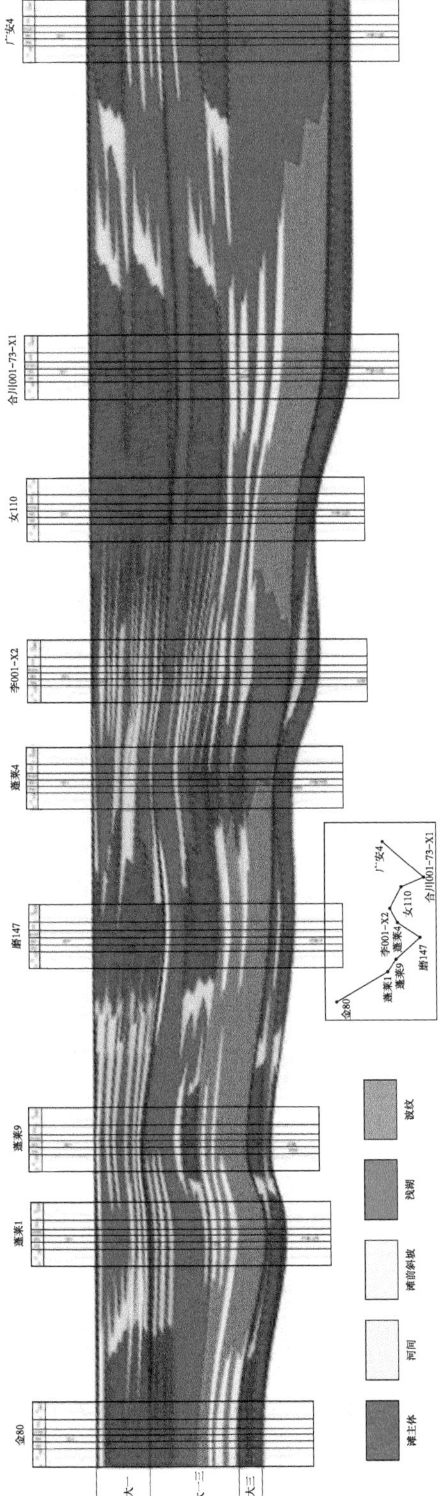

图 4-20 四川盆地大安寨段连井沉积微相对比图

追踪对比，稳定性较好，以质纯介壳灰岩为主，一般厚度为8~20m。主要分布在三台—盐亭—仪陇—川复69井一线地区，以及蓬溪—西充一带以南和营山—岳池以东地区。其中三台—盐亭—仪陇—川复69井一线为高能滩介壳灰岩，厚度为10~25m，厚度较大的地区集中于万年场构造及川复56井、川复69井区。低能生物滩泥质介壳灰岩主要在蓬溪—西充一带发育，厚度一般为10~20m。大一三亚段介壳灰岩多为薄互层，累计厚度较大，以低能泥质介壳灰岩为主，往盆缘逐渐增厚，演变为高能介壳滩质纯介壳灰岩，主要发育于两个地区。其一分布于三台—盐亭—仪陇一线以北地区，秋3井—川45井—川复56井一线较厚，厚度为18.5~20.3m，其二分布于潼南一带，最大厚度可达19.2m。大三亚段介壳滩灰岩除在川中东北部地区已相变为暗色泥页岩外，其余地区也可追踪对比，以高能介壳滩夹低能介壳滩为主。大三亚段介壳滩厚度较薄，一般厚5~10m，主要发育于两个地区，其一分布于三台—盐亭—仪陇一线以北地区，分别在金77（8.0m）井、川44（11.9m）井、川复56井区最厚，且由西向东泥质灰岩占石灰岩总厚的比例明显减少。其二分布于西充以南地区，具有明显的“北东”走向的条带分布特点，潼南6井石灰岩厚度较厚，可达10.9m，但泥质灰岩占石灰岩总厚的比例高（90%）。总体上，各亚段的介壳滩体随着湖平面升降在横向上迁移，从而形成大面积的介壳灰岩叠置发育。

除了大安寨段介壳灰岩外，四川盆地侏罗系自流井组东岳庙段也发育大面积的介壳滩灰岩。其分布与大安寨段介壳滩灰岩有相似性，具有“平面上分带”的特点，但厚度明显偏薄（图4-21）。总体上，东岳庙段介壳滩体发育呈东西两个环带分布，包括“西环带”和“东环带”。可进一步分为三个地区，（1）西环带：包括平1井—遂24井—角50井一线，介壳滩灰岩总厚度为6~10m，以低能介壳滩夹高能介壳滩灰岩为主，岩性以泥质介壳灰岩、含介壳泥晶灰岩为主。（2）东环带：包括营22井—广51井—罗11井—合110井—潼6井—磨16井一线及其东南部地区，灰地比可达30%~50%，介壳滩灰岩总厚度为8~12m，以高能介壳滩为主夹低能介壳滩，岩性以泥质介壳灰岩、介壳泥晶灰岩为主。（3）中部凹陷地区：包括遂宁、南充一带地区，厚度一般为4~6m，以低能介壳滩灰岩主，岩性主要为泥质介壳灰岩为主。

综上所述，川中地区湖泊相介壳滩灰岩主要分布于东岳庙段和大安寨段，以大安寨段最为发育。东岳庙段介壳滩灰岩呈东西环带状分布，包括东环带和西环带，其中东环带介壳滩灰岩较西环带发育，但总体厚度较小；大安寨段介壳滩灰岩呈南北环带状分布，包括南环带和北环带，其中南环带相带宽缓，分布面积大，以高低能介壳滩均较发育，北环带相带较窄、较陡，分布面积相对较小，但广泛发育高能介壳滩，滩体厚度大，而环带中部坳陷带包括大石、桂花、西充、南充、一立场、文井、蓬莱大面积发育的薄层泥质介壳灰岩，相互叠置，累计厚度大，分布面积广，与南环带和北环带介壳滩的介壳灰岩一起构成了川中地区连续分布的致密油储层发育区。

2）多种孔隙类型构成连续型的“网状”储集空间

关于大安寨段介壳灰岩储层的储集空间类型一直存在争议和困惑，勘探早期蓬莱油田、桂花油田发现后，认为大安寨段为孔洞型储层为主，到20世纪60年代初确定川中大安寨段油层属“裂缝型”，随后的勘探研究一直按照“裂缝型”或“孔隙—裂缝型”油层的定义开展工作。随着国内外致密油勘探的发展，多位学者专家再次对川中侏罗系石油勘探重视起来，2011年梁狄刚等提出对大安寨段“裂缝型”油层的再认识，认为裂缝是特低孔隙度、渗透率油层测试和生产初期获得高产的必要条件，而各类孔隙空间对储量和长期低产稳产有重要贡献。邹才能等（2012）则认为大安寨段致密灰岩储层的纳米级孔喉是重要的孔隙类型和储集空间。

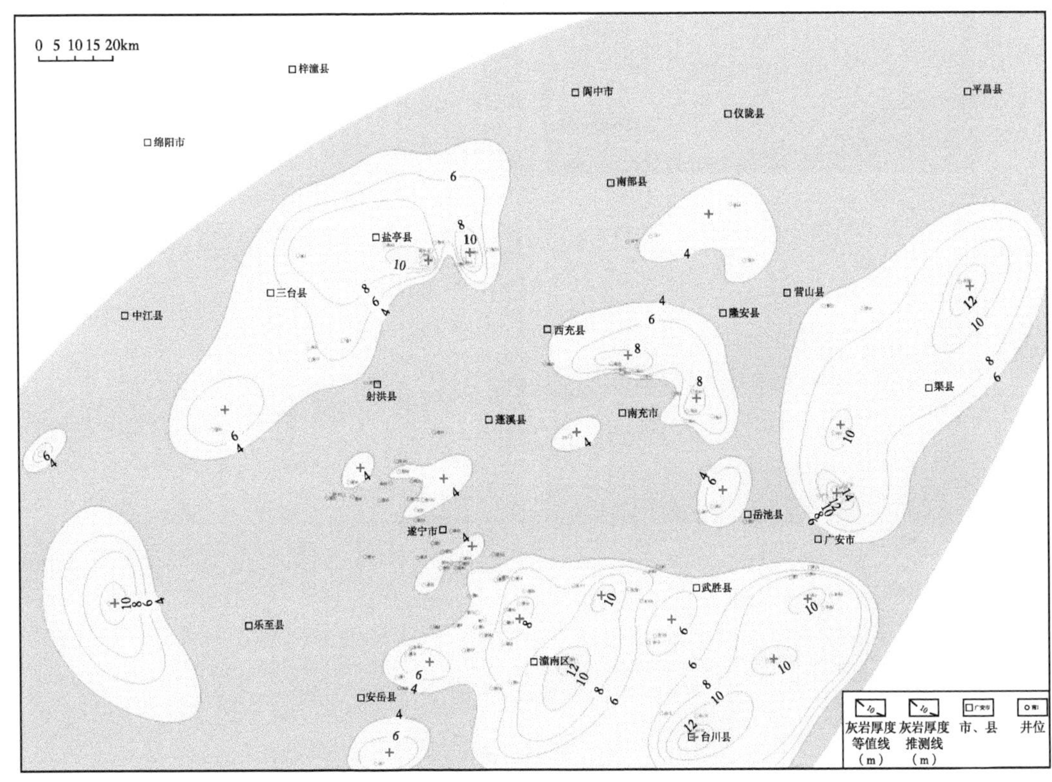

图 4-21　四川盆地川中地区东岳庙段介壳灰岩分布图

前文对大安寨段常规和非常规孔隙的特征、结构等做了详细的论述，大安寨段的储层孔隙类型可分为三大类：孔洞型、孔隙型［即基质孔（含微米、纳米孔）］、裂缝型（表 3-4）。大安寨段孔洞型储层储集性能最好，孔径（＞2mm）大小不等不均匀分布，粗孔—粗喉，中孔中渗、低排驱压力、低中值压力，孔喉连通性较好，基于岩石物理性质，一般认为孔洞型储层多在质纯的介壳灰岩或结晶介壳灰岩中发育（图 4-22a、b），在川中地区金华、石龙场、万年场、高磨—龙女寺以及广安等环带发育的高能滩体附近钻井常遇井漏也说明这点，但是通过岩心和野外剖面观察发现在泥质介壳灰岩中也常见到溶蚀孔洞型发育（图 4-22c、d），且三种岩性发育的孔洞多是与半充填构造缝或水平缝伴生的溶蚀孔、洞及溶扩孔洞，常沿裂缝或顺壳间分布，而统计发现钻遇井漏的井也多位于断裂或构造转折端附近，因此推测这种孔洞更多的受构造作用控制。其中质纯的介壳灰岩或结晶介壳灰岩由于脆性高，易于发育构造缝，伴生的溶蚀孔洞也相对发育；而泥质介壳灰岩虽然韧性大，但在区域挤压受力作用下，泥质与介壳间应力薄弱面易形成层间滑脱缝，因此也能形成沿层间缝的溶蚀孔洞。虽然孔洞型储层相对优质，但受储层普遍致密的影响，总体上发育程度不高，局部富集。

(a) (b) (c) (d)

图 4-22 大安寨段裂缝—孔洞型储层发育

（a）文 9 井，2060.8~2061.85m，大一亚段，亮晶介壳灰岩，裂缝—溶洞；（b）重庆云阳高阳镇剖面，大安寨段，中薄层结晶介壳灰岩，裂缝发育，沿缝见溶蚀孔洞，沥青半充填；（c）女深 002-5-H1 井，1366.00~1366.17m，泥质介壳灰岩，大安寨段，溶蚀孔洞，孔径 2~5cm，洞内含油；（d）女深 002-5-H1 井，泥质介壳灰岩，沿泥岩、石灰岩层间发育溶蚀孔洞，孔径 1~3cm

大安寨段介壳灰岩中是否发育基质孔隙也一直存在争议，以往虽然在常规光学镜下观察到少量的粒内、粒间和晶间溶孔，但认为不具备普遍性，而扫描电镜下观察到的微孔隙则被认为对油气储渗的实际意义不大。现今的研究也依然支持常规光学镜下显孔不发育这一观点，但有所不同的是，通过多种实验手段和高精度的仪器观察发现，介壳灰岩储层基质中虽然毫米孔少见（多指孔喉直径＞ 500μm），但发育微米、纳米尺度的孔隙，尤其在高倍镜下，一些以往易被忽视的尺寸微小的晶间溶孔、晶间隙（孔喉直径 0~100μm）在结构致密的亮晶介壳灰岩中常被发现（图 4-23a）。此外在扫描电镜下，在亮晶介壳灰岩及结晶灰岩中普遍可观察到微米级方解石晶内溶孔或沿解理缝周围的溶蚀微孔在一定程度上发育（图 4-23b），更为重要的是，过去认为非储层的泥质介壳灰岩中在扫描电镜下普遍见到微米级孔隙（图 4-23c），这在很大程度上扩大了基质孔隙的分布范围，而邹才能等利用高分辨率场发射扫描电子显微镜、纳米 CT 等仪器在大安寨段石灰岩中发现了广泛发育的孔喉直径小于 1000nm 的纳米级孔喉（图 4-23d），陶士振等（2012）通过 34 块样品压汞实验对大安寨段介壳灰岩储层孔喉尺寸分布研究的结果也表明，石灰岩中小于 1μm 的纳米级孔喉占总孔隙体积的 91.28%，这与本书第三章关于大安寨段储层孔隙结构的统计结果基本一致（图 3-36），且孔喉半径在 0.04~0.4μm 的纳米孔在渗透率贡献值依然占了近 50%。这一统计结果表明，纳米级孔普遍发育在各类介壳灰岩中，占比大，可能是大安寨段主要的基质孔隙。虽然依照常规储层标准，上述微米—纳米级孔隙和喉道尺寸普遍处于常规储层中“特小孔道”和“微细喉”级别，储集能力有限或不具备储集能力，但在非常规致密油领域，认为大安寨段石灰岩中的微米—纳米级孔喉属于致密储层的基质孔隙，具有储集能力，不能轻易忽视。

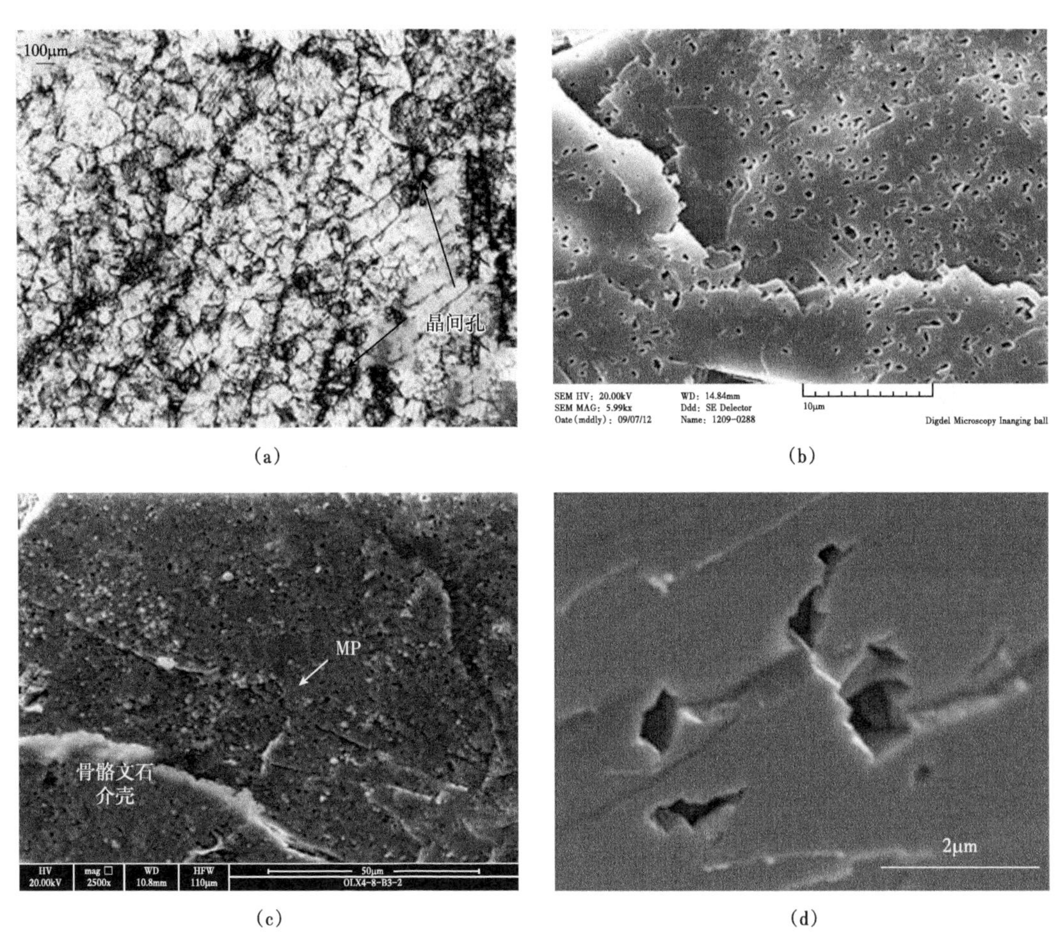

图 4-23　四川盆地大安寨段基质孔隙类型

（a）南充 1 井，1629m，大安寨段，残余晶间孔，铸体，（-）;（b）七里峡剖面，大安寨段，泥质介壳灰岩，文石含量＞34%，微孔，电镜;（c）西 28 井，2026m，大安寨段，石灰岩，微米级方解石晶内溶孔；（d）平昌 1 井，大安寨段，方解石粒内溶孔，呈蜂窝状，直径 50~100nm

杨华等（2013）对鄂尔多斯盆地致密油储层的研究证实了纳米级孔喉的有效性，根据延长组纳米级孔喉分布统计结果表明（图 4-24），延长组致密砂岩储层中值孔喉直径主要分布于 50~200nm，而依据 Nelson 图版原油中主要烃类的分子直径介于 0.38~4nm，通过理论模型计算骨架颗粒间的束缚水膜平均厚度为 43nm，因此满足原油中烃类运移的临界孔喉直径为 90nm，延长组致密砂岩储层中大多连通的孔喉直径大于临界孔喉直径，满足油气在致密储层中运移的条件。邹才能等（2012）统计了全球典型非常规储层的纳米孔喉分布（图 4-25），进一步表明纳米级孔喉系统广泛发育是致密油储集体连续油气聚集的根本特征，纳米孔喉中原油分子可以发生运移。这与大安寨段微孔隙对油气储渗实际意义不大的传统观点并不一致。

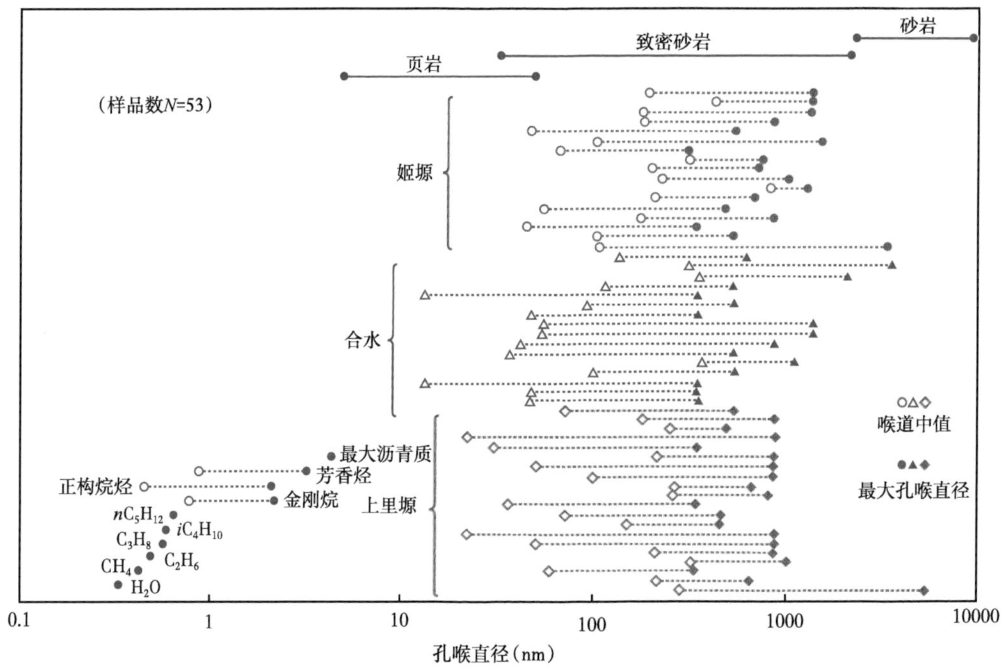

图 4-24　鄂尔多斯盆地延长组致密油储层孔喉分布（Nelson 图版）（据杨华等，2013，有修改）

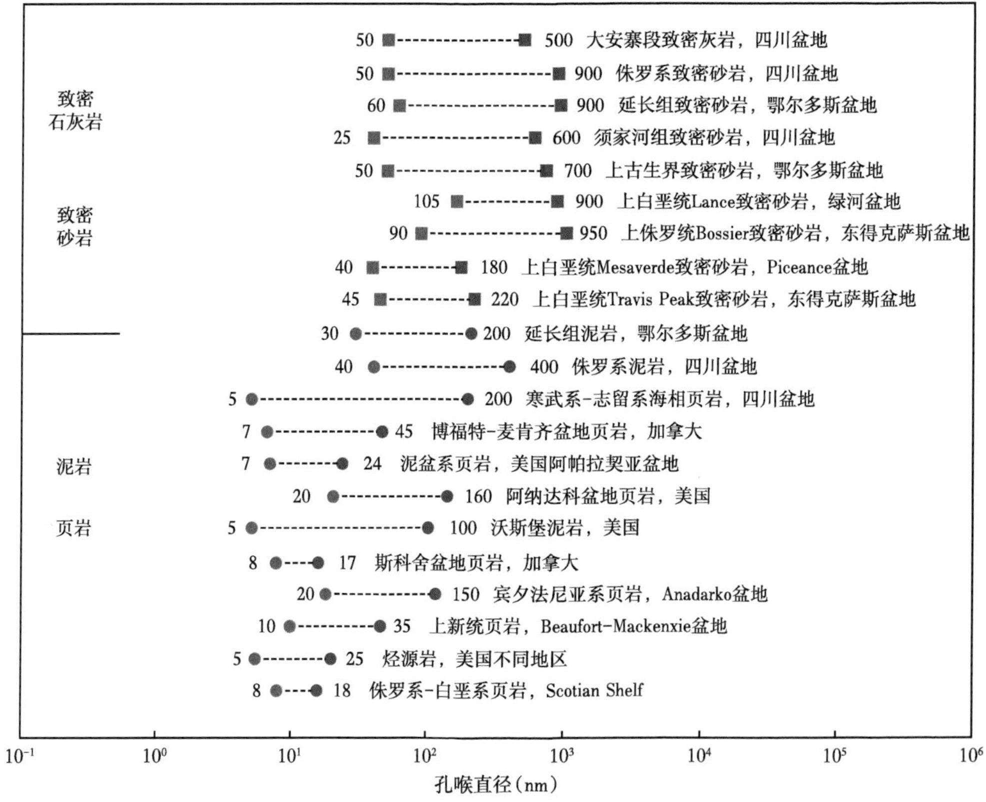

图 4-25　全球典型非常规油气储层纳米孔喉分布（据邹才能等，2012，有修改）

裂缝孔隙一直是大安寨段重要的储层类型。前文从不同的成因、不同的尺度对裂缝进行了详细的阐述。研究表明，四川盆地侏罗系致密储层中不同级别裂缝均有发育，区域构造缝多为大尺度的高角度缝，可能在区域大范围内延续，平面X剪切，延伸方向稳定，但数量少；局部构造缝多表现为低斜缝或水平缝，主要发育在褶皱、断层等局部构造附近，虽然裂缝规模小，延伸范围小，但是数量多；而更小尺度的微裂缝则区域范围内大面积发育和分布，数量众多，定向性不明显，但在大尺度裂缝附近相对密集成带。总体上致密储层中受构造控制的不同级别裂缝均有发育，且随着裂缝级别的降低，裂缝数量急剧增加。除此之外，不同的沉积和成岩因素都会影响裂缝的发育。根据前人统计研究（表4-7至表4-9）表明，裂缝发育程度和介壳含量以及泥质含量有关，石灰岩中介壳含量越高，泥质含量越少，裂缝越发育。结晶程度也影响了裂缝的发育，随着结晶程度增高，裂缝越发育，同时晶间缝亦发育。但这并不意味着结晶程度低的泥质介壳灰岩较发育的半深湖相区裂缝不发育，实际上从浅湖介壳滩相区到半深湖相区，裂缝总的发育程度是增加的，因为薄层介壳灰岩产生的裂缝频率高于厚层介壳灰岩。据统计川中大安寨段油层中80%以上的高产井、90%以上的中产井和已证实的裂缝发育带，多出现在灰/泥比低值区范围就是很好的例证。从平面分布上看，裂缝分布密度具有不均一性，主断裂附近和构造变异处裂缝密集，且多种尺度裂缝网状发育，平缓构造处则发育层间或壳间滑脱缝或层内张性水平微细裂缝为主，在多组区域压应力作用下沿层呈水平似网状发育。对于大安寨段介壳灰岩，数量庞大的各级微裂缝应属于基质“孔”“隙”。事实上，由于数量如此巨大，介壳灰岩中的各级微裂缝不但有效改善储层的渗透能力，还可提供可观的储油空间，成为一类特殊但重要的储集空间类型，总之，裂缝型孔隙是大安寨段重要的一种孔隙类型。

表4–7　裂缝发育程度和介壳含量的关系

介壳含量（%）	>75	75~60	60~50	50~30	<30
裂缝密度（条/m）	46.6	32.3	31	16.4	15.3

表4–8　裂缝发育程度与泥质含量、介壳排列关系

岩性因素	泥质含量（%）				介壳排列		
	<5	5~10	10~25	25~50	水平	杂乱～水平	杂乱
裂缝密度（条/m）	45.7	27.9	19.9	5.2	43.1	32.9	18.3

表4–9　介壳灰岩重结晶程度与裂缝发育的关系

重结晶程度（%）	0~5	5~25	25~50	50~75	75~100
缝（条）	184	387	250	130	315
样品（块）	38	58	38	36	13
裂缝密度（条/块）	4.9	6.7	6.6	3.6	24.3
晶间缝（条）	19	44	14	27	175
晶间密度（条/块）	0.5	0.8	0.4	0.8	14.3

上述的三大类孔隙类型是大安寨段主要的储集空间，其中储层的甜点区主要为相对优质的孔洞型储层，但是分布相对有限，而以微纳米级孔喉为主的基质孔虽然储集性能差。但是在大安寨段各种介壳灰岩中均不同程度的发育，且分布范围从浅湖高能介壳滩延伸到半深湖相区低能滩，呈大面积分布的特点，而各级别的裂缝不仅能改善渗流能力，同时增加了储集空间。更重要的是，微米级的裂缝以一种特殊的方式将大范围分布的微纳米孔相互沟通，并通过更大尺度的裂缝与孔洞型储层沟通，因此这三类孔隙类型并不是独立的储集空间，而是相互沟通形成网状。这与三类孔隙的空间结构和分布特征有关。其中作为“甜点”的相对优质的溶蚀孔洞型储层，其储集空间结构为粗孔—粗喉，中孔中渗、孔喉连通性较好，这类储层多发育在高能滩的介壳灰岩或结晶程度较高的灰岩中，局部富集。通过显微镜下观察及 CT 扫描发现，其孔喉结构呈“立体”网络特征（图 4-26），而微纳米型基质孔隙空间结构为微孔—微喉特征，微孔低渗，多发育在低能滩的泥质介壳灰岩中，很多高能滩体向低能滩体过渡的介壳灰岩中也多有发育。由于水体能量低，介屑定向性好，壳内、壳间以及介屑和泥质填隙物间的微纳米孔形成似“层状”的孔喉特征（图 4-25），这些微纳米级孔喉在顺层发育的微裂缝的沟通下，可以形成“层状”孔缝网络。在川中地区大面积的低能相区广泛发育的近水平的微裂缝提供了这种沟通的通道，因此水平方向孔喉连通性好。由于这类微裂缝多在介壳灰岩层发育而在泥质塑性层消失，纵向上不同“层”孔喉连通性差，但在浅湖相区发育的高能滩体的质纯介壳灰岩或结晶介壳灰岩中，在构造压应力作用下形成剖面 X 形高角度剪切缝，易切穿塑性岩层，将沿缝发育的溶蚀孔洞和由微纳米基质孔和微米缝构成的网状孔缝体有效的沟通，从而在空间上多种孔隙类型构成了连续型的“网状”储集空间。

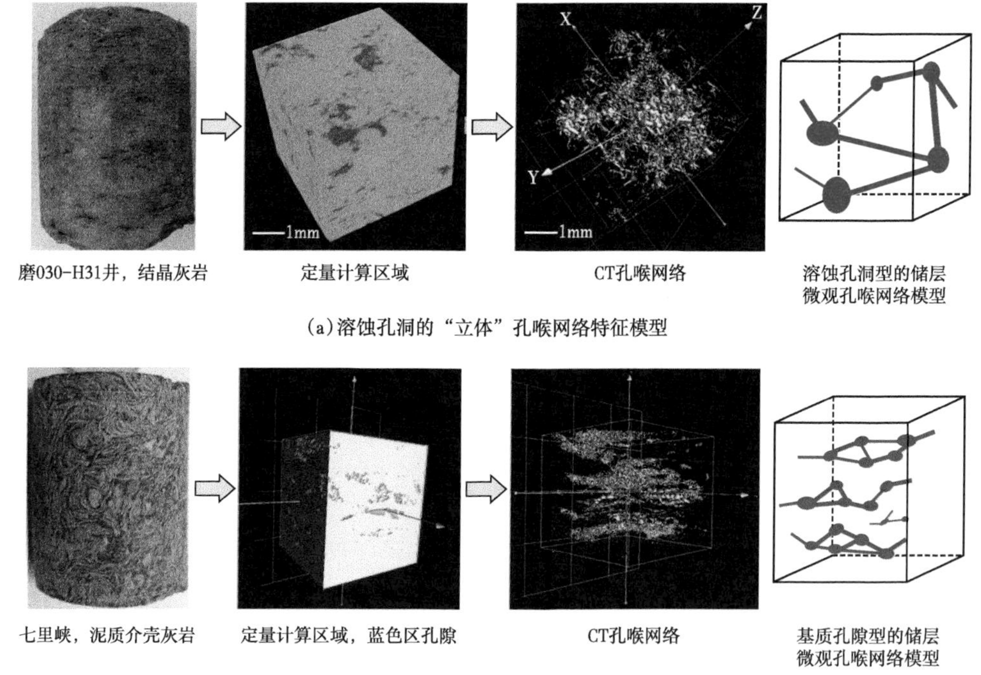

图 4-26　川中介壳灰岩空间孔喉网络特征模型

这种局部富集的“孔洞”、大面积层状分布水平连通的基质“微孔”和区域发育的各种级别的“裂缝网络”共同构成特殊的储集空间是大安寨段介壳灰岩形成致密油区的重要的储层条件。

四、源储共生条件

大面积分布的致密储层与生油岩紧密接触是致密油气的重要地质特征，例如从已开发致密油区看，北美Bakken组致密油的储层夹持于上Bakken段、下Bakken段的烃源岩之间，与上Bakken段、下Bakken段烃源岩一起呈全盆展布，形成区域范围内的源储紧邻配置，也只有在这种情况下致密油才能形成。这是由于致密储层的物性极差，渗透率极低，依靠传统成藏动力（浮力）无法使石油在储层中运移聚集，只能依靠烃源岩与储层之间巨大的源储压差，在巨大压力差的作用下，油气由烃源岩排出后直接向相邻储层充注。实际上，我国鄂尔多斯盆地下二叠统山西组和下石盒子组以及上三叠统延长组均具有这种源储特征和油气充注方式。

与国内这些典型的已开发的致密油区类似，川中地区的石油分布与构造起伏没有严格的对应关系：背斜、斜坡和向斜部位均可含油，也没有明显的圈闭界限。四川盆地侏罗系的源储配置为这种特殊的石油分布规律提供了形成条件。侏罗系主要发育四套广覆式分布的主力烃源岩，分别为珍珠冲段、东岳庙段、大安寨段和凉高山组的湖相泥质烃源岩，发育五套大面积分布的致密储层，分别为大安寨段与东岳庙段的湖相致密介壳灰岩储层，沙一段底部、凉上段和珍珠冲段的湖泊、河流和三角洲相的致密粉—细砂岩储层，这五套致密储层和四套主力烃源岩层相互叠置，在纵向上形成典型的“千层饼状”结构，源储紧邻，符合致密油的源储配置关系，且具体的源储配置方式各有特点。其中珍珠冲段烃源岩和致密席状砂储层为共生关系，储层薄，烃源岩也薄；凉高山组凉上段烃源岩除了向烃源岩内部砂岩夹层和下伏致密砂岩储层供烃外，还向上部与其紧密接触的沙一段提供烃类来源（4-27）；沙溪庙组自身的烃源岩条件较差，目前普遍认为其不具备生烃能力，仅与下伏凉高山组烃源岩接触的底部“关口砂岩”属于致密油范畴（庞正炼等，2012）。东岳庙段为源储共生型，湖相泥质烃源岩与介壳灰岩薄互层发育，但总体上烃源岩较储层厚；大安寨段的湖相介壳灰岩和暗色富有机质泥页岩紧密相邻，构成了一套自生自储的独立源储组合，具体可分为“薄储夹薄源”“厚源夹薄储”“厚储夹薄源”三种源储配置关系（图4-28），其中大三亚段高能滩、低能滩在川中地区大面积连续分布，与烃源岩构成“薄储夹薄源”式的源储配置关系，高能滩体发育带为“近源厚储”的源储配置；大一三亚段介壳滩由北向南呈叠瓦状迁移，纵向叠置，大面积分布的低能滩薄灰岩与厚层烃源岩构成“厚源夹薄储”的源储配置关系；大一亚段高能、低能介壳滩体间互分布，与烃源岩构成了“厚储夹薄源”“源储薄互层”“近源厚储”为主的配置关系。

实际上，由于储层非常致密，渗流能力差，依靠巨大源储压差充注的油气很难远距离横向运移，油气主要在烃源岩内部或近源储层中聚集，而侏罗系这种源储紧密接触非常有利于油气短距离运移并形成大面积层状聚集。张斌等（2012）应用藿烷类化合物作为参数对四川盆地侏罗系公山庙地区、莲池地区、金华地区、龙岗地区以及遂南地区的油（气）源对比开展了研究，结果表明，在同一地区凉高山组和沙溪庙组原油与凉高山组烃源岩基本一致；而大安寨段原油，则与大安段寨烃源岩基本一致（图4-29），在莲池个别地区凉高山组原油可能有大安寨段烃源岩的贡献。需要格外注意的是在遂南地区珍珠冲段和凉高山组烃源岩不发育，通过遂40井、遂42井和遂55井油—岩对比，发现珍珠冲段原油三环萜烷和四环萜烷组成特征与东岳庙段烃源岩更相近（图4-30），此外该地区珍珠冲段天然气同位素组成以及凝析油地化特征分析表明，部分井油气地化特征与下伏须家河组成熟—高成熟煤系腐殖型烃源岩相近，很可能存在混源情况。

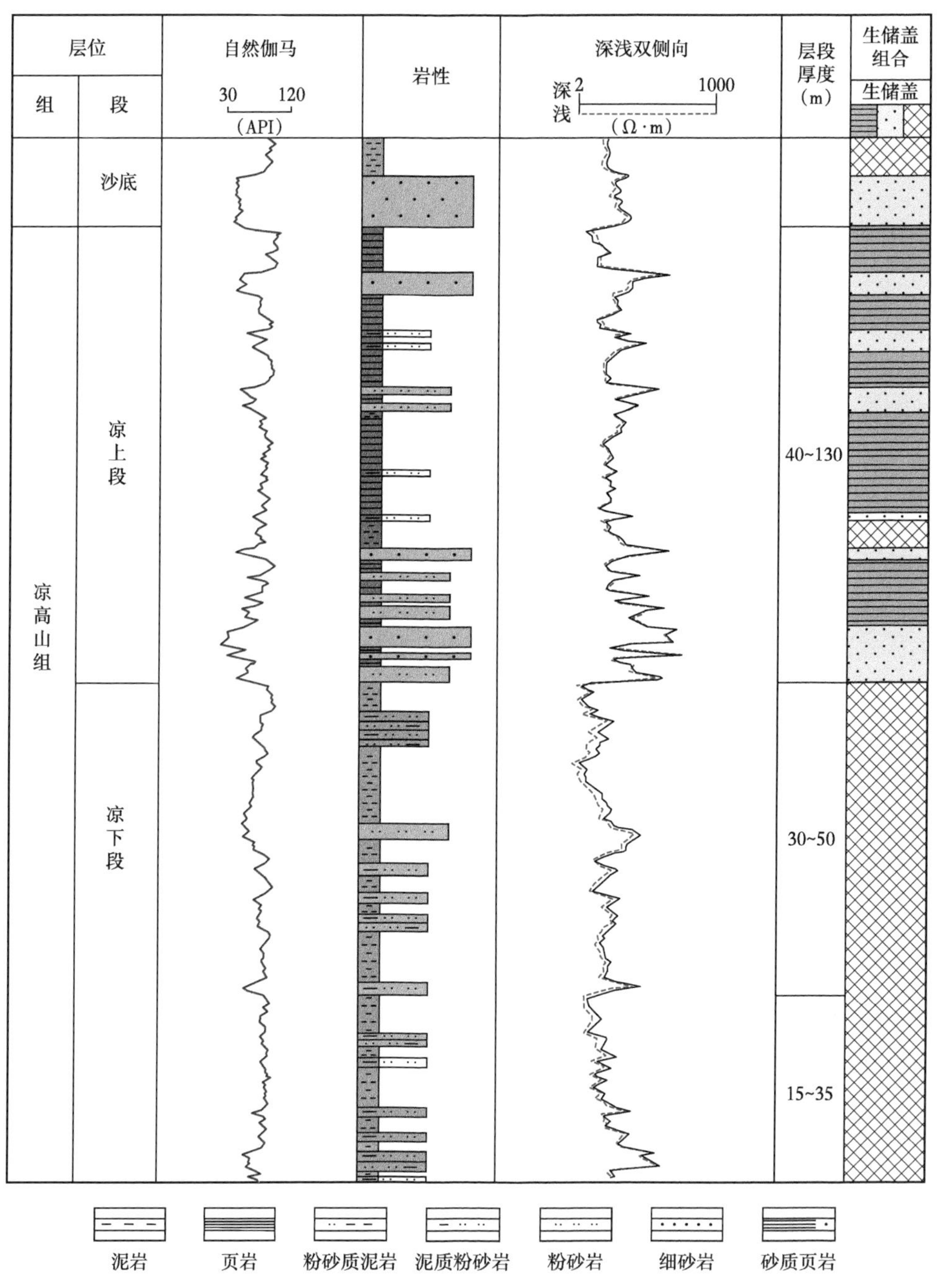

图4-27　川中地区凉高山组生储盖组合综合柱状图

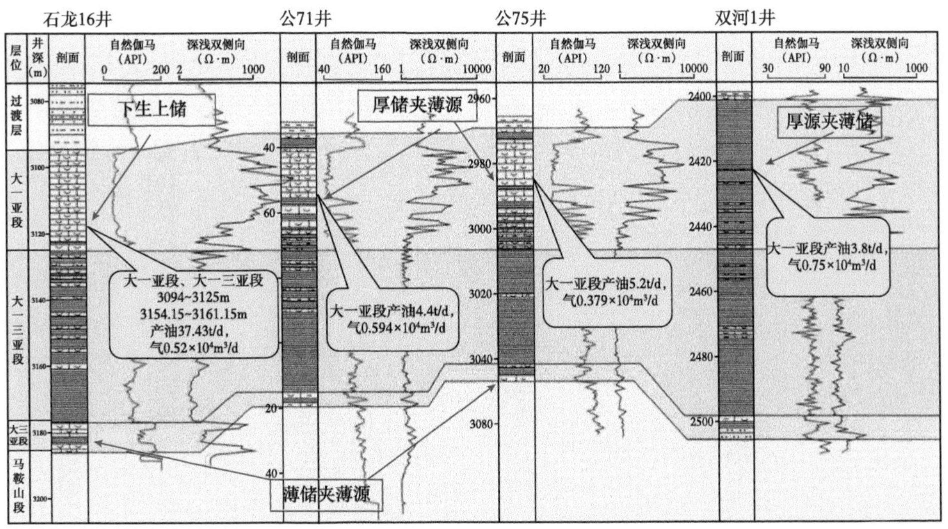

图 4-28 四川盆地大安寨段源储配置关系

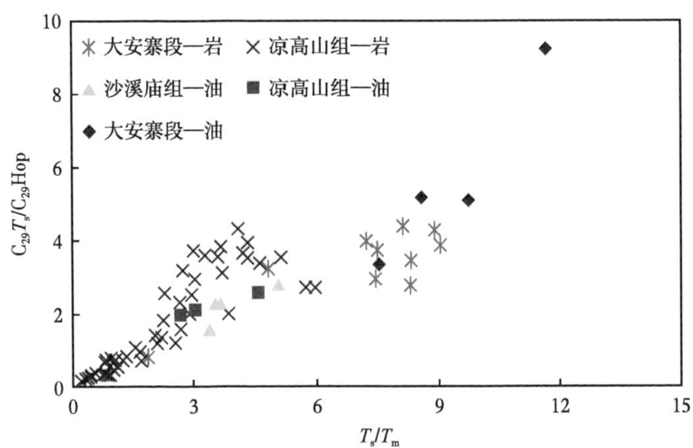

图 4-29 公山庙油田原油和烃源岩 T_s/T_m~$C_{29}T_s/C_{29}$Hop 关系图

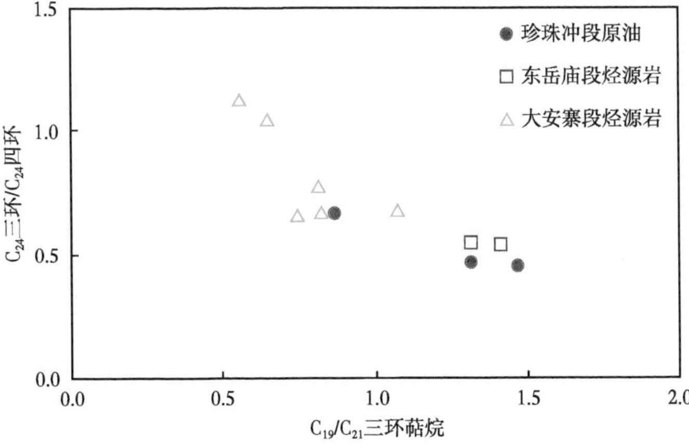

图 4-30 遂南地区烃源岩和原油三环、四环萜烷含量对比

通过横向油源对比研究，进一步揭示了这种“近源充注”特征。如广安地区凉高山组原油生物标志物特征与相距较远的龙浅2井凉高山组烃源岩差异很大（图4-31），西充地区大安寨段原油与相距较远公山庙地区大安寨段烃源岩生物标志物特征有明显差异（图4-32）。这种生物标志化合物上的横向不可对比性，是致密油短距离运移的良好佐证。

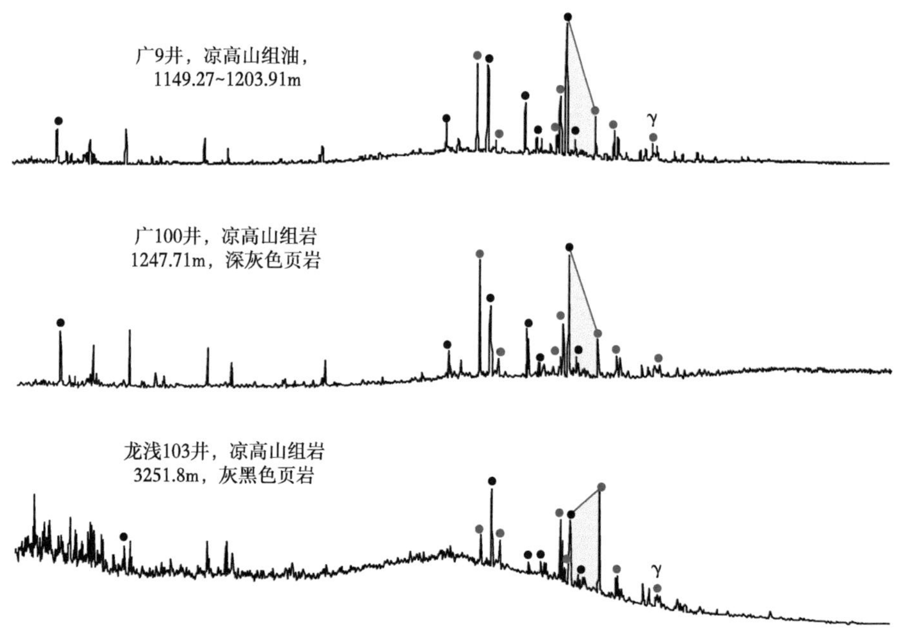

图4-31　广安地区凉高山组原油和龙岗地区凉高山组烃源岩地化参数对比图

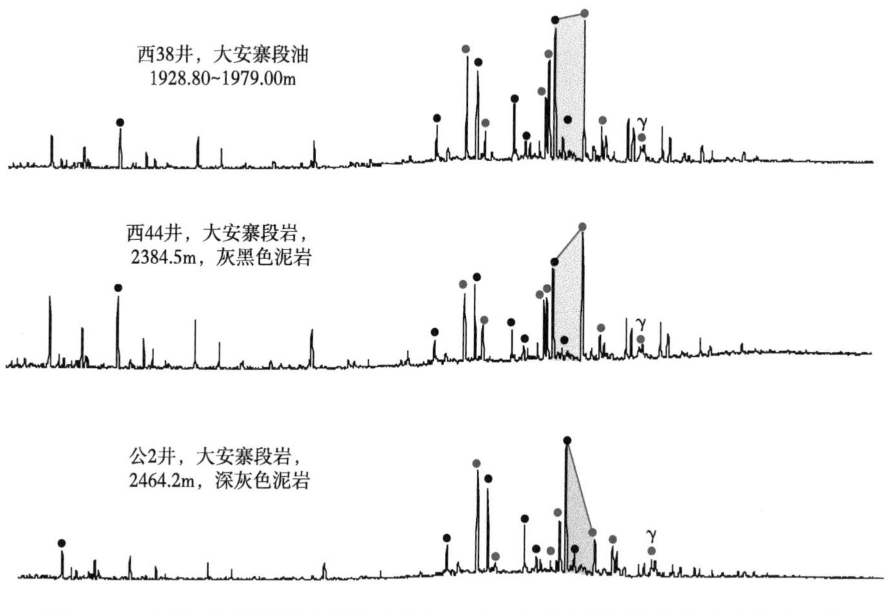

图4-32　西充地区大安寨段原油和公山庙地区大安寨段烃源岩地化参数对比图

五、保存条件

中—下侏罗统之上为大套蓬莱镇组与沙二段紫红色、暗紫红色砂泥岩地层，对中—下侏罗统生成的油气有直接封盖作用。此外，根据构造分析，四川盆地川中地区侏罗系断层多在沙一段终止，除川中东北部的水口场、仪陇以及税家槽等区块因构造受力相对较强，局部地段断至地面或断入遂宁组内部的断层有可能造成部分油气散失，例如在营山构造西端回龙场—朱家场一带地面断层发育段，地面油气苗较多，其他地方未见断裂出露（图 4-33）。而且，由于大安寨段、凉高山组、沙一段油藏的特低孔隙度、渗透率特征，储层致密化严重，致密储层本身即构成一类特殊的“盖层”，即使断层或裂缝导致油气散逸，其影响范围亦主要限于断层与裂缝附近，不至于对整个构造或区块的油气保存都产生破坏。因此，四川盆地侏罗系区域上都具备良好的盖层，保存条件较好。

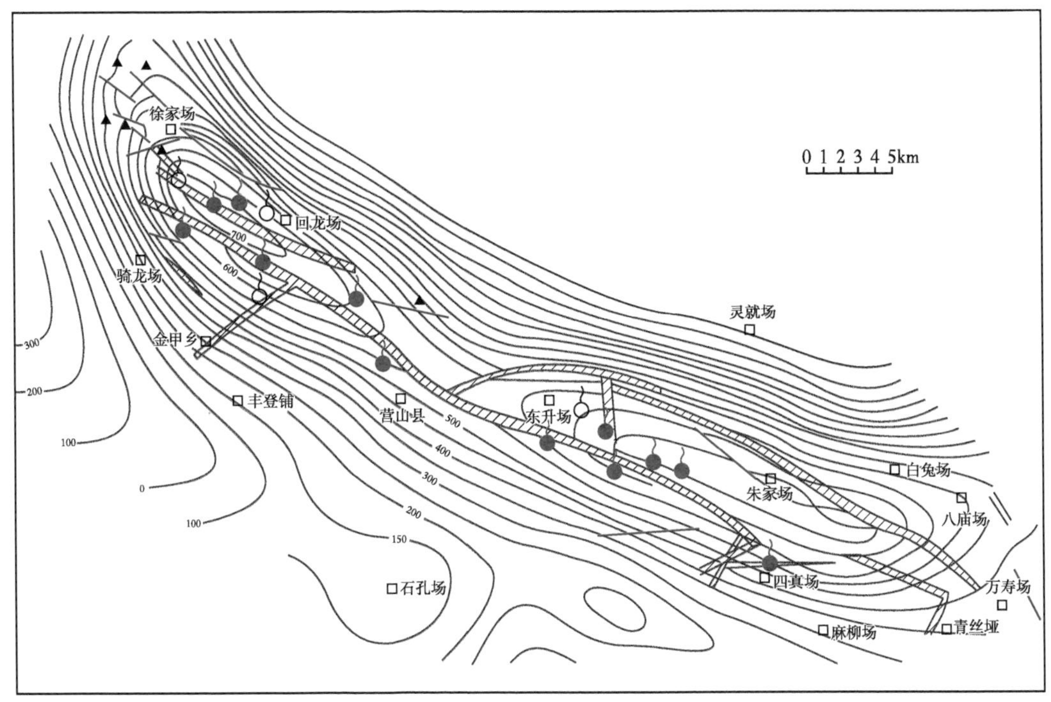

图 4-33 营山构造地面油气苗分布图

第二节 致密油分布特征

根据致密油气的定义和基本特征，致密油在储层中的赋存状态复杂，其分布范围不受构造高部位控制，而是大面积连续型分布在盆地中心、斜坡区内。邹才能、杜金虎等也早已指出，受构造背景相对稳定、烃源岩广覆式分布、非均质致密储层大面积分布以及源储配置关系等地质要素影响，致密油气具有大面积连续分布和局部富集的特征。

一、含油层系叠层连片大面积分布

四川盆地侏罗系油气分布明显具有连续型油层分布的特征。尤其是在川中地区，油气分布具有大面积、低丰度、低孔低渗、不受局部构造控制、无明显边底水的聚集特征，一方面受川中低缓的单斜构造背景、大面积分布的储层和广覆式分布的优质烃源岩的控制；另一方面四川盆地侏罗系多层系致密油分布，具有不同的致密油藏类型和分布特征，但整体表现为大面积叠层连续分布的特点。

从已有的钻井实效来看，珍珠冲段除20世纪90年代在遂南地区零星部署了几口专层井（如遂55井、遂101井等）外，其余区块均未对珍珠冲段进行专层勘探，因此钻达珍珠冲段绝大多数为穿层井，即使如此，仍在珍珠冲段普遍钻遇良好的油气显示，在磨溪、遂南、广安、充西、合川、潼南、八角场、金华、龙女寺、龙岗等构造或区块钻进过程中获井喷、井涌、油气侵、气侵、井漏等不同程度的油气显示，工业油气井在平面主要集中在遂南区块、磨溪区块、桂花区块，八角场构造和充西区块仅零星分布几口井（图4-34），属于浅水三角洲—滩坝砂岩致密油。平面上位于东岳庙段有效烃源岩分布区，

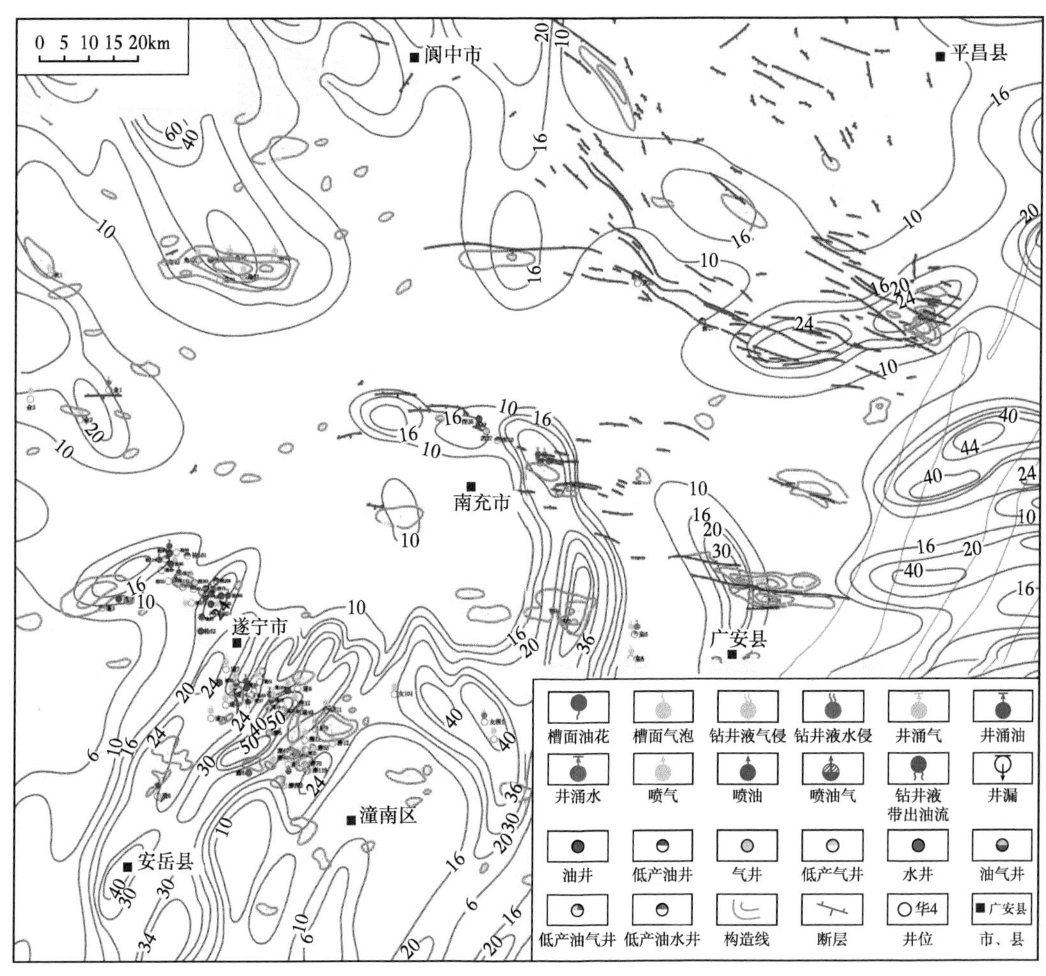

图4-34　川中地区珍珠冲段油气显示及油气井与砂体厚度叠合图

仅龙岗地区、广安地区、遂南地区和蓬莱等部分地区位于珍珠冲段自身烃源岩分布区；此外川中地区珍珠冲段砂体分布面积虽然广，但总体厚度不大，一般发育 3~7 层砂体，单层厚 1~10m，累计厚度为 10~30m，致密油气分布明显受砂体发育的控制，蓬莱—遂宁—龙女寺一带呈三角洲前缘带状展布，单层及累计厚度较大，最厚可达 50m，大部分油井均分布于此；八角场地区、南充地区、充西地区、广安地区平面呈透镜状，反映出滩坝砂体沉积特征，也有零星油气井分布；仪陇—龙岗地区砂体薄分布广，呈席状分布，虽然断裂发育，见油气显示，油气井少见。另外川西北九龙山—剑阁地区珍珠冲段下部砂砾岩段多口井见工业气流，研究认为主要是受下伏须家河组煤系烃源岩控制的裂缝性气藏，不属于致密油气。

东岳庙段致密油属于湖相碳酸盐岩致密油，其分布受自身的致密灰岩储层和优质烃源岩分布的控制。纵向上东岳庙段的致密介壳灰岩储层主要发育在下部，厚度较薄，主要分布在川中—川中南部，中上部较厚层优质烃源岩直接与之接触，至川中北部及川东北部地区，由于介壳滩体的向北迁移，介壳灰岩主要发育在东岳庙段中上部，下伏较厚的优质烃源岩。平面上，已有钻井揭示的油气显示和油气井均位于东岳庙段自身的烃源岩发育区和储层厚度较大的地区。与珍珠冲段致密油分布相似，由于专属井少，其油气显示和油气井分布较局限，工业油气井也主要集中在遂南地区一带，但在凹陷和斜坡区均有发现，此外在川东地区大范围零星分布，预示着东岳庙段致密油的分布可能很广泛，而不是如其勘探成果所揭示局部分布。

大安寨段是四川盆地最重要的产油段，也是最为典型的湖相碳酸盐岩致密油。纵向上主要发育上、中、下三套介壳灰岩储层，部分地区甚至发育 4~5 套，上部为大一亚段的高能介壳滩沉积，厚 10~20m，分布广泛，介壳灰岩、结晶介壳灰岩和泥质介壳灰岩均发育；中部多为低能介壳滩和滩缘沉积，厚度薄，累计厚度为 2~10m，泥质介壳灰岩为主，局部发育介壳灰岩和结晶介壳灰岩，下部多为中高能介壳滩沉积，厚度薄，但质纯。三套储层与自身的优质烃源岩层呈“夹心饼”式互层紧密接触，多层纵向叠置发育，均为主要的含油气层，如川中地区桂花油田大安寨段致密油（图 4-35），三套储层均不同程度含油，具有近源、规模大、储层薄、构造平缓等特征。平面上，大安寨段致密油分布在不同的构造位置，具有明显的大面积连续分布的特点（图 4-36）。一些局部构造主体虽然发育多条近东西向断层，但构造外围的平缓构造区，油气井大面积分布，例如桂花油田、公山庙油田等，含油面积远远超过了油田的构造范围。

此外，大安寨段致密油层主要分布在紧邻生烃中心的介壳滩及滩缘的介壳灰岩中，甚至在半深湖相区也有分布，这一分布特征表明优质的烃源岩对致密油的分布具有主要的控制作用。大面积分布的致密介壳灰岩储层是控制大安寨段致密油分布的另一个重要因素。四川盆地大安寨段介壳灰岩分布面积超过了 $7.8\times10^4km^2$，累计厚度超过 20m 的介壳灰岩面积达到了 $5.5\times10^4km^2$，主要分布在“南北环带”以及川东和川中充西—莲池一带。但是从已勘探的井的分布不难发现介壳灰岩的厚度并不是致密油分布的决定性因素，大部分的油气井主要分布在介壳灰岩厚度为 10~20m 的范围内，厚度大于 30m 的介壳灰岩分布区油气井近占少数，从岩性上看，质纯的介壳灰岩、结晶介壳灰岩和泥质介壳灰岩分布区均有油气井分布，且高产井、低产井的分布与岩性的关系也并不明显，这与川中地区含油气储层以大规模非常规致密储层有关，致密油气的富集高产主要受优质烃源岩分布、生烃能力、有利储层“甜点”以及裂缝的发育程度有关。据此可以推测，在钻井较少的半深湖区，包括川中北部、川东相对平缓构造区介壳灰岩较发育的广阔地区也是大安寨段致密油气分布的有利区带。实际上，根据川东已有的钻井分析，大安寨段油气显示极其丰富，且分布广，2013 年中国石化在重庆市梁平地区福石 1 井、兴隆 101 井的钻探试油，在大安寨段分别获得 67.8m^3/d 和 54m^3/d 的高产油流就是很好的例证。

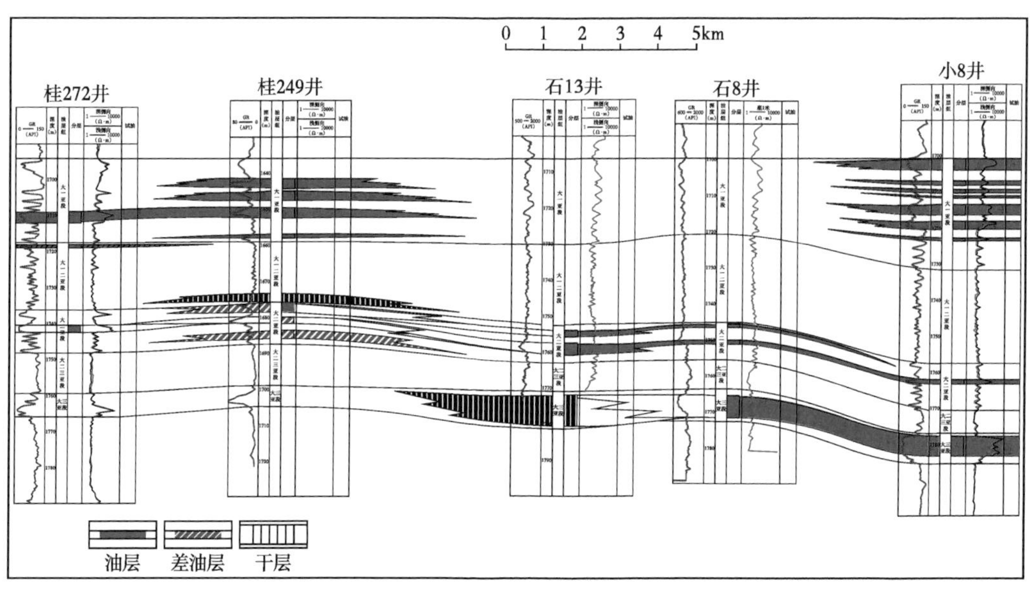

图 4-35 四川盆地川中南部桂花油田大安寨段桂 272—桂 249—石 13—石 8—小 8 井致密油连井对比图

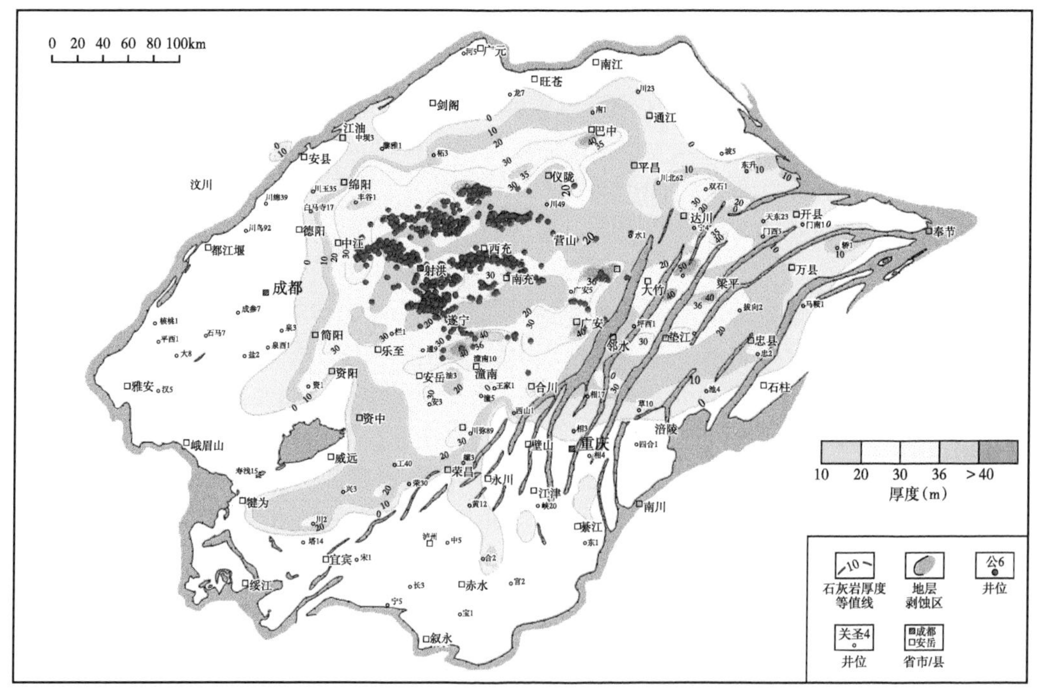

图 4-36 四川盆地大安寨段致密油气井分布与介壳灰岩厚度叠合图

凉高山组为典型的湖相砂岩致密油，主要分布在湖盆相对浅水的滩坝砂体和相对深水的三角洲前缘席状砂发育区。纵向上主要分布凉高山组上段的凉上Ⅰ亚段和凉上Ⅱ亚段的致密砂岩中，多套薄层砂体叠置分布，横向连续性好，局部呈透镜状，为滩坝砂体（图 4-37）。平面上，致密砂岩油层主要分布在近达州—平昌湖盆中心的斜坡区，尤其是中江—遂宁—潼南一线以东地区，为凉上Ⅰ-Ⅱ亚段烃源岩和凉上段烃源岩的主要分布区，也是凉高山组致密油气的主要分布区（图 4-38），另外，从区域钻探效果统计（表 4-10）分析来看，川中凉高山组工业油流井主要集中于东部，且具有东部工业油流井探井成功率明显高于西部的特点（陈更生等，2003；张宝民等，2002），这进一步表明烃源岩对致密油气的控制；同大安寨段致密油气分布特征相似，凉高山组致密油分布也不完全受构造控制，虽然在公山庙构造、充西构造、广安构造以及龙女寺构造主体油气井较为集中，但是构造主体的外围，仍然存在大面积的含油气区，显示丰富，工业油气井也不乏分布。其含油气储层以大规模的致密砂岩为主，储层物性特低孔隙度特低渗透率，一般为 1%~5%，平均为 2%，孔隙类型以裂缝—孔隙型为主，因此除了上述的优质烃源岩是致密油气的主控因素外，致密砂岩储层的发育以及断裂的发育也是控制致密砂岩油气的主要因素。由此推测，除了川中是凉高山组致密油的有利分布区外，川北巴中—平昌—川东北部达州一线的生烃中心区多套砂体叠置，砂岩厚度大，分布广，断裂发育，源储配置为典型的夹心饼式，也是致密油的有利分布区。

沙一段致密油纵向上主要分布在沙一段底席状砂，其与下伏的凉高山组上部的烃源岩紧密接触，呈下生上储的源储共生关系，因此沙一段底部致密油气分布特征与凉上段致密油分布特征相似，受凉高山组优质烃源岩和沙底席状砂分布的控制。此外沙一段中下部厚层的河道砂体储层物性好，一般为 3%~7%，平均可达 5%，渗透性较好，是有利的储层分布区，但是其自身烃源岩不发育，因此不属于典型的致密油，需要油源断裂沟通下伏凉高山组或大安寨段优质烃源岩，沙一段工业油井也多集中于断层较发育的正向构造附近。

表 4-10　川中东、西部地区凉高山组油藏勘探效果对比表（据陈更生等，2003，有修改）

区带名称		川中西部（嘉陵江以西）	川中东部（嘉陵江以东）	备注
钻探成果	钻井（口）	676	577	川中东、川中西分界实际操作是以石龙场、公山庙、南充、一立场、龙女、合川油田或区块为界，以东区域称“川中东部”、以西区域称“川中西部”
	试油（口）	12	370	
	工业油流井（口）	8	142	
	钻探成功率（%）	1.18	24.6	
开发成果	主产油井数（口）	3	76	
	0.1×10^4~0.5×10^4t 井（口）	1	47	
	≥ 1×10^4t 井（口）	/	14	
	1×10^4~1.5×10^4t 井（口）	/	15	
累计产油（10^4t）		1.6369	47.9567	

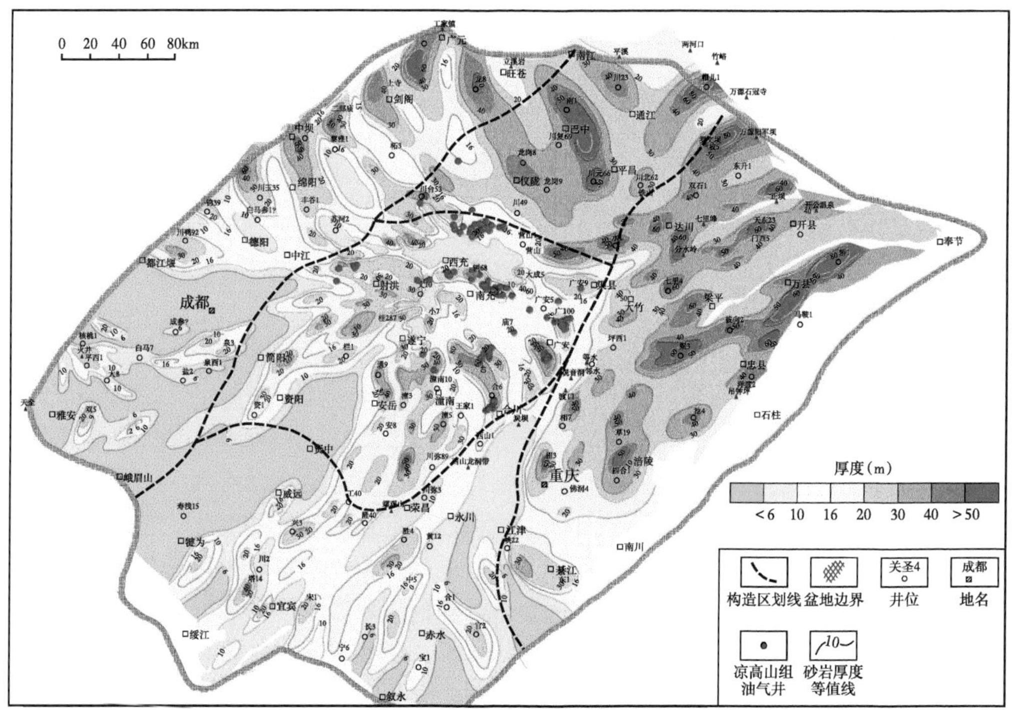

图 4-37　四川盆地凉高山组致密油气井分布与砂岩厚度叠合图

二、局部富集高产

从累计产量大于 1×10^4t 的开发井统计情况来看（表 4-11），侏罗系致密油也存在高产的甜点。2008 年底，累计产油量大于 1×10^4t 的井有 136 口，占总油井数的 14.1%，其累计产量却占总产量的 61.6%，这表明，在总体大面积低丰度的背景下，侏罗系油层存在多个高产富集的甜点区。

表 4-11　川中油区累计产量大于 1×10^4t 的井统计

油田（区块）	井号	数量（口）	最高产量井		
			井号	层位	产量（10^4t）
桂花	桂 7、8、9、12，大石 13 等	36	大石 13	大安寨段	7.52
公山庙	公 11、13、16、26、101 等	11	公 16	沙溪庙组	3.10
金华	金 1、3、10、12、13 等	15	金 10	大安寨段	3.26
中台山	年 4、9，台 3、22 等	12	年 4	大安寨段	3.38
莲池	莲 10、11、14、16、17 等	11	莲 14	凉高山组	2.78
八角场	角 37、84、92、93、96 等	12	角 84	大安寨段	3.64
广安	广 9、33、36、40、48	5	广 9	凉高山组	5.53
蓬莱	蓬 40、43、44、46、50 等	8	蓬 54	大安寨段	7.27
其他	营 22、罗 30、遂 40、西 1 等	26	遂 40	珍珠冲段	4.82
合计		136	大石 13	大安寨段	7.52

通过前文述及的致密油形成的条件，认为甜点区的形成主要受优势储集相带和裂缝两方面控制。

1. 优势储集相带控制甜点

优质生油岩仅能提供烃类来源和运聚动力，致密油的形成还需致密储层广泛分布，为烃源岩中排出的石油提供聚集场所。由于储层致密化的普遍性，石油在聚集过程中无法像传统油藏，在空间分布非常局限的构造或岩性圈闭内富集，形成明显的油藏界线。致密油的富集呈现了大面积含油，普遍低丰度的特点。这一富集规律也是导致四川盆地侏罗系目前高油层钻遇率、低单井产量的根本原因。

在优质生油岩大规模分布的背景下，从普遍致密的储层中寻找致密油相对富集区，就需要确定最有利储集相带的类型及分布。有利生烃强度范围内的优势储集相带，将控制致密油的进一步富集。在裂缝缺乏地区，优势储集相带更是“甜点”形成的前提。

物性分析统计和勘探实践均表明，凉上段和沙一段的碎屑岩储层中，滨浅湖相的湖滩、沙坝，三角洲前缘的水下分流河道砂及河流相的河道砂为储集性能最好的相带，其次为三角洲前缘的席状砂、决口扇及天然堤，分流河道间、砂泥坪是储集条件最差的相带。因为湖滩、沙坝和水下分流河道砂及河道砂体沉积时，水动力较强，沉积物粒度较粗。在强烈压实过程中，砂体的骨架支撑力更强，抗压实能力也较强，残余粒间孔保存较好，易于在此基础上形成次生孔隙。

对于大安寨段介壳灰岩储层，沉积相类型分析、储层物性测试及生产实践表明，介壳滩相灰岩是有利储集体。这是由于，泥质含量较少的介壳滩相灰岩储层，脆性更大，岩性更纯，更易形成从毫米到纳米的应力缝和化学缝。各个尺度的裂缝不但构成重要的储集空间，还为酸性地层流体溶蚀灰岩岩层提供流动通道，促进溶蚀作用的发生。但石灰岩的单层厚度不是越大越好，过厚的介壳滩相灰岩抗应变能力亦更强，在构造及压实作用下不易形成发达的多级裂缝网络。从现场生产情况看，单层厚度在 1~10m 的介壳滩相灰岩是最有利的储集体。

2. 裂缝控制甜点

四川盆地侏罗系致密油运聚模型表明，裂缝的存在扩大了线性流运移的作用范围，使石油在裂缝发育区相对富集，形成“甜点”。因此，裂缝成为控制致密油富集的另一个因素。需要指出的是，作为富集因素的裂缝，是传统意义上的宏观裂缝，而不是储层基质中的微裂缝。只有宏观裂缝，才能保证石油在其中的运移所需克服的启动压力较小，运移过程中损失的能量也较小。

从成因角度分析，宏观裂缝为构造缝，是岩层遭受构造应力作用，发生破碎和断裂所致。石灰岩储层微裂缝中，部分应力缝也是在构造挤压作用下，矿物或介壳颗粒破碎所致；化学缝的形成往往需要有可流动的地层水，而宏观裂缝的存在恰能满足这一条件。成因上的相似性与因果联系，使宏观裂缝和大量微裂缝伴生出现。同时，各级裂缝的存在又促进溶蚀作用的发生，导致溶孔的形成。这种级级控制的发育模式，又使宏观裂缝成为大安寨段石灰岩储层储集空间重要控制因素。

综上所述，宏观裂缝不但是致密油运聚过程中的富集控制因素，还是控制石灰岩储集空间发育的重要因素，在更深层次控制大安寨段致密灰岩油的富集。此外，裂缝本身具有连续分布的格局，因此其控制下的甜点区也呈现大面积准连续型的分布格局（图 4-37）。

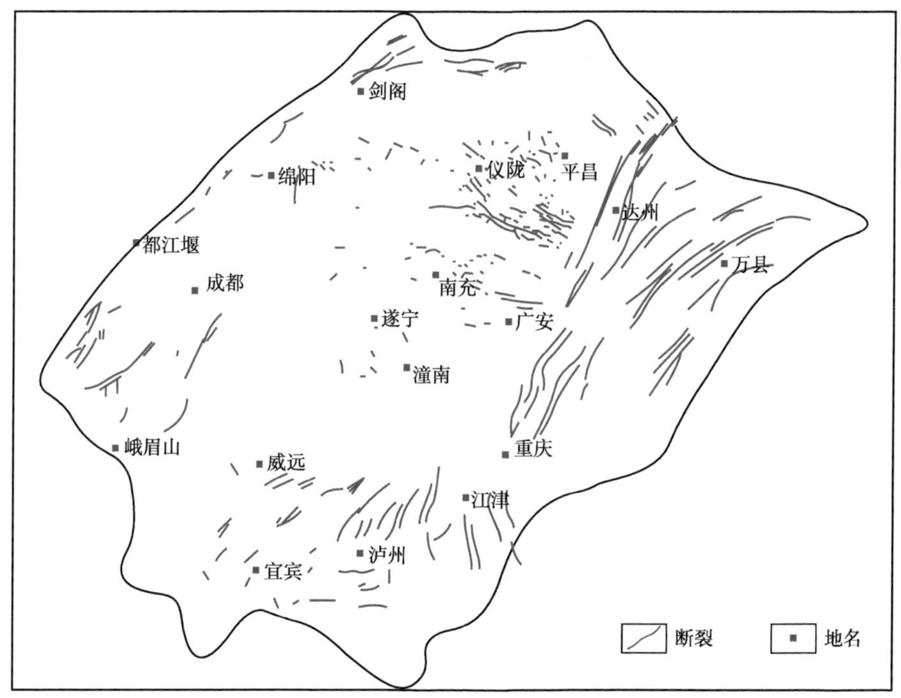

图 4-38　四川盆地侏罗系断裂展布图

从川中侏罗系致密油勘探和开采的实际效果来看，裂缝带的发育也确实控制着高产和甜点的分布。由表 4-12 的统计结果可知，大安寨段油气的高产与介壳滩体厚度大、溶蚀孔洞和裂缝发育密切相关。

表 4-12　石龙场地区大安寨段高产井缝洞发育程度及其响应特征

解剖地区	柏垭子	老鸦		宝马
井号	石龙 2	石龙 13	石龙 15	石龙 16
层位	大一亚段	大一亚段	大一亚段	大一亚段、大一三亚段
井段（m）	2816~2851.5	2959.5~2981	2930.5~2968	3094~3125 3154.15~3161.15
岩性特征	上部介屑灰岩，下部介屑灰岩夹页岩，介屑含量高，质纯，重结晶程度高	中上部为介屑灰岩，底为含粉晶、微晶介屑灰岩，泥质含量 1%~2%，质纯	介屑灰岩夹一薄层页岩，泥质含量 1%，质纯	褐灰色介屑灰岩
缝洞发育程度	中上部缝、洞极发育，岩屑中次生矿物占 5%~30%，井漏明显	未取心，井漏明显，推测微裂缝发育	岩屑中见少量方解石和 12 颗石英自形晶体，井漏	岩屑中见少量无色透明方解石晶体和自形石英晶体及晶簇
测井曲线响应特征	中上部声波时差曲线由 43μs/ft 急剧升至 140μs/ft，具大裂缝响应特征	声波时差曲线有三层高值段，并指示有可能发育裂缝	近底部有一层声波时差曲线由 150μs/ft 升至 200μs/ft，具裂缝响应特征	测井综合解释 3154~3160m 井段为裂缝性油气层

续表

解剖地区		柏垭子	老鸦		宝马
地震异常特征		顶部大段连续强振幅反射，其下多干涉和不连续弱反射，部分为空白带	顶部反射波组第二相位、第三相位具弱振幅、低频异常	顶部反射相对弱振幅、低速、低频、高突变指数，AVO 流体等异常	具 AVO 流体异常
油气显示情况		井漏、井涌、井喷	钻井中井漏，共漏失钻井液 26.2m^3，平均漏速 7.45m^3/h	钻井中井漏，共漏失钻井液 24m^3，最大漏速 16.8m^3/h	3154.15~3161.15m 井段发生井涌
测试结果	油（t/d）	34~50	60	24.3	37.43
	气（10^4m^3/d）	1.63~1.64	6.51	4.64	0.52

参考文献

EIA，2005.Tight Oil Glossary. https：//www.eia.gov/tools/glossary/index.php? id =Tight_oil.

Government of Canada.Geology of Shale and Tight Resources. https：//natural-resources.canada.ca/energy/energy-sources-distribution/natural-gas/shale-tight-resources-canada/geology-shale-and-tight-resources/17675.

陈更生，蒲文成，罗玉宏，等，2010. 川中地区侏罗系凉高山、沙溪庙组砂岩油藏勘探新领域与目标评价研究 .

杜金虎，何海清，杨涛，等，2014. 中国致密油勘探进展及面临的挑战 [J]. 中国石油勘探，19（1）：1-9.

杜敏，陈盛吉，万茂霞，等，2005. 四川盆地侏罗系源岩分布及地化特征研究 [J]. 天然气勘探与开发，28（2）：15-17，69.

贾承造，邹才能，李建忠，等，2012. 中国致密油评价标准、主要类型、基本特征及资源前景 [J]. 石油学报，33（3）：343-350.

梁狄刚，冉隆辉，戴弹申，等，2011. 四川盆地中北部侏罗系大面积非常规石油勘探潜力的再认识 [J]. 石油学报，32（1）：8-17.

廖群山，胡华，林建平，等，2011. 四川盆地川中侏罗系致密储层石油勘探前景 [J]. 石油与天然气地质，32（6）：815-822+838.

刘占国，斯春松，寿建峰，等，2011. 四川盆地川中地区中下侏罗统砂岩储层异常致密成因机理 [J]. 沉积学报，29（4）：744-751.

倪超，郝毅，厚刚福，等，2012. 四川盆地中部侏罗系大安寨段含有机质泥质介壳灰岩储层的认识及其意义 [J]. 海相油气地质，17（2）：45-56.

庞正炼，邹才能，陶士振，等，2012. 四川盆地侏罗系致密油的形成条件 [C]// 中国地球物理学会 2012. 中国地球物理 .

唐大海，2000. 川中东部侏罗系凉高山组储层特征研究 [J]. 天然气勘探与开发，23（4）：25-30.

陶士振，邹才能，庞正炼，等，2012. 湖相碳酸盐岩致密油形成与聚集特点——以四川盆地中部侏罗系大安寨段为例 [C]// 中国地球物理学会 . 中国地球物理 .

杨华，李士祥，刘显阳，2013. 鄂尔多斯盆地致密油、页岩油特征及资源潜力 [J]. 石油学报，34（1）：1-11.

张宝民，陶士振，吴光宏，等，2002. 四川盆地川中地区中侏罗统超低孔—超低渗储层与油气成藏浅析 [C]// 2002 低渗透油气储层研讨会论文摘要集 .

张斌，胡健，杨家静，等，2015. 烃源岩对致密油分布的控制作用——以四川盆地大安寨为例 [J]. 矿物岩石地球化学通报，34（1）：45-54.

张威，刘新，张玉玮，2013. 世界致密油及其勘探开发现状 [J]. 石油科技论坛，(1)：41-44，68.
赵政璋，杜金虎，等，2012. 致密油气非常规油气资源现实的勘探开发领域 [M]. 北京：石油工业出版社 .
中国石化股份公司西南油气分公司，中国石化集团公司西南石油局 . 2012. 致密岩石油气藏 6[M]. 成都：四川科学技术出版社 .
邹才能，朱如凯，吴松涛，等，2012. 常规与非常规油气聚集类型、特征、机理及展望——以中国致密油和致密气为例 [J]. 石油学报，33（2）：173-187.

第五章　致密油富集特点与区带优选

致密油的运移渗流机制和动力来源决定了其近源聚集和明显“源控”的特征（胡素云等，2023）。我国东部及中西部 9 个典型盆地致密油富集特点各不相同，但致密油普遍沿与优质烃源岩连通性好且近的相对高孔高渗物性甜点区富集，二者之间的空间配置关系是致密油富集的关键。本章主要介绍四川盆地侏罗系致密油资源富集特点和大安寨段、凉上段和沙一段有利勘探区带优选，指导勘探重点。

第一节　致密油资源富集特点

四川盆地侏罗系油气以近源聚集为主，在断层或裂缝沟通较好的地区，部分远源聚集。大安寨段和凉上段为自生自储的原生油藏，其有利区的分布受有效烃源岩和储层分布的双重控制。沙一段为次生油藏，油源通道是油气能否成藏的关键，所以沙一段油藏有利目标的优选要充分考虑断层及裂缝与河道砂、烃源岩的搭配关系。

在凉上段—沙一段油藏剖面中（图 5-1），东西向上，龙门山前到公山庙以西的川西地区，处于有效烃源岩分布范围之外，尽管发育厚层三角洲前缘砂体，在无断层沟通的条件下，这些地区含油性较差，若有断层沟通，则来源深部须家河的天然气经过二次运移形成常规气藏；公山庙地区位于有效烃源岩分布范围内，凉上段三角洲前缘砂体发育，易形成致密砂岩油藏。沙一段河道砂体发育，且有断层沟通下伏烃源岩，发育常规的岩性油藏；公山庙到营山、广安的中间地带，有效烃源岩的厚度增大，凉上段三角洲前缘砂体连续分布，致密油分布较连续。而沙一段由于无断层沟通，仅沙一段底部与凉上段烃源岩接触的砂体含油；营山—广安地区，断裂发育，凉高山组烃源岩生成的油气为沙一段砂体和凉上段砂体所共享；川东高陡构造带将侏罗系分隔成许多小洼陷，在洼陷内部凉高山组烃源岩厚度大，有机质含量高，凉上段砂体易形成大面积分布的致密油藏。总体上看，公山庙至营山地区、广安地区，属于较好的致密油有利区；营山地区、广安地区，断裂发育，易形成常规油藏；川东地区，凉高山组为极好的致密油有利勘探区，沙一段含油性较差。南北向上，川南低陡构造带至公山庙以南地区位于凉高山组湖盆范围之外，含油性较差；公山庙以北的龙岗地区，位于生烃中心，有效烃源岩厚度大，凉高山组砂体发育，为致密油有利发育区，而且龙岗地区断裂发育，下伏烃源岩生成的油气多向上运移到沙一段厚层河道砂体中，为常规油的有利勘探区；龙岗以北的大巴山前缘地带，位于有效烃源岩分布范围之外，三角洲前缘砂体发育，但由于大断裂发育，油气多散失，部分油气经过二次运移形成常规的砂岩油藏。

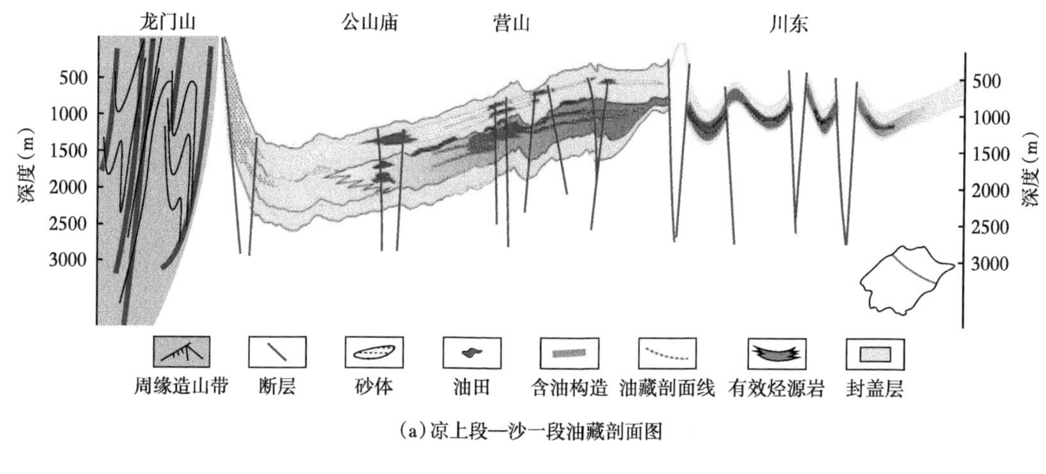

(a)凉上段—沙一段油藏剖面图

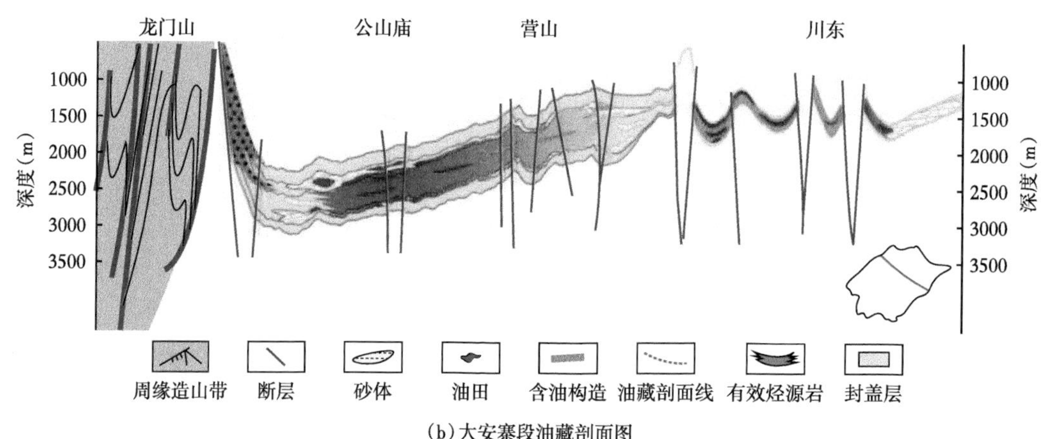

(b)大安寨段油藏剖面图

图 5-1 侏罗系油藏剖面图

大安寨段油藏剖面中，东西向上，从龙门山前到中台山以西地区，由于处于有效烃源岩分布范围之外，尽管发育三角洲前缘砂体和厚层介壳滩等储层，在无断层沟通的条件下，这些地区含油性较差，若有断层沟通，则油气经过二次运移形成常规油气藏；中台山油田处于介壳滩上，储层厚层大，且位于有效烃源岩分布范围内，但由于埋深较大（2800~3000m），以产油气为主，八角场地区埋深更大，以产气为主；从公山庙到营山、广安一带，有效烃源岩的厚度大，大一亚段和大三亚段介壳灰岩大面积连续分布，致密油分布较连续，但从公山庙到营山、广安地区，油层含油气性逐渐变差，这是因为营山、广安地区断裂发育，烃源岩生成的油气向上运移至其他层位的结果。总体上看，公山庙周边地区，有效烃源岩厚度大，但储层厚度不大，属于较好的致密油有利区；营山、广安以东的川东地区，有效烃源岩厚度大，介壳灰岩厚度也大，而且高陡构造带将川东地层分隔为许多次级的小洼陷，油气保存条件较好，为极好的致密油有利勘探区。南北向上，川南低陡构造带位于大安寨段湖盆范围之外，储层主要为三角洲砂体，在大安寨段烃源岩生成的烃类多为短距离运移的情况下，该地区含油性较差；桂花油田以南的磨溪地区，介壳滩厚度大，最大可达 45m，且岩心观察发现该地区介壳灰岩溶蚀孔洞发育，油气显示活跃，部分井（高浅 1H 井）见高产油流，由于位于有效烃源岩的边缘地带，若存在断层或裂缝沟通，有望形成良好的常规油藏；桂花油田以北的莲池地区，有效烃源岩厚度和介壳灰岩厚度均较大，为致密油的有利发育区；公山庙以北的龙岗地区，位于生烃中心，有效烃源岩厚度大，但是介壳灰岩只在大一亚段发育，且厚度较薄，致密油发育较差，而且龙岗地区断裂发育，大安寨段烃源岩生成的油气多向上运移到其他层位，造成该区大安寨段致密油整体较差；龙岗以北的大巴山前缘地带，三角洲前缘砂体发育，且断裂沟通较好，油气易经过二次运移形成常规的砂岩油藏。

第二节　致密油区带优选

四川盆地侏罗系烃源岩厚度大、分布广，纵向上发育多套储层，烃储互层、自生自储、近源充注，尤其是川中地区构造平缓，钻井显示频繁，工业油气井大面积分布，具有致密油典型的大面积连续分布的特点，所以，四川盆地侏罗系致密油勘探具有较大的潜力。致密油有利区块优选原则包括以下六个方面：

（1）含油面积：区内已见良好油气显示，且预期致密油连续分布面积大于或等于 50km^2。

（2）烃源岩品质：原则上 TOC 大于或等于 1%，R_o 为 0.6%~1.3%。

（3）储层质量：原则上储层单层厚度大于 3m 或集中段有效储层厚度占地层总厚度比例超过 70%，孔隙度相对较高，砂岩储层孔隙度大于 2%，介壳灰岩则处于滩坝相带，裂缝较发育。

（4）埋藏深度：主体小于或等于 4500m。

（5）保存条件：无规模性通天断裂破碎带、非岩浆岩分布区、不受地层水淋滤影响等。

（6）地面条件：交通便利，水源充足，地面相对平缓，距离人口密集区较远，管网条件良好。

根据上述研究成果和有利区优选原则，优选了沙一段、凉上段、大安寨段三套主力层系的有利区。

一、大安寨段

川中地区 50 多年的勘探实践表明，工业油气井主要分布在靠近湖盆生烃中心的低能介壳滩相带，靠近湖盆中心的低能介壳滩介壳灰岩发育，具备储层发育的基础条件，又紧邻浅湖—半深湖相湖盆生烃中心，有利烃类的近源充注，说明低能介壳滩富集成藏源储配置关系最好。另外，生烃过程中产生的有机酸也有利于介壳灰岩的溶蚀，形成储渗空间。

裂缝对改善致密灰岩储层储集性能也有至关重要的作用。裂缝发育区有利于有机酸流体对储层的溶蚀改造，能够大幅度提高储层的渗透性，裂缝网络发育区是油气富集的必要条件。所以，在构造受力较强的正向构造区域，裂缝相对发育，若能够与烃源岩、储层较好匹配，是最佳的勘探区域。

大安寨段有利区主要分布于巴中—仪陇地区；南充—岳池以南、遂宁—潼南以北地区；川东的大竹—梁平地区和达川—渠县地区。大安寨段烃源岩发育，以黑色、深灰色泥页岩为主，页岩颜色深、质纯、页理发育，含黄铁矿，有机碳含量为 0.8%~2.8%，氯仿沥青“A”含量为 0.141%~0.331%，代表强还原的浅湖—半深湖沉积环境。本区大安寨段泥质烃源岩总厚度为 20~80m（图 5-2）。

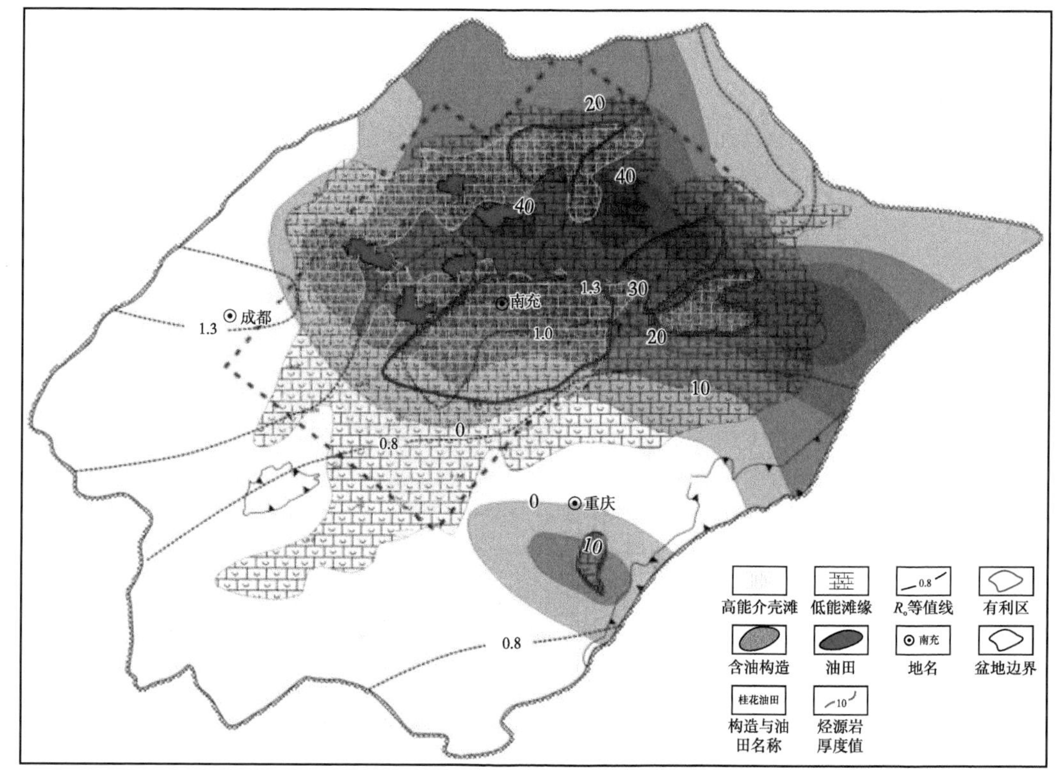

图 5-2　侏罗系大安寨段有利区预测图

1. 龙岗地区

本区块大安寨段沉积期处于浅湖—半深湖相区，暗色泥页岩厚度大，累计厚度可达70m，品质好，有机碳含量大于1.3%，具有非常优越的烃源岩条件。区内大一亚段发育规模不等的介壳滩沉积，以龙岗中部龙岗9井区条带状介壳灰岩滩坝和三维区东部“鸟足状”分布的介壳滩最为典型（图 5-3），龙浅2井、龙浅3井等钻井揭示，条带状介壳灰岩厚度可达20m，具备形成储层的基础条件。

本区受大巴山造山运动等多期构造活动的影响，构造变形比较强烈，形成了大量北西南东向展布的扭性逆冲构造形迹，形成大量具有明显断距的逆断层，与断裂带相伴生的裂缝发育，可以改善储层物性，为油气富集提供了运移通道（图 5-4）。本区龙岗9井在大安寨段测试获得日产76.5t的高产油流，另外，龙岗地区大安寨段在以深层为目的层的钻井过程中，共见井喷、井涌、油气侵、气侵、气测异常、井漏等油气显示，总共达49井次，显示出良好的含油气条件及勘探前景。

2. 仁和区块

本区块位于莲池油田、公山庙油田与八角场油气田之间。大三亚段沉积期处于相对高能的相带，介壳灰岩较发育；大一三亚段沉积期处于浅湖—半深湖相带，靠近湖盆中心，以厚层暗色泥岩为主，夹薄层介壳灰岩，烃源岩条件优越；大一亚段处于低能介壳滩相带，发育一定厚度的介壳灰岩，累计厚度为10m左右，与暗色烃源岩不等厚互层，具有较好的源储配置关系（图 5-5）。本区处于西充构造—八角场构造—公山庙构造之间，发育

图 5-3　龙岗地区大安寨段介壳灰岩分布预测图

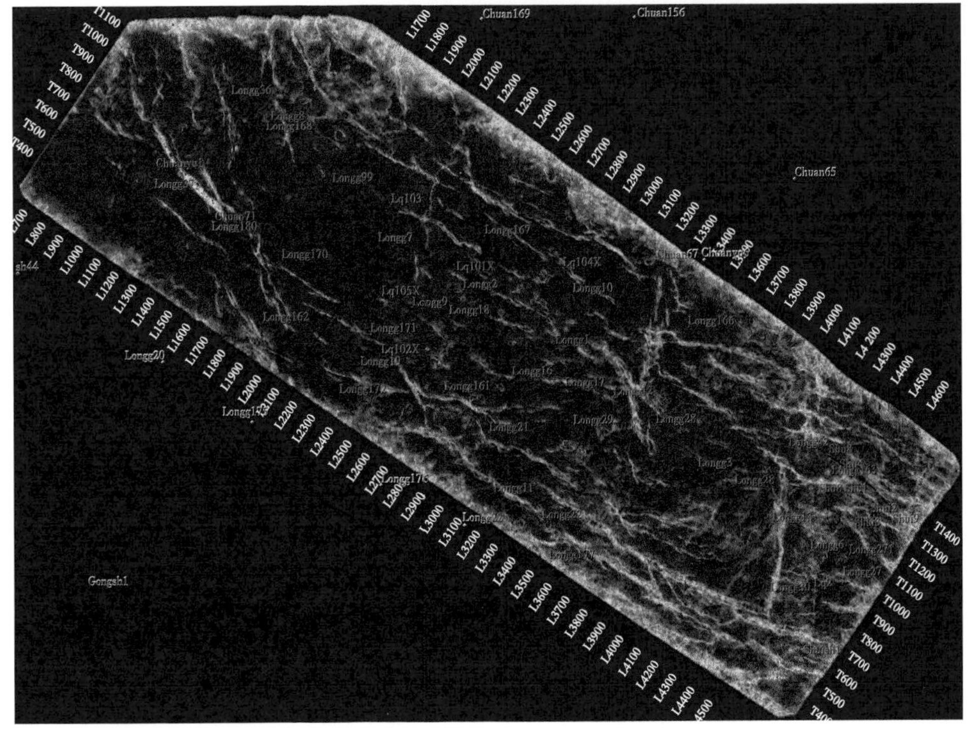

图 5-4　龙岗地区大安寨段断裂、裂缝分布预测图

小型的褶皱、凸起等正向构造，裂缝较发育。临区莲池、八角场、公山庙是川中地区重要的油气田，勘探成效显著，累计产量万吨以上的井超过 70 个（图 5-6），说明在川中地区整体低孔隙度、低渗透率导致低产的背景下，本区域具有较好的含油气条件。

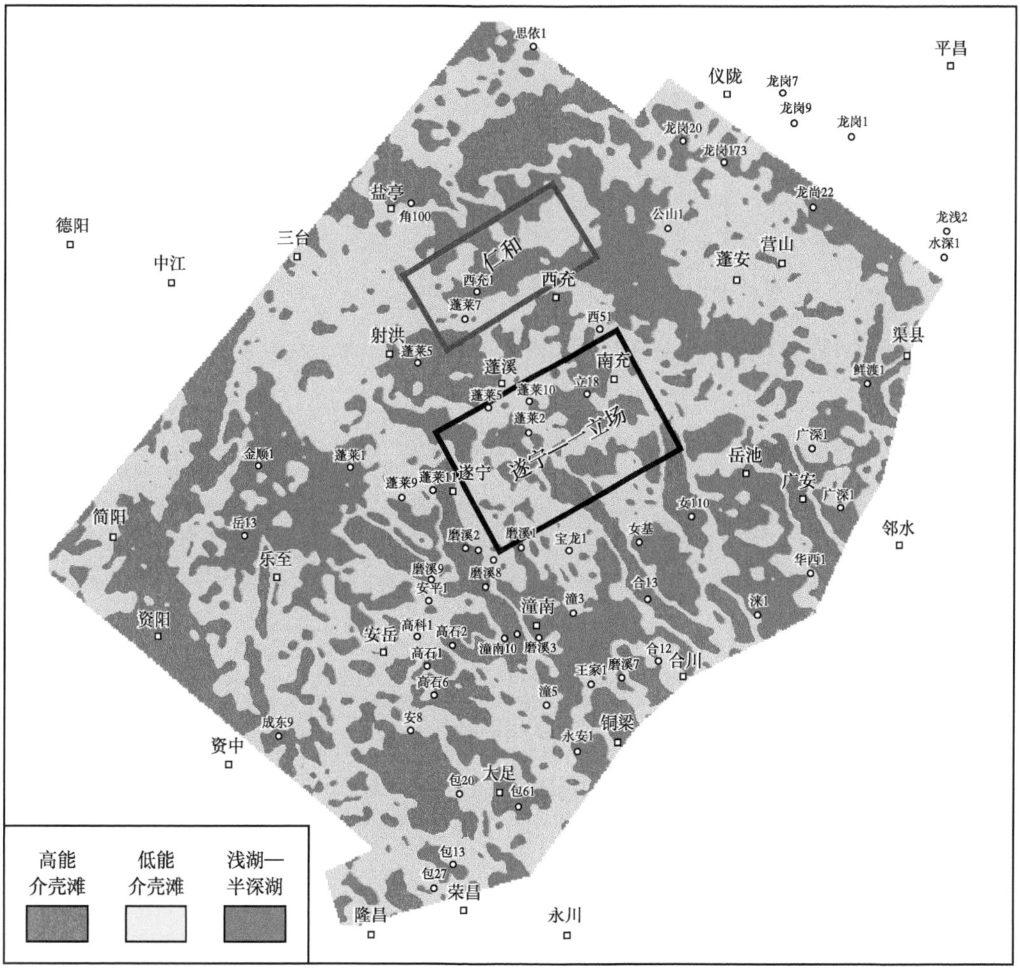

图 5-5　川中地区大一亚段沉积相图

3. 遂宁——立场区块

本区块位于桂花油田与一立场油气区之间的过渡带，南与龙女寺构造相接，北至莲池油田，勘探程度较低。大三亚段沉积期处于高能滩相带，介壳灰岩较发育；大一三亚段沉积期处于半深湖相带，靠近湖盆中心，以厚层暗色泥岩为主，厚度大于 40m，烃源岩条件较好，大一三亚段中部为高能介壳滩沉积，介壳灰岩发育；大一亚段处于浅湖到半深湖过渡相带，发育一定厚度的介壳灰岩，介壳灰岩累计厚度大于 10m，与暗色烃源岩不等厚互层，具有较好的源储配置关系（图 5-5）。

本区处于大巴山造山带应力场波及带边缘，同时受乐山—龙女寺隆起等构造作用影响，具有多其次、多方向应力作用的特点，具有良好的裂缝发育条件（图 5-7）。临区遂宁、磨溪、小潼场等地区均有工业油气井分布，含油气条件较好。

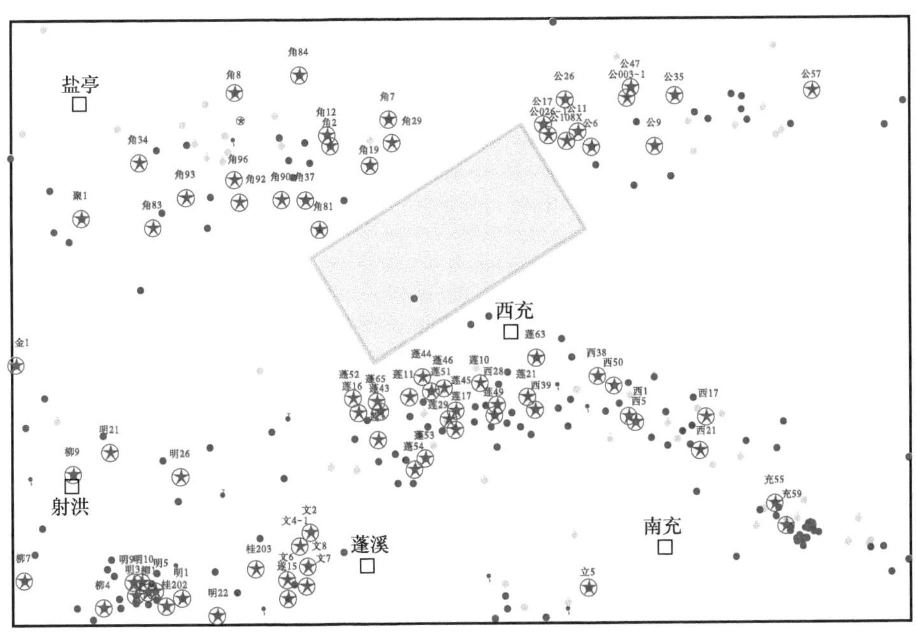

图 5-6 仁和区块大安寨段累计产量超万吨井分布图

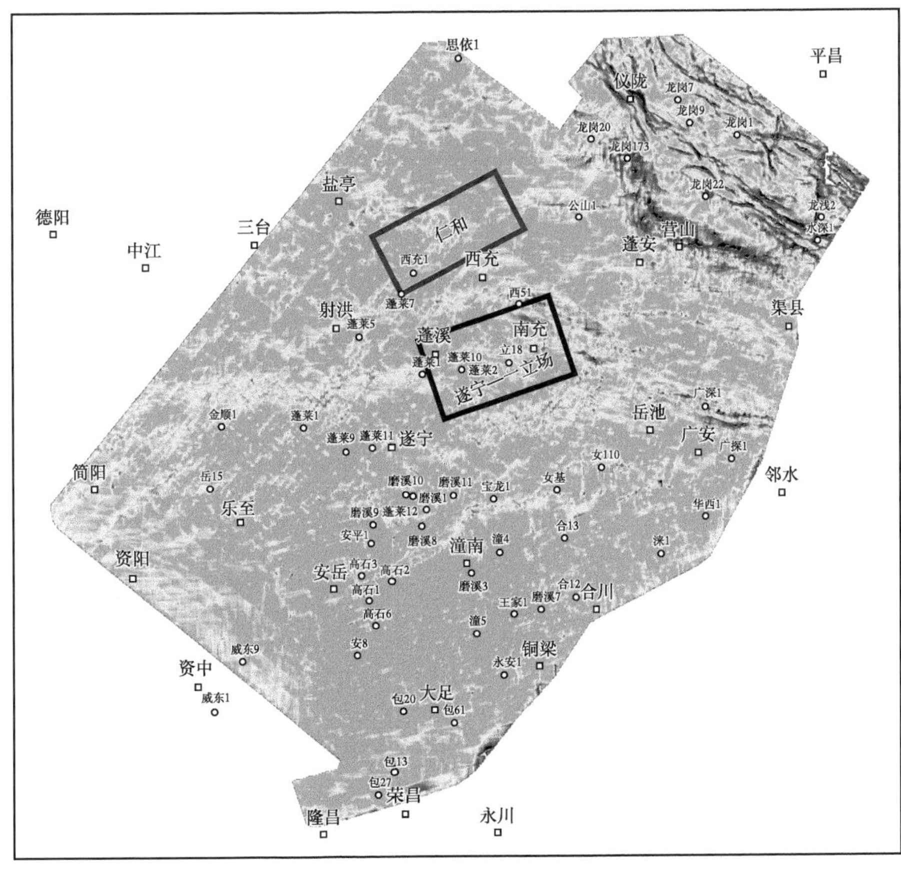

图 5-7 川中地区大安寨段裂缝分布预测图

二、凉上段

凉上段湖相烃源岩发育，油气分布受烃源岩分布的控制。已有钻探成果表明，凉高山组钻井显示主要分布在八角场—蓬溪—合川一线以东的区域，已获工业油气井主要在此区域分布。

凉上段有利区主要分布于公山庙以南的营山—蓬安地区；岳池以南、合川以东地区；重庆地区、江北以北地区；长寿周边地区；垫江万县一带以及渠县、大竹、达川地区；巴中地区和仪陇地区等。

这些地区凉高山组三角洲前缘砂体发育，有效烃源岩厚度大，有机碳含量在0.4%~2.3%之间，平均值约1.32%；氯仿沥青“A”含量范围在0.01%~0.66%，平均值约0.162%，有机质含量较高。干酪根演化目前处于成熟—高成熟阶段，是液态烃生成的主要时期，临区公山庙、南充、广安等地区均有大量工业油气井发现，说明本区具有良好的含油气性（图5-8）。

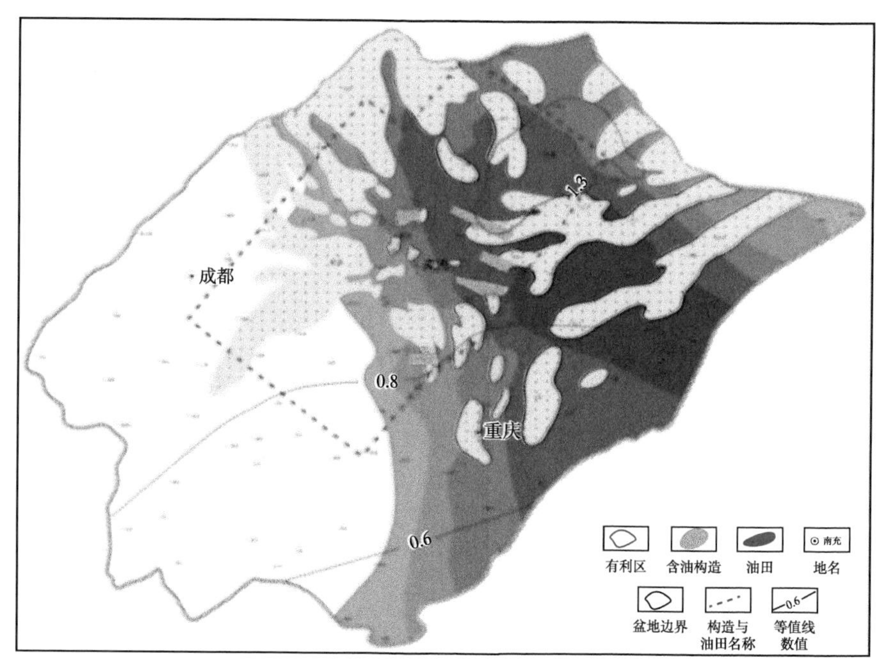

图5-8 侏罗系凉上段有利区预测图

以营山—蓬安地区为例，该区块处于公山庙—南充—广安—龙岗构造之间。临近凉高山组湖盆中心，暗色泥质烃源岩厚度超过50m，具有较好的生烃条件。根据前述沉积相研究，本区凉上段滩坝砂发育，储层条件好。区内发育营山等北西南东向正向构造，断裂及裂缝较发育。临区公山庙、南充、广安等地区均有大量工业油气井发现，说明本区具有良好的含油气性。

三、沙一段

沙一段不发育烃源岩，油气主要来自下伏凉高山组黑色泥页岩排烃。因此，除了沙一段底部薄层砂岩储集层直接接触下伏凉高山组烃源岩，油气可以向上垂向运移成藏外，大部分沙一段河道砂体储层只有通过断裂沟通下伏烃源岩层，油气才可在向上运移成藏。

勘探实践表明，不论构造高点地区还是在向斜区、构造平缓区，只要有油源断层的沟通，下沙溪庙组均有不同油气显示，并可获得工业产能，如廖家石坝向斜、公16井区。另外，沙一段储层非均质性较强，难以长距离、大规模的侧向运移，更容易沿油源断裂就近聚集成藏。例如，公16井河道砂试油获得日产144.2t的高产工业油流，但仅几千米远，与其钻遇同一河道的公36井测试为干层。

通过以上分析，沙一段有利区主要分布在川中龙岗地区，公山庙以南的西充地区，仪陇及天池以西地区和岳池、广安以北地区处于烃源岩，油源断裂发育，能够有效沟通烃源岩。这些地区三角洲前缘砂体发育，下伏凉上段有效烃源岩厚度均在20m以上，且断裂发育，是沙一段砂岩油藏的有利勘探区（图5-9）。

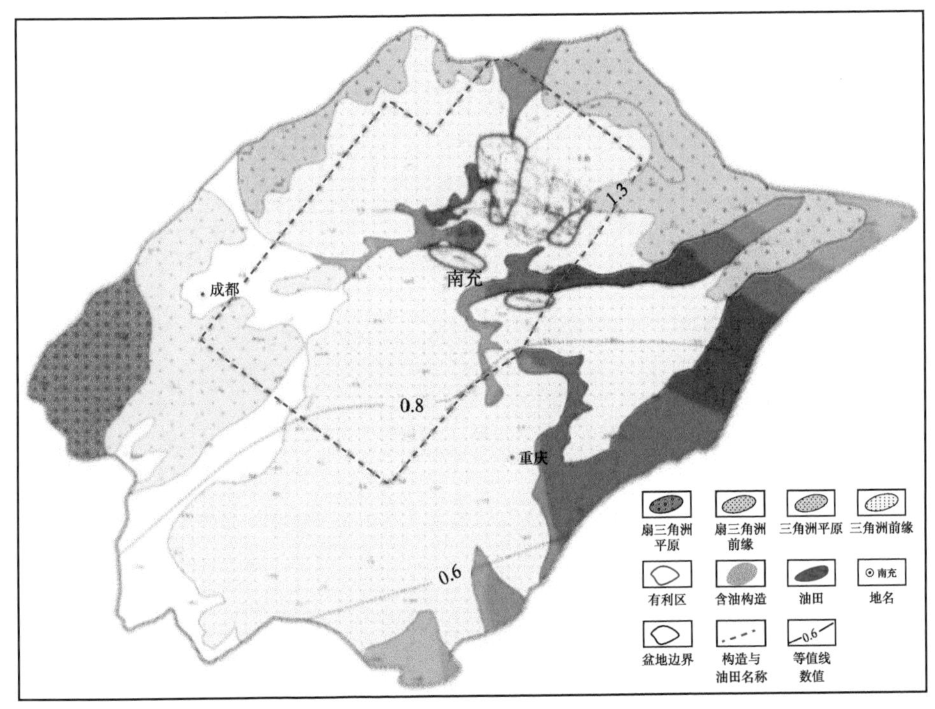

图5-9 侏罗系沙一段有利区预测图

以川中龙岗地区为例，该区块凉上段紧邻湖盆中心，沉积厚度大，黑色泥页岩烃源岩极为发育，厚度最大可达80m。沙一底发育大面积分布的湖相席状砂和大规模的三角洲相河道砂沉积（图5-10），具备储层发育的有利条件。本区受大巴山造山运动等多期构造活动的影响，构造变形比较强烈，形成了大量北西—南东向展布的扭性逆冲构造形迹，形成大量具有明显断距的逆断层，与断裂带相伴生的裂缝发育，可以改善储层物性，为油气富集提供了运移通道（图5-11）。本区在龙岗2井、龙岗9井、龙岗10井、龙岗18井等井均测试或工业油气流。其中，龙岗9井在沙一底测试获得日产166t的高产油流，另外，在以深层为目的层的钻井过程中，凉高山组共见井喷、井涌、油气侵、气侵、气测异常、井漏等油气显示，总共达60井次；沙一段见油气显示36井次，显示出良好的含油气条件及勘探前景。

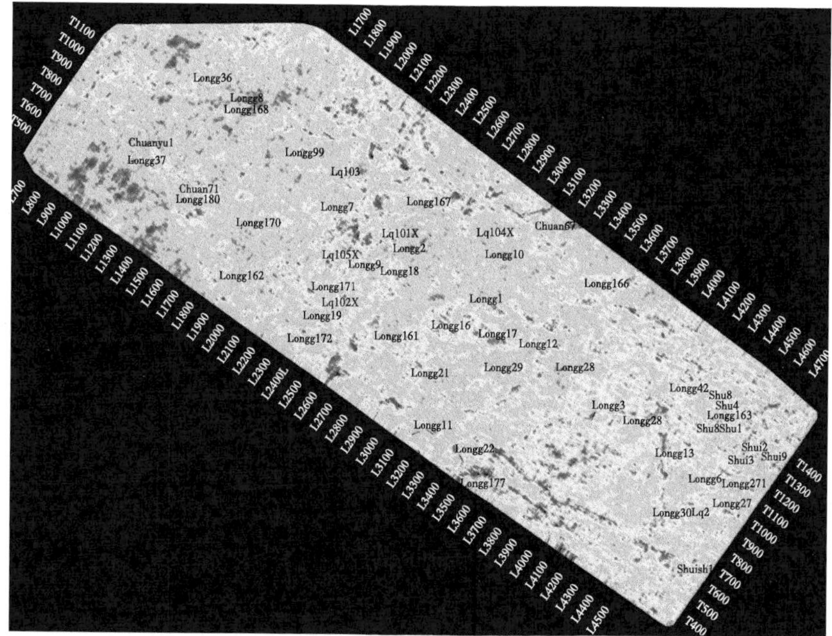

图 5-10　龙岗地区沙一段砂体分布预测图

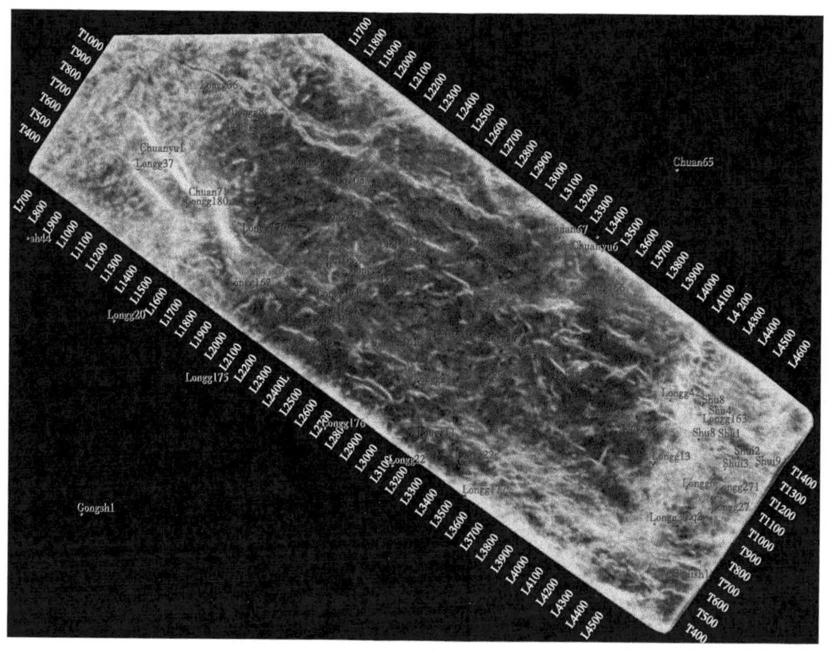

图 5-11　龙岗地区沙一段底断裂、裂缝分布预测图

参考文献

胡素云，陶士振，王民，等，2023. 陆相湖盆致密油充注运聚机理与富集主控因素［J］. 石油勘探与开发，50（3）：481-490.